建筑工程计价丛书

电气设备安装工程计价应用与实例

杜贵成 主 编

金盾出版社

内 容 提 要

本书主要依据《建设工程工程量清单计价规范》(GB 50500—2013)、《通用安装工程工程量计算规范》(GB 50856—2013)、《建筑电气制图标准》(GB/T 50786—2012)编写。本书共分四部分:第一部分电气设备安装工程基础知识,内容包括电气设备及工程造价基本概念、电气设备安装工程施工图识读;第二部分电气设备安装工程计价基础知识,内容包括定额计价基础知识、清单计价基础知识;第三部分电气设备安装工程计价方法,内容包括定额工程量计算、清单工程量计算;第四部分涉及电气设备安装工程造价的其他工作,内容包括电气设备安装工程设计概算的编制与审查、电气设备安装工程施工图预算的编制与审查、电气设备安装工程竣工结算与竣工决算。

本书可供电气工程概预算人员、电气工程量清单编制人员参考使用,也可供电气工程相关人员系统自学参考。

图书在版编目(CIP)数据

电气设备安装工程计价应用与实例/杜贵成主编. —北京:金盾出版社,2014.5
(建筑工程计价丛书)
ISBN 978-7-5082-8995-3

Ⅰ.①电⋯　Ⅱ.①杜⋯　Ⅲ.①电气设备—建筑安装工程—工程造价　Ⅳ.①TU723.3

中国版本图书馆 CIP 数据核字(2013)第 276949 号

金盾出版社出版、总发行

北京太平路 5 号(地铁万寿路站往南)
邮政编码:100036　电话:68214039　83219215
传真:68276683　网址:www.jdcbs.cn
封面印刷:北京精美彩色印刷有限公司
正文印刷:北京万友印刷有限公司
装订:北京万友印刷有限公司
各地新华书店经销
开本:787×1092 1/16　印张:18.125　字数:463 千字
2014 年 5 月第 1 版第 1 次印刷
印数:1~6 000 册　定价:46.00 元

(凡购买金盾出版社的图书,如有缺页、
倒页、脱页者,本社发行部负责调换)

前　　言

　　近年来,随着我国国民经济持续、快速、健康地发展,安装工程行业正逐步向技术标准定型化、加工过程工厂化、施工工艺机械化的目标迈进。随着能源、原材料等基础工业建设的发展和建设市场的开放,安装行业的发展更为迅速。为了适应安装工程行业发展的需要,国家对安装工程行业的相关标准规范进行了大范围的修改与制定,同时各种新技术、新材料、新工艺、新设备在工程中得到了广泛的应用,还有国外大量安装工程先进技术的引进,这些都对安装工程施工现场管理人员提出了更高的要求,要求他们具有更高的技术水平和管理能力。

　　本书力求结合电气安装工程造价的特点及最新文件精神,把电气安装工程量清单计价的预算新内容、新方法、新规定等引入书中,理论联系实际,以使读者具有较强的识图能力;同时,书中提供了丰富的计算实例,有助于引导读者正确计算工程量,正确套用定额子目和正确选取各种取费系数计取有关费用;此外,本书能够帮助读者熟练编制电气安装工程造价计价书,为从事电气工程招投标、工程预决算以及电气工程设计和安装施工等工作打下坚实的基础。

　　本书由杜贵成主编,参加编写的有卜泰巍、余元超、陶红梅、王晓东、宋涛、孙丽娜、李亚男、高建兵、刘恩娜、张璐、郭健、周建华。同时,在编写过程中,得到了电气设备安装工程造价方面的专家和技术人员的大力支持和帮助,在此一并致谢。

　　由于编者水平有限,书中不免有疏漏之处,恳请读者热心指点,以便进一步修改和完善。

作　者

目　　录

第一部分　电气设备安装工程基础知识

第一章　电气设备及工程造价基本概念

> **内容提要：**
> 1. 熟悉电气设备安装工程基本概念：变配电设备，电机及动力、照明控制设备，电缆，配管配线，照明器具，起重设备及电梯电气装置，防雷接地装置，10kV以下架空线路及电气调整等。
> 2. 了解工程造价的概念与分类。
> 3. 掌握我国现行工程造价的构成。

第一节　电气设备基本概念

一、变配电设备

变配电设备是用来改变电压和分配电能的电气装置，它由变压器、高低压开关设备、保护电器、测量仪表、母线、蓄电池及整流器等组成。变配电设备分室内、室外两种，一般的变配电设备大多数安装在室内，有些6～10kV的小功率终端式变配电设备安装在室外。

1. 变压器

变压器是变电所(站)的主要设备，它的作用是改变电压，将电网的电压经变压器降压或升压，以满足各种用电设备的需求。

变压器按用途可分为两类：一类是电力变压器，如带调压的变压器、发电厂用的升压变压器等；另一类是特种变压器，即专用变压器，如电炉变压器、试验变压器、自耦变压器等。

2. 互感器

互感器是一种特种变压器，用于测量仪表和继电保护。仪表配用互感器的目的有两方面：一方面是将测量仪表与被测量的高压电路隔离，以保证安全；另一方面是扩大仪表的量程。

互感器按用途分为电压互感器和电流互感器两种。

3. 开关设备

常用的开关设备有高压断路器、隔离开关及负荷开关三大类。

4. 操动机构

操动机构是高压开关设备中不可缺少的配套装置，按其操作形式及安装要求，分为电磁或电动操动机构、弹簧储能操动机构及手动操动机构。

5. 熔断器

高压熔断器一般用于 35kV 以下高压系统中,保护电压互感器和小容量电气设备,是串接在电路中最简单的一种保护电器。常用的高压熔断器有 RN1、RN2 型户内高压熔断器和 RW4 型高压户外跌落式熔断器。

6. 避雷器

避雷器是用来防止雷电产生的过电压(即高电位)沿线路侵入变电所或其他建筑物的设备。避雷器并接于被保护的设备线路上,当出现过电压时,它就对地放电,从而保护设备。

避雷器的形式有阀式避雷器和管式避雷器等。阀式避雷器常用于保护变压器,所以常装在变配电所的母线上;管式避雷器通常用于保护变电所进线端。

7. 高压开关柜

高压开关柜通常在 3～10kV 变(配)电所作为接受与分配电能或控制高压电机用。目前生产的高压开关柜有手动式、活动式和固定式三种类型。

8. 低压配电屏

低压配电屏(柜)广泛用于发电厂、变(配)电所及工矿企业中,用于电压 500V 以下的三相三线或三相四线制系统中的户内动力配电及照明配电。目前低压配电屏按结构形式分为离墙式、靠墙式和抽屉式三种类型。

9. 静电电容器柜

电容器柜(屏)用于工矿企业变电所和车间电力设备较集中的地方,作为减少电能损失、改善电力系统功率因数的专用设备。常用的电容柜有 GR－1 型高压静电电容器柜,BJ－1 型、BJ(F)－3 型、BSJ－0.4 型、BSJ－1 型等的低压静电电容器柜。

10. 电容器

电容器也称电力电容器,通常用于 10kV 以下电力系统,以改善和提高工频电力系统的功率因数,可以装于电容器柜内成套使用,也可以单独组装使用。电容器主要有移相电容器和串联电容器两种。

11. 穿墙套管

高压穿墙套管适用于 35kV 以下电站、变电所配电装置及电气设备中,供导线穿过建筑物墙板或电气设备箱壳;500V 以下的低压导线穿过墙板或箱体等,用过墙绝缘板等方法。穿墙套管分户内型和户外型两类,目前也有户内、户外通用型的穿墙套管。

12. 高压支持绝缘子

高压支持绝缘子在电站、变电所配电设备及电气设备中,供导电部分绝缘和固定之用,它不属于电气设备。支持绝缘子按结构分为 A 型、B 型,分别为实心结构(不击穿式)、薄壁结构(可击穿式);按绝缘子外形分为普通型(少棱)和多棱形两种。

二、电机及动力、照明控制设备

电机及动力、照明控制设备是指安装在控制室、车间内的配电控制设备,主要有控制盘、箱、柜、动力配电箱以及各类开关、起动器、测量仪表、继电器等。

三、电缆

电缆按绝缘性可分为纸绝缘电缆、塑料绝缘电缆和橡皮绝缘电缆;按导电材料可分为铜芯电缆、铝芯电缆、铁芯电缆;按敷设方式可分为直埋电缆、不可直埋电缆;按用途可分为电力电缆、控制电缆和通信电缆;按电压等级可分为500V、1kV、6kV及10kV的电缆,最高电压可达到110kV、220kV及330kV等。

由于电缆具有绝缘性能好,耐压、耐拉力,敷设及维护方便等优点,所以在厂内的动力、照明、控制、通信等多采用。电缆一般采取埋地敷设、穿导管敷设、沿支架敷设、沿钢索敷设及沿槽架敷设等。

四、配管配线

配管配线是指由配电箱接到用电器的供电和控制线路的安装方式,分明配和暗配两种。导线沿墙壁、顶棚、梁、柱等明敷称为明配线;导线在顶棚内,用夹子或绝缘子配线称为暗配线。明配管是指将管子固定在墙壁、顶棚、梁、柱、钢结构及支架上;暗配管是指配合土建施工,将管子预埋在墙壁、楼板或顶棚内。

五、照明器具

1. 照明及照明灯具的分类

(1)照明按系统分类。照明按系统分为以下三类:

1)一般照明:供所有场所的照明。

2)局部照明:仅供某一局部地点的照明。

3)混合照明:一般照明与局部照明混合使用。

(2)照明按种类分类。照明按种类分为以下两类:

1)工作照明:在工作场所保证应有的照明条件。

2)事故照明:在工作照明发生故障熄灭时保证照明条件,它常用在重要的车间或场所,如有爆炸危险的车间,医院手术室,影剧院、会场的楼梯通道出口处等。

(3)照明按电光源分类。照明按电光源分为以下两类:

1)热辐射电源照明:如白炽灯、卤素灯(碘钨灯、溴钨灯)。

2)气体放电光源照明:如荧光灯、紫外线杀菌灯、高压钠灯及高压氙气灯等。

(4)照明灯具按结构形式分类。照明灯具按其结构形式分为以下五类:

1)开敞式照明灯具,无封闭灯罩者。

2)封闭式但非封闭的照明灯具,有封闭灯罩,但其内外能自由出入空气者。

3)完全封闭式照明灯具,空气较难进入灯罩内(灯与玻璃罩间有紧密衬垫、丝扣连接等)。

4)密闭式照明灯具,空气不能进入灯罩内者。

5)防爆式照明灯具,密闭良好,能隔爆,并有坚固的金属罩加以保护。

(5)照明灯具按其安装形式分类。照明灯具按其安装形式可分为吸顶灯、壁灯、弯脖灯、吊灯等。

2. 照明灯具采用的电压

照明装置采用的电压有220V和36V两种:照明灯具一般采用的电压为220V;在特殊情况下如地下室、汽车修理处及特别潮湿的地方采用安全照明电压36V。

六、起重设备及电梯上的电气设备

起重设备上的电气设备是指桥式、梁式、门式起重机及电动葫芦等起重设备上安装的电气设备。主要包括随起重设备成套供应的操作室内安装的开关控制设备、管线、滑触线、移动软电缆、辅助母线等。

电梯上的电气设备是指开关、按钮、配电柜、信号等。电梯按控制方式的不同分为自动电梯和半自动电梯两种，凡属自选控制和信号控制的称为自动电梯；用按钮控制的称为半自动电梯。按电梯需用电源种类的不同又分为直流电梯和交流电梯两种。

七、防雷接地系统

1. 防雷接地系统的概念

防雷接地系统是指建筑物、构筑物及电气设备等为了防止雷击的危害并保证可靠地运行所设置的防雷接地系统。

防雷接地系统由接地体、接地母线、避雷针、避雷网及避雷针引下线等构成。

2. 接地基本知识

接地按其作用可分为下列几种：

(1)工作接地。为了保证电气设备在正常和发生事故的情况下可靠地运行，将电路中的某一点与大地连接，如三相变压器中性点的接地、防雷接地等。

(2)保护接地。为了防止人体触及带电外壳而触电，将与电气设备带电部分相绝缘的金属外壳与接地体连接，如电机的外壳、管路等。

(3)重复接地。将零线上的一点或几点再次接地。

工作接地、保护接地的接地电阻不应大于 4Ω，重复接地的接地电阻不应大于 10Ω。

(4)接零。将电机、电器的金属外壳和构架与中性点直接接地系统中的零线相连接。

八、10kV 以下架空线路

远距离输电往往采用架空线路。10kV 以下架空线路一般是指从区域性变电站至厂内专用变电站(总降压站)配电线路及厂区内的高低压架空线路。

架空线路分高压线路和低压线路两种：1kV 以下为低压线路，1kV 以上为高压线路。

架空线路一般由电杆、金具、绝缘子、横担、拉线和导线组成。

电杆按材质的不同分木电杆、混凝土电杆和铁塔三种。

横担有木横担、角钢横担、瓷横担三种。

绝缘子有针式绝缘子、蝶式绝缘子、悬式绝缘子。

拉线有普通拉线、水平拉线、弓形拉线、V(Y)形拉线。

架空用的导线分为绝缘导线和裸导线两种。

九、电气调试

所有电气设备在送电运行之前必须进行严格的试验和调试。

电气系统调试包括以下系统及装置的调试：发电机及调相机系统，电力变压器系统，送配电系统，特殊保护装置，自动投入装置，事故照明切换及中央信号装置，母线系统，接地系统、避雷器、耦合电容器，静电电容器，硅整流设备，电动机，电梯，起重机电气设备等。

第二节　　工程造价基本概念

一、工程造价的含义

工程造价是指一个工程项目从确定建设到竣工验收所需要花费的全部费用，主要由工程费用和工程其他费用组成。工程造价是保证工程项目建造正常进行的必要资金；是建设项目投资中的重要组成部分。

(1)工程费用。工程费用包括建筑工程费用、安装工程费用以及设备、工具、器具购置费用。

1)建筑工程费用:建筑工程费用是指工程项目设计范围内的建设场地平整;各类房屋建筑及其附属的室内供水、供热、卫生、电气、燃气、通风空调、弱电等设备及管线安装工程费;各类设备基础、地沟、水池、冷却塔、烟囱烟道、水塔、栈桥、管架、挡土墙、厂区道路及绿化等工程费;铁路专用线、厂外道路及码头等的工程费。

2)安装工程费用:安装工程费用是指主要生产、辅助生产、公用等单项工程中需要安装的工艺、电气、自动控制、运输、供热、制冷等设备、装置安装的工程费;各种工艺、管道安装及衬里、防腐、保温等工程费;供电、通信、自控等线缆的安装工程费。

3)设备及工具、器具购置费用:设备、工具、器具购置费用是指建设项目设计范围内的设备、仪器、仪表等及其必要的备件购置费;为保证投产初期正常生产所必需的仪器仪表、工卡量具、模具及器具等的购置费。

(2)工程其他费用。工程建设其他费用是指未纳入以上工程费用的、由项目投资中支付的为保证工程建设顺利完成和交付使用后能够正常发挥效用所必须开支的费用。工程其他费用包括建设单位管理费、土地使用费、研究试验费、勘察设计费、建设单位临时设施费、工程监理费、工程保险费、生产准备费、引进技术和进口设备其他费用、工程承包费、联合试运转费、办公和生活家具购置费等。

二、工程造价的分类

电气工程造价按用途可分为:标底价、投标价、中标价、直接发包价、合同价和竣工结算价。

1. 标底价

标底价是招标人的期望价格,不是交易价。是招标人衡量投标人投标价的一个尺度。

招标人设置标底价通常有两个目的:一是在坚持最低价中标时,标底价可作为招标人自己掌握的招标底数,起参考作用,而不作为评标的依据;二是为避免因标价太低而损害质量,使靠近标底的报价评为最高分,高于或低于标底的报价均递减评分,则标底价可作为评标的依据。根据哪种目的设置标底价,要在招标文件中做出交代。

编制标底价可由招标人自行操作,也可由招标人委托招标代理机构操作,由招标人做出决策。

2. 投标价

投标人为了得到工程施工承包的资格,按照招标人在招标文件中的要求进行估价,然后根据投标策略确定投标价,以争取中标并通过工程实施取得经济效益。因此,投标报价如果中标,这个价就是合同谈判和签订合同确定工程价格的基础。

如果设有标底价,投标报价时要研究招标文件中评标时如何使用标底价:

1)以靠近标底价者得分最高,这时报价就无需追求最低报价。

2)标底价只作为招标人的期望,但仍要求低价中标,这时,投标人就要既使得标价最具竞争力(最低价),又使报价不低于成本,即能获得理想的利润。由于"既能中标,又能获利"是投标报价的原则,故投标人的报价必须有雄厚的技术和管理实力做后盾,编制出有竞争力、能赢利的投标报价。

3. 中标价

《招标投标法》第四十条规定:"评标委员会应当按照招标文件确定的评标标准和方法,对投标文件进行评审和比较;设有标底的,应当参考标底"。所以评标的依据一是招标文件;二是标底(如果设有标底时)。

《招标投标法》第四十一条规定,中标人的投标应符合下列两个条件之一:一是"能最大限度地满足招标文件中规定的各项综合评价标准";二是"能够满足招标文件中的实质性要求,并且经评审的投标价最低,但是投标价低于成本的除外"。其中,第二项条件主要说的是投标报价。

4. 直接发包价

直接发包价是由发包人与指定的承包人直接接触,通过谈判达成协议,签订施工合同,而不需要像招标承包定价方式那样,通过竞争定价。直接发包方式计价只适用于不宜进行招标的工程,如军事工程、保密技术工程、专利技术工程及发包人认为不宜招标而又不违反《招标投标法》第三条(招标范围)规定的其他工程。

直接发包价是以审定的施工图预算为基础,由发包人与承包人商定以增减价的方式定价。

直接发包方式计价首先提出协商价意见的可能是发包人或其委托的中介机构,也可能是承包人提出协商价意见交发包人或其委托的中介机构进行审核。无论由哪一方提出协商价意见,都要通过谈判协商,签订承包合同,确定合同价。

5. 合同价

《建设工程施工发包与承包计价管理办法》(以下简称《办法》)第十二条规定:"合同价可采用以下方式:(一)固定价。合同总价或者单价在合同约定的风险范围内不可调整。(二)可调价。合同总价或者单价在合同实施期内,根据合同约定的办法调整。(三)成本加酬金。"《办法》第十三条规定:"发承包双方在确定合同价时,应当考虑市场环境和生产要素价格变化对合同价的影响。"现分述如下:

(1)固定合同价。固定合同价可分为固定合同总价和固定合同单价两种。

1)固定合同总价:固定合同总价是指承包整个工程的合同价款总额已经确定,在工程实施中不再因物价上涨而变化,所以。固定合同总价应考虑价格风险因素,也须在合同中明确规定合同总价包括的范围。这类合同价可以使发包人对工程总开支做到大体心中有数,在施工过程中可以更有效地控制资金的使用。但对承包人来说,要承担较大的风险,如物价波动、天气条件恶劣、地质地基条件及其他意外困难等,因此合同价款一般会高一些。

2)固定合同单价:固定合同单价是指合同中确定的各项单价在工程实施期间不因价格变化而调整。而在每月(或每阶段)工程结算时,根据实际完成的工程量结算,在工程全部完成时以竣工图的工程量最终结算工程总价款。

(2)可调合同价。可调合同价分为可调总价和可调单价。

1)可调总价:合同中确定的工程合同总价在实施期间可随价格变化而调整。发包人和承包人在商订合同时,根据招标文件的要求及当时的物价计算出合同总价。如果在执行合同期间,由于通货膨胀引起成本增加达到某一限度时,合同总价则作相应调整。可调合同价使发包人承担了通货膨胀的风险,承包人则承担其他风险。可调总价一般适合于工期较长(如一年以上)的项目。

2)可调单价:合同单价可调,一般是在工程招标文件中规定。在合同中签订的单价,根据合同约定的条款,如在工程实施过程中物价发生变化等,可做调整。有的工程在招标或签约时,因某些不确定性因素而在合同中暂定某些分部分项工程的单价,在工程结算时,再根据实际情况和合同约定对合同单价进行调整,确定实际结算单价。

可调价的常用的调整方法有以下几种:

①按主材计算价差。发包人在招标文件中列出需要调整价差的主要材料表及其基价(一般采用当时当地工程造价管理机构公布的信息价或结算价),工程竣工结算时按竣工当时当地工程造价管理机构公布的材料信息价或结算价与招标文件中列出的基价比较计算材料差价。

②主材按抽料法计算价差,其他材料按系数法计算价差。主要材料按施工图预算计算的用量和竣工当月当地工程造价管理机构公布的材料结算价计算差价,或信息价与基价对比计算差价。其他材料按当地工程造价管理机构公布的竣工调价系数计算方法计算差价。

③按工程造价管理机构公布的竣工调价系数及调价计算方法计算差价。

此外,还有调值公式法和实际价结算法。

以上几种方法究竟采用哪一种,应按工程价格管理机构的规定,经双方协商后在合同的专用条款中约定。

(3)成本加酬金确定的合同价。合同中确定的工程合同价,其中工程成本部分按现行计价依据计算;酬金部分则按工程成本乘以通过竞争确定的费率计算。成本加酬金确定的合同价一般分为以下几种形式:

1)成本加固定百分比酬金确定的合同价:这种合同价是发包人对承包人支付的人工费、材料费和施工机械使用费、措施费、施工管理费等按实际直接成本全部据实补偿,同时按照实际直接成本的固定百分比付给承包人一笔酬金,作为承包方的利润。

2)成本加固定酬金确定的合同价:这种承包方式虽然不能鼓励承包商关心降低成本,但从尽快取得酬金出发,承包商将会关心缩短工期,这是其可取之处。为了鼓励承包单位更好地工作,也有在固定酬金之外,再根据工程质量、工期和降低成本情况另加奖金的。在这种情况下,奖金所占比例的上限可大于固定酬金,以充分发挥奖励的积极作用。

3)成本加浮动酬金确定的合同价。这种承包方式要事先商定工程成本和酬金的预期水平。如果实际成本恰好等于预期水平,工程造价就是成本加固定酬金;如果实际成本低于预期水平,则增加酬金;如果实际成本高于预期水平,则减少酬金。

采用这种承包方式,通常规定,当实际成本超过事先商定的成本而减少酬金时,以原定的固定酬金数额为减少的最高限度。从理论上讲,这种承包方式既对承发包双方都没有太多风险,又能促使承包商关心降低成本和缩短工期;但在实践中准确地估算预期成本比较困难,所以要求当事双方具有丰富的经验并掌握充分的信息。

4)目标成本加奖罚确定的合同价。在仅有初步设计和工程说明书即迫切要求开工的情况下,可根据粗略估算的工程量和适当的单价表编制概算,作为目标成本;随着设计逐步详细化,工程量和目标成本可加以调整,另外规定一个百分数作为酬金。最后结算时,如果实际成本高于目标成本并超过事先商定的界限(如5%)时,则减少酬金;如果实际成本低于目标成本(也有一个幅度界限),则多付酬金。

此外,还可另加工期奖罚。

这种承包方式可以促使承包商关心降低成本和缩短工期,而且目标成本是随设计的进展而加以调整才确定下来的,故建设单位和承包商双方都不会承担多大风险。当然也要求承包商和建设单位的代表都须具有比较丰富的经验和充分的信息。

在工程实践中,采用哪一种合同计价方式,应根据工程的特点,业主对筹建工作的设想,对工程费用、工期和质量的要求等,综合考虑后进行确定。

三、我国现行工程造价的构成

我国现行工程造价的构成主要划分为设备及工器具购置费用,建筑安装工程费用,工程建设其他费用,预备费,建设期贷款利息,固定资产投资方向调节税等几项,如图 1-1 所示。本书中仅介绍建筑安装工程费用的组成及计算。

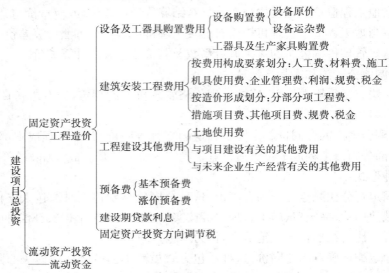

图 1-1　我国现行工程造价的构成

1. 建筑安装工程费用项目组成

我国现行建筑安装工程费用项目组成,按住房城乡建设部、财政部共同颁发的建标[2013]44 号文件规定如下。

(1)建筑安装工程费用项目组成(按费用构成要素划分)

建筑安装工程费按照费用构成要素划分:由人工费、材料(包含工程设备,下同)费、施工机具使用费、企业管理费、利润、规费和税金组成。其中人工费、材料费、施工机具使用费、企业管理费和利润包含在分部分项工程费、措施项目费、其他项目费中,具体如图 1-2 所示。

1)人工费:是指按工资总额构成规定,支付给从事建筑安装工程施工的生产工人和附属生产单位工人的各项费用。内容包括:

①计时工资或计件工资:是指按计时工资标准和工作时间或对已做工作按计件单价支付给个人的劳动报酬。

②奖金:是指对超额劳动和增收节支支付给个人的劳动报酬。如节约奖、劳动竞赛奖等。

③津贴补贴:是指为了补偿职工特殊或额外的劳动消耗和因其他特殊原因支付给个人的津贴,以及为了保证职工工资水平不受物价影响支付给个人的物价补贴。如流动施工津贴、特殊地区施工津贴、高温(寒)作业临时津贴、高空津贴等。

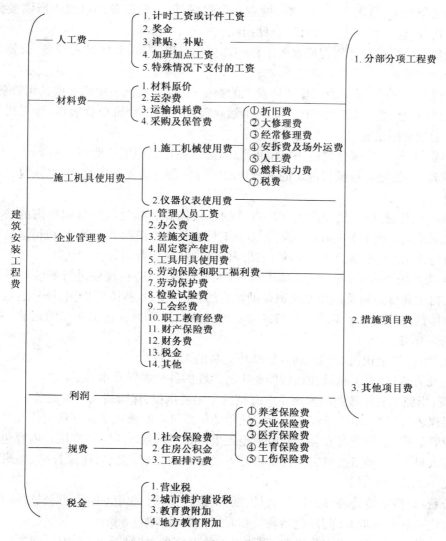

图 1-2 建筑安装工程费用项目组成(按费用构成要素划分)

④加班加点工资:是指按规定支付的在法定节假日工作的加班工资和在法定日工作时间外延时工作的加点工资。

⑤特殊情况下支付的工资:是指根据国家法律、法规和政策规定,因病、工伤、产假、计划生育假、婚丧假、事假、探亲假、定期休假、停工学习、执行国家或社会义务等原因按计时工资标准或计时工资标准的一定比例支付的工资。

2)材料费:是指施工过程中耗费的原材料、辅助材料、构配件、零件、半成品或成品、工程设备的费用。内容包括:

①材料原价:是指材料、工程设备的出厂价格或商家供应价格。

②运杂费:是指材料、工程设备自来源地运至工地仓库或指定堆放地点所发生的全部费用。

③运输损耗费:是指材料在运输装卸过程中不可避免的损耗。

④采购及保管费：是指为组织采购、供应和保管材料、工程设备的过程中所需要的各项费用。包括采购费、仓储费、工地保管费、仓储损耗。

工程设备是指构成或计划构成永久工程一部分的机电设备、金属结构设备、仪器装置及其他类似的设备和装置。

3）施工机具使用费：是指施工作业所发生的施工机械、仪器仪表使用费或其租赁费。

①施工机械使用费：以施工机械台班耗用量乘以施工机械台班单价表示，施工机械台班单价应由下列七项费用组成：

a. 折旧费：指施工机械在规定的使用年限内，陆续收回其原值的费用。

b. 大修理费：指施工机械按规定的大修理间隔台班进行必要的大修理，以恢复其正常功能所需的费用。

c. 经常修理费：指施工机械除大修理以外的各级保养和临时故障排除所需的费用。包括为保障机械正常运转所需替换设备与随机配备工具附具的摊销和维护费用，机械运转中日常保养所需润滑与擦拭的材料费用及机械停滞期间的维护和保养费用等。

d. 安拆费及场外运费：安拆费指施工机械（大型机械除外）在现场进行安装与拆卸所需的人工、材料、机械和试运转费用以及机械辅助设施的折旧、搭设、拆除等费用；场外运费指施工机械整体或分体自停放地点运至施工现场或由一施工地点运至另一施工地点的运输、装卸、辅助材料及架线等费用。

e. 人工费：指机上司机（司炉）和其他操作人员的人工费。

f. 燃料动力费：指施工机械在运转作业中所消耗的各种燃料及水、电等。

g. 税费：指施工机械按照国家规定应缴纳的车船使用税、保险费及年检费等。

②仪器仪表使用费：是指工程施工所需使用的仪器仪表的摊销及维修费用。

4）企业管理费：是指建筑安装企业组织施工生产和经营管理所需的费用。内容包括：

①管理人员工资：是指按规定支付给管理人员的计时工资、奖金、津贴补贴、加班加点工资及特殊情况下支付的工资等。

②办公费：是指企业管理办公用的文具、纸张、账表、印刷、邮电、书报、办公软件、现场监控、会议、水电、烧水和集体取暖降温（包括现场临时宿舍取暖降温）等费用。

③差旅交通费：是指职工因公出差、调动工作的差旅费、住勤补助费，市内交通费和误餐补助费，职工探亲路费，劳动力招募费，职工退休、退职一次性路费，工伤人员就医路费，工地转移费以及管理部门使用的交通工具的油料、燃料等费用。

④固定资产使用费：是指管理和试验部门及附属生产单位使用的属于固定资产的房屋、设备、仪器等的折旧、大修、维修或租赁费。

⑤工具用具使用费：是指企业施工生产和管理使用的不属于固定资产的工具、器具、家具、交通工具和检验、试验、测绘、消防用具等的购置、维修和摊销费。

⑥劳动保险和职工福利费：是指由企业支付的职工退职金、按规定支付给离休干部的经费、集体福利费、夏季防暑降温、冬季取暖补贴、上下班交通补贴等。

⑦劳动保护费：是企业按规定发放的劳动保护用品的支出。如工作服、手套、防暑降温饮料以及在有碍身体健康的环境中施工的保健费用等。

⑧检验试验费：是指施工企业按照有关标准规定，对建筑以及材料、构件和建筑安装物进行

一般鉴定、检查所发生的费用,包括自设试验室进行试验所耗用的材料等费用。不包括新结构、新材料的试验费,对构件做破坏性试验及其他特殊要求检验试验的费用和建设单位委托检测机构进行检测的费用,对此类检测发生的费用,由建设单位在工程建设其他费用中列支。但对施工企业提供的具有合格证明的材料进行检测不合格的,该检测费用由施工企业支付。

⑨工会经费:是指企业按《工会法》规定的全部职工工资总额比例计提的工会经费。

⑩职工教育经费:是指按职工工资总额的规定比例计提,企业为职工进行专业技术和职业技能培训,专业技术人员继续教育、职工职业技能鉴定、职业资格认定以及根据需要对职工进行各类文化教育所发生的费用。

⑪财产保险费:是指施工管理用财产、车辆等的保险费用。

⑫财务费:是指企业为施工生产筹集资金或提供预付款担保、履约担保、职工工资支付担保等所发生的各种费用。

⑬税金:是指企业按规定缴纳的房产税、车船使用税、土地使用税、印花税等。

⑭其他:包括技术转让费、技术开发费、投标费、业务招待费、绿化费、广告费、公证费、法律顾问费、审计费、咨询费、保险费等。

5)利润:是指施工企业完成所承包工程获得的盈利。

6)规费:是指按国家法律、法规规定,由省级政府和省级有关权力部门规定必须缴纳或计取的费用。包括:

①社会保险费

a. 养老保险费:是指企业按照规定标准为职工缴纳的基本养老保险费。

b. 失业保险费:是指企业按照规定标准为职工缴纳的失业保险费。

c. 医疗保险费:是指企业按照规定标准为职工缴纳的基本医疗保险费。

d. 生育保险费:是指企业按照规定标准为职工缴纳的生育保险费。

e. 工伤保险费:是指企业按照规定标准为职工缴纳的工伤保险费。

②住房公积金:是指企业按规定标准为职工缴纳的住房公积金。

③工程排污费:是指按规定缴纳的施工现场工程排污费。

其他应列而未列入的规费,按实际发生计取。

7)税金:是指国家税法规定的应计入建筑安装工程造价内的营业税、城市维护建设税、教育费附加以及地方教育附加。

(2)建筑安装工程费用项目组成(按造价形成划分)

建筑安装工程费按照工程造价形成由分部分项工程费、措施项目费、其他项目费、规费、税金组成,分部分项工程费、措施项目费、其他项目费包含人工费、材料费、施工机具使用费、企业管理费和利润(见图1-3)。

1)分部分项工程费:是指各专业工程的分部分项工程应予列支的各项费用。

①专业工程:是指按现行国家计量规范划分的房屋建筑与装饰工程、仿古建筑工程、通用安装工程、市政工程、园林绿化工程、矿山工程、构筑物工程、城市轨道交通工程、爆破工程等各类工程。

②分部分项工程:指按现行国家计量规范对各专业工程划分的项目。如房屋建筑与装饰工程划分的土石方工程、地基处理与桩基工程、砌筑工程、钢筋及钢筋混凝土工程等。

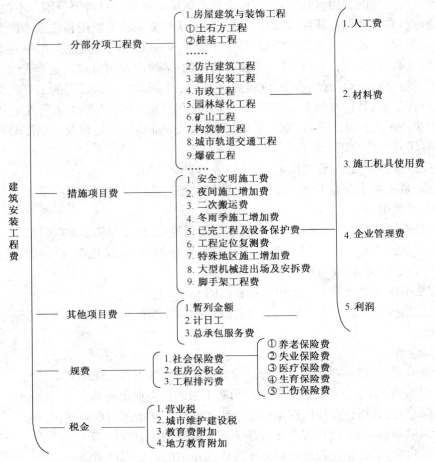

图 1-3　建筑安装工程费用项目组成(按造价形成划分)

各类专业工程的分部分项工程划分见现行国家或行业计量规范。

2)措施项目费:是指为完成建设工程施工,发生于该工程施工前和施工过程中的技术、生活、安全、环境保护等方面的费用。内容包括:

①安全文明施工费

a. 环境保护费:是指施工现场为达到环保部门要求所需要的各项费用。

b. 文明施工费:是指施工现场文明施工所需要的各项费用。

c. 安全施工费:是指施工现场安全施工所需要的各项费用。

d. 临时设施费:是指施工企业为进行建设工程施工所必须搭设的生活和生产用的临时建筑物、构筑物和其他临时设施费用。包括临时设施的搭设、维修、拆除、清理费或摊销费等。

②夜间施工增加费:是指因夜间施工所发生的夜班补助费、夜间施工降效、夜间施工照明设备摊销及照明用电等费用。

③二次搬运费:是指因施工场地条件限制而发生的材料、构配件、半成品等一次运输不能到达堆放地点,必须进行二次或多次搬运所发生的费用。

④冬雨季施工增加费:是指在冬季或雨季施工需增加的临时设施、防滑、排除雨雪,人工及

施工机械效率降低等费用。

⑤已完工程及设备保护费：是指竣工验收前，对已完工程及设备采取的必要保护措施所发生的费用。

⑥工程定位复测费：是指工程施工过程中进行全部施工测量放线和复测工作的费用。

⑦ 特殊地区施工增加费：是指工程在沙漠或其边缘地区、高海拔、高寒、原始森林等特殊地区施工增加的费用。

⑧大型机械设备进出场及安拆费：是指机械整体或分体自停放场地运至施工现场或由一个施工地点运至另一个施工地点，所发生的机械进出场运输及转移费用及机械在施工现场进行安装、拆卸所需的人工费、材料费、机械费、试运转费和安装所需的辅助设施的费用。

⑨脚手架工程费：是指施工需要的各种脚手架搭、拆、运输费用以及脚手架购置费的摊销（或租赁）费用。

措施项目及其包含的内容详见各类专业工程的现行国家或行业计量规范。

3）其他项目费

①暂列金额：是指建设单位在工程量清单中暂定并包括在工程合同价款中的一笔款项。用于施工合同签订时尚未确定或者不可预见的所需材料、工程设备、服务的采购，施工中可能发生的工程变更、合同约定调整因素出现时的工程价款调整以及发生的索赔、现场签证确认等的费用。

②计日工：是指在施工过程中，施工企业完成建设单位提出的施工图纸以外的零星项目或工作所需的费用。

③总承包服务费：是指总承包人为配合、协调建设单位进行的专业工程发包，对建设单位自行采购的材料、工程设备等进行保管以及施工现场管理、竣工资料汇总整理等服务所需的费用。

④规费：定义同（1）建筑安装工程费用项目组成（按费用构成要素划分）中的规费。

⑤税金：定义同（1）建筑安装工程费用项目组成（按费用构成要素划分）中的税金。

2. 建筑安装工程费用参考计算方法

（1）各费用构成要素参考计算方法如下：

1）人工费

$$人工费 = \sum (工日消耗量 \times 日工资单价) \qquad (1-1)$$

$$日工资单价 = \frac{生产工人平均月工资(计时/计件) + 平均月(奖金+津贴补贴+特殊情况下支付的工资)}{年平均每月法定工作日}$$

$$(1-2)$$

注：公式(1-1)、公式(1-2)主要适用于施工企业投标报价时自主确定人工费，也是工程造价管理机构编制计价定额确定定额人工单价或发布人工成本信息的参考依据。

$$人工费 = \sum (工程工日消耗量 \times 日工资单价) \qquad (1-3)$$

其中，日工资单价是指施工企业平均技术熟练程度的生产工人在每工作日（国家法定工作时间内）按规定从事施工作业应得的日工资总额。

工程造价管理机构确定日工资单价应通过市场调查、根据工程项目的技术要求，参考实物工程量人工单价综合分析确定，最低日工资单价不得低于工程所在地人力资源和社会保障部门所发布的最低工资标准的：普工1.3倍、一般技工2倍、高级技工3倍。

工程计价定额不可只列一个综合工日单价,应根据工程项目技术要求和工种差别适当划分多种日人工单价,确保各分部工程人工费的合理构成。

注:公式(1-3)适用于工程造价管理机构编制计价定额时确定定额人工费,是施工企业投标报价的参考依据。

2)材料费

①材料费

$$材料费 = \sum (材料消耗量 \times 材料单价) \tag{1-4}$$

$$材料单价 = (材料原价 + 运杂费) \times [1 + 运输损耗率(\%)] \times [1 + 采购保管费率(\%)] \tag{1-5}$$

②工程设备费

$$工程设备费 = \sum (工程设备量 \times 工程设备单价) \tag{1-6}$$

$$工程设备单价 = (设备原价 + 运杂费) \times [1 + 采购保管费率(\%)] \tag{1-7}$$

3)施工机具使用费

①施工机械使用费

$$施工机械使用费 = \sum (施工机械台班消耗量 \times 机械台班单价) \tag{1-8}$$

$$机械台班单价 = 台班折旧费 + 台班大修费 + 台班经常修理费 + 台班安拆费及场外运费$$
$$+ 台班人工费 + 台班燃料动力费 + 台班车船税费 \tag{1-9}$$

注:工程造价管理机构在确定计价定额中的施工机械使用费时,应根据《建筑施工机械台班费用计算规则》结合市场调查编制施工机械台班单价。施工企业可以参考工程造价管理机构发布的台班单价,自主确定施工机械使用费的报价,如租赁施工机械,公式为:施工机械使用费 = $\sum$(施工机械台班消耗量 × 机械台班租赁单价)。

②仪器仪表使用费

$$仪器仪表使用费 = 工程使用的仪器仪表摊销费 + 维修费 \tag{1-10}$$

4)企业管理费费率

①以分部分项工程费为计算基础

$$企业管理费费率(\%) = \frac{生产工人年平均管理费}{年有效施工天数 \times 人工单价} \times 人工费占分部分项工程费比例(\%) \tag{1-11}$$

②以人工费和机械费合计为计算基础

$$企业管理费费率(\%) = \frac{生产工人年平均管理费}{年有效施工天数 \times (人工单价 + 每一工日机械使用费)} \times 100\% \tag{1-12}$$

③以人工费为计算基础

$$企业管理费费率(\%) = \frac{生产工人年平均管理费}{年有效施工天数 \times 人工单价} \times 100\% \tag{1-13}$$

注:上述公式适用于施工企业投标报价时自主确定管理费,是工程造价管理机构编制计价定额确定企业管理费的参考依据。

工程造价管理机构在确定计价定额中企业管理费时,应以定额人工费或(定额人工费 + 定额机械费)作为计算基数,其费率根据历年工程造价积累的资料,辅以调查数据确定,列入分部分项工程和措施项目中。

5)利润

①施工企业根据企业自身需求并结合建筑市场实际自主确定,列入报价中。

②工程造价管理机构在确定计价定额中利润时,应以定额人工费或(定额人工费＋定额机械费)作为计算基数,其费率根据历年工程造价积累的资料,并结合建筑市场实际确定,以单位(单项)工程测算,利润在税前建筑安装工程费的比重可按不低于5%且不高于7%的费率计算。利润应列入分部分项工程和措施项目中。

6)规费

①社会保险费和住房公积金

社会保险费和住房公积金应以定额人工费为计算基础,根据工程所在地省、自治区、直辖市或行业建设主管部门规定费率计算。

$$社会保险费和住房公积金 = \sum (工程定额人工费 \times 社会保险费和住房公积金费率)$$

(1-14)

式中:社会保险费和住房公积金费率可以每万元发承包价的生产工人人工费和管理人员工资含量与工程所在地规定的缴纳标准综合分析取定。

②工程排污费

工程排污费等其他应列而未列入的规费应按工程所在地环境保护等部门规定的标准缴纳,按实计取列入。

7)税金

税金计算公式:

$$税金 = 税前造价 \times 综合税率(\%)$$

(1-15)

综合税率:

①纳税地点在市区的企业

$$综合税率(\%) = \frac{1}{1 - 3\% - (3\% \times 7\%) - (3\% \times 3\%) - (3\% \times 2\%)} - 1$$

(1-16)

②纳税地点在县城、镇的企业

$$综合税率(\%) = \frac{1}{1 - 3\% - (3\% \times 5\%) - (3\% \times 3\%) - (3\% \times 2\%)} - 1$$

(1-17)

③纳税地点不在市区、县城、镇的企业

$$综合税率(\%) = \frac{1}{1 - 3\% - (3\% \times 1\%) - (3\% \times 3\%) - (3\% \times 2\%)} - 1$$

(1-18)

④实行营业税改增值税的,按纳税地点现行税率计算。

(2)建筑安装工程计价参考公式如下:

1)分部分项工程费

$$分部分项工程费 = \sum (分部分项工程量 \times 综合单价)$$

(1-19)

式中:综合单价包括人工费、材料费、施工机具使用费、企业管理费和利润以及一定范围的风险费用(下同)。

2)措施项目费

①国家计量规范规定应予计量的措施项目,其计算公式为:

$$措施项目费 = \sum(措施项目工程量 \times 综合单价) \tag{1-20}$$

②国家计量规范规定不宜计量的措施项目计算方法如下：

a. 安全文明施工费

$$安全文明施工费 = 计算基数 \times 安全文明施工费费率(\%) \tag{1-21}$$

计算基数应为定额基价(定额分部分项工程费＋定额中可以计量的措施项目费)、定额人工费或(定额人工费＋定额机械费)，其费率由工程造价管理机构根据各专业工程的特点综合确定。

b. 夜间施工增加费

$$夜间施工增加费 = 计算基数 \times 夜间施工增加费费率(\%) \tag{1-22}$$

c. 二次搬运费

$$二次搬运费 = 计算基数 \times 二次搬运费费率(\%) \tag{1-23}$$

d. 冬雨季施工增加费

$$冬雨季施工增加费 = 计算基数 \times 冬雨季施工增加费费率(\%) \tag{1-24}$$

e. 已完工程及设备保护费

$$已完工程及设备保护费 = 计算基数 \times 已完工程及设备保护费费率(\%) \tag{1-25}$$

上述 b～e 项措施项目的计费基数应为定额人工费或(定额人工费＋定额机械费)，其费率由工程造价管理机构根据各专业工程特点和调查资料综合分析后确定。

3)其他项目费

①暂列金额由建设单位根据工程特点，按有关计价规定估算，施工过程中由建设单位掌握使用、扣除合同价款调整后如有余额，归建设单位。

② 计日工由建设单位和施工企业按施工过程中的签证计价。

③总承包服务费由建设单位在招标控制价中根据总包服务范围和有关计价规定编制，施工企业投标时自主报价，施工过程中按签约合同价执行。

4)规费和税金

建设单位和施工企业均应按照省、自治区、直辖市或行业建设主管部门发布标准计算规费和税金，不得作为竞争性费用。

(3)相关问题的说明

1)各专业工程计价定额的编制及其计价程序，均按本通知实施。

2)各专业工程计价定额的使用周期原则上为 5 年。

3)工程造价管理机构在定额使用周期内，应及时发布人工、材料、机械台班价格信息，实行工程造价动态管理，如遇国家法律、法规、规章或相关政策变化以及建筑市场物价波动较大时，应适时调整定额人工费、定额机械费以及定额基价或规费费率，使建筑安装工程费能反映建筑市场实际。

4)建设单位在编制招标控制价时，应按照各专业工程的计量规范和计价定额以及工程造价信息编制。

5)施工企业在使用计价定额时除不可竞争费用外，其余仅作参考，由施工企业投标时自主报价。

3. 建筑安装工程计价程序

建筑安装工程计价程序见表 1-1～表 1-3。

表 1-1 建设单位工程招标控制价计价程序

工程名称： 标段： 第 页共 页

序号	内　容	计算方法	金额/元
1	分部分项工程费	按计价规定计算	
1.1			
1.2			
1.3			
1.4			
1.5			
2	措施项目费	按计价规定计算	
2.1	其中:安全文明施工费	按规定标准计算	
3	其他项目费		
3.1	其中:暂列金额	按计价规定估算	
3.2	其中:专业工程暂估价	按计价规定估算	
3.3	其中:计日工	按计价规定估算	
3.4	其中:总承包服务费	按计价规定估算	
4	规费	按规定标准计算	
5	税金(扣除不列入计税范围的工程设备金额)	(1+2+3+4)×规定税率	

招标控制价合计=1+2+3+4+5

表 1-2 施工企业工程投标报价计价程序

工程名称：　　　　　　　　　　标段：　　　　　　　　　　第 页共 页

序号	内 容	计算方法	金 额/元
1	分部分项工程费	自主报价	
1.1			
1.2			
1.3			
1.4			
1.5			
2	措施项目费	自主报价	
2.1	其中:安全文明施工费	按规定标准计算	
3	其他项目费		
3.1	其中:暂列金额	按招标文件提供金额计列	
3.2	其中:专业工程暂估价	按招标文件提供金额计列	
3.3	其中:计日工	自主报价	
3.4	其中:总承包服务费	自主报价	
4	规费	按规定标准计算	
5	税金(扣除不列入计税范围的工程设备金额)	(1+2+3+4)×规定税率	

投标报价合计=1+2+3+4+5

表 1-3　竣工结算计价程序

工程名称：　　　　　　　　　　标段：　　　　　　　　　　第 页共 页

序号	汇总内容	计算方法	金　额/元
1	分部分项工程费	按合同约定计算	
1.1			
1.2			
1.3			
1.4			
1.5			
2	措施项目	按合同约定计算	
2.1	其中:安全文明施工费	按规定标准计算	
3	其他项目		
3.1	其中:专业工程结算价	按合同约定计算	
3.2	其中:计日工	按计日工签证计算	
3.3	其中:总承包服务费	按合同约定计算	
3.4	索赔与现场签证	按发承包双方确认数额计算	
4	规费	按规定标准计算	
5	税金(扣除不列入计税范围的工程设备金额)	(1+2+3+4)×规定税率	
竣工结算总价合计＝1+2+3+4+5			

第二章 电气设备安装工程施工图识读

内容提要：

1. 了解电气设备安装工程制图的基本规定，包括图线、比例、编号和参照代号及标注等。

2. 熟悉电气工程图样画法，并在实际工程中能熟练运用。

3. 熟悉电气工程施工图常用图形和文字符号，并在实际工程中能熟练运用。

4. 掌握电气施工图的分类与识读，在实际工程中能熟练识读电气施工图。

第一节 工程制图基本规定

一、图线

(1)建筑电气专业的图线宽度(b)应根据图纸的类型、比例和复杂程度，按现行国家标准《房屋建筑制图统一标准》(GB/T 50001—2010)的规定选用，并宜为 0.5mm、0.7mm、1.0mm。

(2)电气总平面图和电气平面图宜采用三种及以上的线宽绘制，其他图样宜采用两种及以上的线宽绘制。

(3)同一张图纸内，相同比例的各图样，宜选用相同的线宽组。

(4)同一个图样内，各种不同线宽组中的细线，可统一采用线宽组中较细的细线。

(5)建筑电气专业常用的制图图线、线型及线宽宜符合表 2-1 的规定。

表 2-1 制图图线、线型及线宽

图线名称		线型	线宽	一般用途
实线	粗		b	本专业设备之间电气通路连接线、本专业设备可见轮廓线、图形符号轮廓线
	中粗		$0.7b$	本专业设备可见轮廓线、图形符号轮廓线、方框线、建筑物可见轮廓
	中		$0.5b$	
	细		$0.25b$	非本专业设备可见轮廓线、建筑物可见轮廓；尺寸、标高、角度等标注线及引出线
虚线	粗		b	本专业设备之间电气通路不可见连接线；线路改造中原有线路
	中粗		$0.7b$	本专业设备不可见轮廓线、地下电缆沟、排管区、隧道、屏蔽线、连锁线
	中		$0.5b$	
	细		$0.25b$	非本专业设备不可见轮廓线及地下管沟、建筑物不可见轮廓线等

续表 2-1

图线名称		线型	线宽	一般用途
波浪线	粗	〰〰〰	b	本专业软管、软护套保护的电气通路连接线、蛇形敷设线缆
	中粗	〰〰〰	$0.7b$	
单点长画线		—·—·—·—	$0.25b$	定位轴线、中心线、对称线；结构、功能、单元相同围框线
双点长画线		—··—··—	$0.25b$	辅助围框线、假想或工艺设备轮廓线
折断线		—─\/\─—	$0.25b$	断开界线

(6)图样中可使用自定义的图线、线型及用途,并应在设计文件中明确说明。自定义的图线、线型及用途不应与本标准及国家现行有关标准相矛盾。

二、比例

(1)电气总平面图、电气平面图的制图比例,宜与工程项目设计的主导专业一致,采用的比例宜符合表 2-2 的规定,并应优先采用常用比例。

(2)电气总平面图、电气平面图应按比例制图。并应在图样中标注制图比例。

(3)一个图样宜选用一种比例绘制。选用两种比例绘制时,应做说明。

表 2-2　电气总平面图、电气平面图的制图比例

序号	图名	常用比例	可用比例
1	电气总平面图、规划图	1：500、1：1000、1：2000	1：300、1：5000
2	电气平面图	1：50、1：100、1：150	1：200
3	电气竖井、设备间、电信间、变配电室等平、剖面图	1：20、1：50、1：100	1：25、1：150
4	电气详图、电气大样图	10：1、5：1、2：1、1：1、2：1、1：5、1：10、1：20	4：1、1：25、1：50

三、编号和参照代号

(1)当同一类型或同一系统的电气设备、线路(回路)、元器件等的数量大于或等于 2 时,应进行编号。

(2)当电气设备的图形符号在图样中不能清晰地表达其信息时,应在其图形符号附近标注参照代号。

(3)编号宜选用 1、2、3……数字顺序排列。

(4)参照代号采用字母代码标注时,参照代号宜由前缀符号、字母代码和数字组成。当采用参照代号标注不会引起混淆时,参照代号的前缀符号可省略。参照代号的字母代码应参照表 2-19 选择。

(5)参照代号可表示项目的数量、安装位置、方案等信息。参照代号的编制规则宜在设计文件里说明。

四、标注

(1)电气设备的标注应符合下列规定：

1)宜在用电设备的图形符号附近标注其额定功率、参照代号；

2)对于电气箱(柜、屏)，应在其图形符号附近标注参照代号，并宜标注设备安装容量；

3)对于照明灯具，宜在其图形符号附近标注灯具的数量、光源数量，光源安装容量、安装高度、安装方式。

(2)电气线路的标注应符合下列规定：

1)应标注电气线路的回路编号或参照代号、线缆型号及规格、根数、敷设方式、敷设部位等信息；

2)对于弱电线路，宜在线路上标注本系统的线型符号，线型符号应按表2-12标注；

3)对于封闭母线、电缆梯架、托盘和槽盒宜标注其规格及安装高度。

(3)照明灯具安装方式、线缆敷设方式及敷设部位，应按表2-14～表2-16的文字符号标注。

第二节　电气工程图样画法

一、基本要求

(1)同一个工程项目所用的图纸幅面规格宜一致。

(2)同一个工程项目所用的图形符号、文字符号、参照代号、术语、线型、字体、制图方式等应一致。

(3)图样中本专业的汉字标注字高不宜小于3.5mm，主导专业工艺、功能用房的汉字标注字高不宜小于3.0mm，字母或数字标注字高不应小于2.5mm。

(4)图样宜以图的形式表示，当设计依据、施工要求等在图样中无法以图表示时，应按下列规定进行文字说明：

1)对于工程项目的共性问题，宜在设计说明里集中说明；

2)对于图样中的局部问题，宜在本图样内说明。

(5)主要设备表宜注明序号、名称、型号、规格、单位、数量，可按表2-3绘制。

表2-3　主要设备表

序号	名称	型号及规格	单位	数量	备注
10	35～40	40～50	10	15～20	35～40

中粗实线

细实线

（6）图形符号表宜注明序号、名称、图形符号、参照代号、备注等。建筑电气专业的主要设备表和图形符号表宜合并，可按表 2-4 绘制。

表 2-4 主要设备、图形符号表

序号	名称	图形符号	参照代号	型号及规格	单位	数量	备注

（行高标注：8~15 10~15 / 8~15 / 8~15；中粗实线、细实线）

（列宽标注：10 / 35~40 / 20~30 / 15~20 / 40~50 / 10 / 15~20 / 35~40）

（7）电气设备及连接线缆、敷设路由等位置信息应以电气平面图为准，其安装高度统一标注不会引起混淆时，安装高度可在系统图、电气平面图、主要设备表或图形符号表的任一处标注。

二、图号和图纸编排

（1）设计图纸应有图号标识。图号标识宜表示出设计阶段、设计信息、图纸编号。

（2）设计图纸应编写图纸目录，并宜符合下列规定：

1）初步设计阶段工程设计的图纸目录宜以工程项目为单位进行编写；

2）施工图设计阶段工程设计的图纸目录宜以工程项目或工程项目的各子项目为单位进行编写；

3）施工图设计阶段各子项目共同使用的统一电气详图、电气大样图、通用图，宜单独进行编写。

（3）设计图纸宜按下列规定进行编排：

1）图纸目录、主要设备表、图形符号、使用标准图目录、设计说明宜在前，设计图样宜在后；

2）设计图样宜按下列规定进行编排：

①建筑电气系统图宜编排在前，电路图、接线图（表）、电气平面图，剖面图、电气详图、电气大样图、通用图宜编排在后；

②建筑电气系统图宜按强电系统、弱电系统、防雷、接地等依次编排；

③电气平面图应按地面下各层依次编排在前，地面上各层由低向高依次编排在后。

（4）建筑电气专业的总图宜按图纸目录、主要设备表、图形符号、设计说明、系统图、电气总平面图、路由剖面图，电力电缆井和人（手）孔剖面图、电气详图、电气大样图、通用图依次编排。

三、图样布置

（1）同一张图纸内绘制多个电气平面图时，应自下而上按建筑物层次由低向高顺序布置。

（2）电气详图和电气大样图宜按索引编号顺序布置。

（3）每个图样均应在图样下方标注出图名，图名下应绘制一条中粗横线（0.7b），长度宜与图名长度相等。图样比例宜标注在图名的右侧，字的基准线应与图名取平；比例的字高宜比图名的字高小一号。

（4）图样中的文字说明宜采用"附注"形式书写在标题栏的上方或左侧，当"附注"内容较多时，宜对"附注"内容进行编号。

四、系统图

(1)电气系统图应表示出系统的主要组成、主要特征、功能信息、位置信息、连接信息等。

(2)电气系统图宜按功能布局、位置布局绘制,连接信息可采用单线表示。

(3)电气系统图可根据系统的功能或结构(规模)的不同层次分别绘制。

(4)电气系统图宜标注电气设备、路由(回路)等的参照代号、编号等,并应采用用于系统的图形符号绘制。

五、电路图

(1)电路图应便于理解电路的控制原理及其功能,可不受元器件实际物理尺寸和形状的限制。

(2)电路图应表示元器件的图形符号、连接线、参照代号、端子代号、位置信息等。

(3)电路图应绘制主回路系统图。电路图的布局应突出控制过程或信号流的方向,并可增加端子接线图(表)、设备表等内容。

(4)电路圈中的元器件可采用单个符号或多个符号组合表示。同一项工程同一张电路图,同一个参照代号不宜表示不同的元器件。

(5)电路图中的元器件可采用集中表示法、分开表示法、重复表示法表示。

(6)电路图中的图形符号、文字符号、参照代号等宜按《建筑电气制图标准》(GB/T 50786—2012)的第4章执行。

六、接线图(表)

(1)建筑电气专业的接线图(表)宜包括电气设备单元接线图(表)、互连接线图(表)、端子接线图(表)、电缆图(表)。

(2)接线图(表)应能识别每个连接点上所连接的线缆,并应表示出线缆的型号、规格、根数、敷设方式、端子标识,宜表示出线缆的编号、参照代号及补充说明。

(3)连接点的标识宜采用参照代号、端子代号、图形符号等表示。

(4)接线图中元器件、单元或组件宜采用正方形,矩形或圆形等简单图形表示,也可采用图形符号表示。

(5)线缆的颜色、标识方法、参照代号、端子代号、线缆采用线束的表示方法等应符合《建筑电气制图标准》(GB/T 50786—2012)第4章的规定。

七、电气平面图

(1)电气平面图应表示出建筑物轮廓线、轴线号、房间名称、楼层标高,门,窗、墙体、梁柱,平台和绘图比例等,承重墙体及柱宜涂灰。

(2)电气平面图应绘制出安装在本层的电气设备、敷设在本层和连接本层电气设备的线缆、路由等信息。进出建筑物的线缆,其保护管应注明与建筑轴线的定位尺寸,穿建筑外墙的标高和防水形式。

(3)电气平面图应标注电气设备、线缆敷设路由的安装位置、参照代号等,并应采用用于平面图的图形符号绘制。

(4)电气平面图,剖面图中局部部位需另绘制电气详图或电气大样图时,应在局部部位处标注电气详图或电气大样图编号,在电气详图或电气大样图下方标注其编号和比例。

(5)电气设备布置不相同的楼层应分别绘制其电气平面图;电气设备布置相同的楼层可只

绘制其中一个楼层的电气平面图。

（6）建筑专业的建筑平面图采用分区绘制时,电气平面图也应分区绘制,分区部位和编号宜与建筑专业一致,并应绘制分区组合示意图。各区电气设备线缆连接处应加标注。

（7）强电和弱电应分别绘制电气平面图。

（8）防雷接地平面图应在建筑物或构筑物建筑专业的顶部平面图上绘制接闪器、引下线、断接卡、连接板、接地装置等的安装位置及电气通路。

（9）电气平面图中电气设备、线缆敷设路由等图形符号和标注方法应符合《建筑电气制图标准》(GB/T 50786—2012)第 3 章和第 4 章的规定。

八、电气总平面图

（1）电气总平面图应表示出建筑物和构筑物的名称,外形、编号、坐标、道路形状、比例等,指北针或风玫瑰图宜绘制在电气总平面图图样的右上角。

（2）强电和弱电宜分别绘制电气总平面图。

（3）电气总平面图中电气设备、路灯、线缆敷设路由、电力电缆井、人(手)孔等图形符号和标注方法应符合《建筑电气制图标准》(GB/T 50786—2012)第 3 章和第 4 章的规定。

第三节　电气工程施工图常用符号

一、电气工程常用图形符号

（1）图样中采用的图形符号应符合下列规定:

1）图形符号可放大或缩小;

2）当图形符号旋转或镜像时,其中的文字宜为视图的正向;

3）当图形符号有两种表达形式时,可任选用其中一种形式,但同一工程应使用同一种表达形式;

4）当现有图形符号不能满足设计要求时,可按图形符号生成原则产生新的图形符号;新产生的图形符号宜由一般符号与一个或多个相关的补充符号组合而成;

5）补充符号可置于一般符号的里面,外面或与其相交。

（2）强电图样宜采用表 2-5 的常用图形符号。

表 2-5　强电图样的常用图形符号

序号	常用图形符号		说明	应用类别	序号	常用图形符号		说明	应用类别
	形式 1	形式 2				形式 1	形式 2		
1			导线组（示出导线数,如示出三根导线）	电路图、接线图、平面图、总平面图、系统图	5			T 型连线	电路图、接线图、平面图、总平面图、系统图
2			软连接		6			导线的双 T 连线	
3	○		端子		7			跨接连线（跨越连线）	
4			端子板	电路图					

续表 2-5

序号	常用图形符号		说明	应用类别	序号	常用图形符号		说明	应用类别
	形式1	形式2				形式1	形式2		
8			阴接触件（连接器的）、插座	电路图、接线图、系统图	21			三相绕线式转子感应电动机	电路图
9			阳接触件（连接器的）、插头	电路图、接线图、平面图、系统图	22			双绕组变压器，一般符号（形式2可表示瞬时电压的极性）	
10			定向连接						
11			进入线束的点（本符号不适用于表示电气连接）	电路图、接线图、平面图、总平面图、系统图	23			绕组间有屏蔽的双绕组变压器	
12			电阻器，一般符号		24			一个绕组上有中间抽头的变压器	电路图、接线图、平面图、总平面图、系统图
13			电容器，一般符号						
14			半导体二极管，一般符号		25			星形—三角形连接的三相变压器	形式2只适用电路图
15			发光二极管（LED），一般符号	电路图					
16			双向三极闸流晶体管		26			具有4个抽头的星形—星形连接的三相变压器	
17			PNP晶体管						
18			电机，一般符号，见注2	电路图、接线图、平面图、系统图	27			单相变压器组成的三相变压器，星形—三角形连接	
19			三相笼式感应电动机						
20			单相笼式感应电动机，有绕组分相引出端子	电路图	28			具有分接开关的三相变压器，星形—三角形连接	电路图、接线图、平面图、系统图 形式2只适用电路图

续表 2-5

序号	常用图形符号		说明	应用类别	序号	常用图形符号		说明	应用类别
	形式1	形式2				形式1	形式2		
29			三相变压器，星形—星形—三角形连接	电路图、接线图、系统图 形式2只适用电路图	37			电流互感器，一般符号	电路图、接线图、平面图、总平面图、系统图 形式2只适用电路图
30			自耦变压器，一般符号	电路图、接线图、平面图、总平面图、系统图 形式2只适用电路图	38			具有两个铁芯，每个铁芯有一个次级绕组的电流互感器，见注3，其中形式2中的铁芯符号可以略去	
31			单相自耦变压器		39			在一个铁芯上具有两个次级绕组的电流互感器，形式2中的铁芯符号必须画出	电路图、接线图、系统图 形式2只适用电路图
32			三相自耦变压器，星形连接	电路图、接线图、系统图 形式2只适用电路图	40			具有三条穿线一次导体的脉冲变压器或电流互感器	
33			可调压的单相自耦变压器		41			三个电流互感器（四个次级引线引出）	
34			三相感应调压器		42			具有两个铁芯，每个铁芯有一个次级绕组的三个电流互感器，见注3	
35			电抗器，一般符号						
36			电压互感器						

序号	常用图形符号		说明	应用类别	序号	常用图形符号		说明	应用类别
	形式1	形式2				形式1	形式2		
43			两个电流互感器，导线 L1 和导线 L3；三个次级引线引出	电路图、接线图、系统图 形式2只适用电路图	55	G		静止电能发生器，一般符号	电路图、接线图、平面图、系统图
44			具有两个铁芯，每个铁芯有一个次级绕组的两个电流互感器，见注3		56			光电发生器	电路图、接线图、系统图
					57			剩余电流监视器	
45	○		物件，一般符号	电路图、接线图、平面图、系统图	58			动合（常开）触点，一般符号；开关，一般符号	
46	□				59			动断（常闭）触点	
47	注4				60			先断后合的转换触点	
48			有稳定输出电压的变换器	电路图、接线图、系统图	61			中间断开的转换触点	
49	f1/f2		频率由 f1 变到 f2 的变频器（f1 和 f2 可用输入和输出频率的具体数值代替）	电路图、系统图	62			先合后断的双向转换触点	电路图、接线图
50			直流/直流变换器	电路图、接线图、系统图	63			延时闭合的动合触点（当带该触点的器件被吸合时,此触点延时闭合）	
51			整流器						
52			逆变器						
53			整流器/逆变器						
54	┤├		原电池，长线代表阳极，短线代表阴极		64			延时断开的动合触点（当带该触点的器件被释放时,此触点延时断开）	

续表 2-5

序号	常用图形符号		说明	应用类别	序号	常用图形符号		说明	应用类别
	形式 1	形式 2				形式 1	形式 2		
65	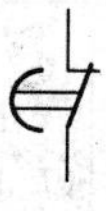		延时断开的动断触点（当带该触点的器件被吸合时,此触点延时断开）		74	1234		带位置图示的多位开关,最多四位	电路图
66			延时闭合的动断触点（当带该触点的器件被释放时,此触点延时闭合）		75			接触器;接触器的主动合触点（在非操作位置上触点断开）	
67	E		自动复位的手动按钮开关	电路图、接线图	76			接触器;接触器的主动断触点（在非操作位置上触点闭合）	
68	F		无自动复位的手动旋转开关		77	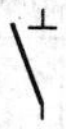		隔离器	
69			具有动合触点且自动复位的蘑菇头式的应急按钮开关		78	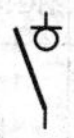		隔离开关	
70			带有防止无意操作的手动控制的具有动合触点的按钮开关		79	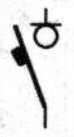		带自动释放功能的隔离开关（具有由内装的测量继电器或脱扣器触发的自动释放功能）	电路图、接线图
71			热继电器,动断触点		80	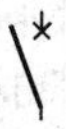		断路器,一般符号	
72			液位控制开关,动合触点		81	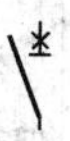		带隔离功能断路器	
73			液位控制开关,动断触点		82	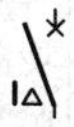		剩余电流动作断路器	
					83	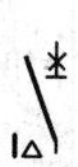		带隔离功能的剩余电流动作断路器	

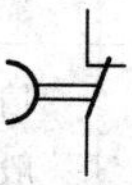

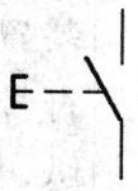

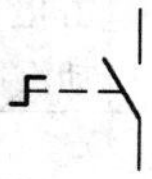

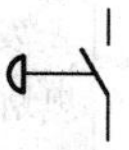

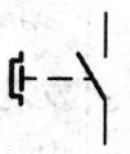

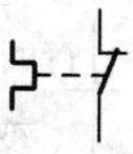

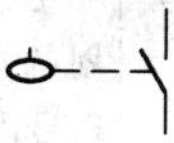

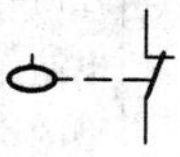

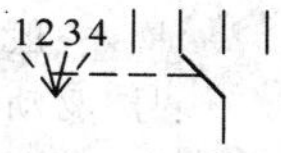

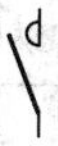

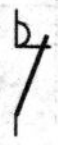

续表 2-5

序号	常用图形符号		说明	应用类别	序号	常用图形符号		说明	应用类别
	形式1	形式2				形式1	形式2		
84			继电器线圈,一般符号;驱动器件,一般符号	电路图、接线图	94	Ⓥ		电压表	电路图、接线图、系统图
85			缓慢释放继电器线圈		95	Wh		电度表(瓦时计)	
86			缓慢吸合继电器线圈		96	Wh		复费率电度表(示出二费率)	
87			热继电器的驱动器件		97	⊗		信号灯,一般符号,见注5	电路图、接线图、平面图、系统图
88			熔断器,一般符号		98			音响信号装置,一般符号(电喇叭、电铃、单击电铃、电动汽笛)	
89			熔断器式隔离器						
90			熔断器式隔离开关						
91			火花间隙		99			蜂鸣器	
92			避雷器		100	□		发电站,规划的	总平面图
93			多功能电器控制与保护开关电器(CPS)(该多功能开关器件可通过使用相关功能符号表示可逆功能、断路器功能、隔离功能、接触器功能和自动脱扣功能。当使用该符号时,可省略不采用的功能符号要素)	电路图、系统图	101			发电站,运行的	
					102			热电联产发电机,规划的	
					103			热电联产发电机,运行的	
					104	○		变电站、配电所,规划的(可在符号内加上任何有关变电站详细类型的说明)	

续表 2-5

序号	常用图形符号		说明	应用类别	序号	常用图形符号		说明	应用类别
	形式1	形式2				形式1	形式2		
105			变电站、配电所,运行的	总平面图	120			由上引来配线或布线	平面图
106			接闪杆	接线图、平面图、总平面图、系统图	121			连接盒;接线盒	
107			架空线路		122		MS	电动机启动器,一般符号	电路图、接线图、系统图
108			电力电缆井/人孔	总平面图	123		SDS	星—三角启动器	
109			手孔		124		SAT	带自耦变压器的启动器	形式2用于平面图
110			电缆梯架、托盘和槽盒线路	平面图、总平面图	125		ST	带可控硅整流器的调节—启动器	
111			电缆沟线路		126			电源插座、插孔,一般符号(用于不带保护极的电源插座),见注6	
112			中性线						
113			保护线		127			多个电源插座(符号表示三个插座)	
114			保护线和中性线共用线	电路图、平面图、系统图	128			带保护极的电源插座	
115			带中性线和保护线的三相线路		129			单相二、三极电源插座	平面图
116			向上配线或布线		130			带保护极和单极开关的电源插座	
117			向下配线或布线	平面图	131			带隔离变压器的电源插座(剃须插座)	
118			垂直通过配线或布线		132			开关,一般符号(单联单控开关)	
119			由下引来配线或布线		133			双联单控开关	

续表 2-5

序号	常用图形符号		说明	应用类别	序号	常用图形符号		说明	应用类别
	形式1	形式2				形式1	形式2		
134			三联单控开关	平面图	147			防止无意操作的按钮(例如借助于打碎玻璃罩进行保护)	平面图
135			n 联单控开关,n＞3		148			灯,一般符号,见注7	
136			带指示灯的开关(带指示灯的单联单控开关)		149			应急疏散指示标志灯	
137			带指示灯双联单控开关		150			应急疏散指示标志灯(向右)	
138			带指示灯的三联单控开关		151			应急疏散指示标志灯(向左)	
139			带指示灯的n联单控开关,n＞3		152			应急疏散指示标志灯(向左、向右)	
140			单极限时开关		153			专用电路上的应急照明灯	
141			单极声光控开关		154			自带电源的应急照明灯	
142			双控单极开关		155			荧光灯,一般符号(单管荧光灯)	
143			单极拉线开关		156			二管荧光灯	
144			风机盘管三速开关		157			三管荧光灯	
145			按钮		158			多管荧光灯,n＞3	
146			带指示灯的按钮		159			单管格栅灯	
					160			双管格栅灯	

续表 2-5

序号	常用图形符号		说明	应用类别	序号	常用图形符号		说明	应用类别
	形式1	形式2				形式1	形式2		
161			三管格栅灯	平面图	163			聚光灯	平面图
162			投光灯,一般符号		164			风扇;风机	

注:1. 当电气元器件需要说明类型和敷设方式时,宜在符号旁标注下列字母:EX-防爆,EN-密闭,C-暗装。

2. 当电机需要区分不同类型时,符号"★"可采用下列字母表示:G-发电机,GP-永磁发电机,GS-同步发电机,M-电动机,MG-能作为发电机或电动机使用的电机,MS-同步电动机,MGS-同步发电机-电动机等。

3. 符号中加上端子符号(○)表明是一个器件,如果使用了端子代号,则端子符号可以省略。

4. □可作为电气箱(柜、屏)的图形符号,当需要区分类型时,宜在□内标注下列字母:LB-照明配电箱,ELB-应急照明配电箱,PB-动力配电箱,EPB-应急动力配电箱,WB-电度表箱,SB-信号箱,TB-电源切换箱,CB-控制箱、操作箱。

5. 当信号灯需要指示颜色,宜在符号旁标注下列字母:YE-黄,RD-红,GN-绿,BU-蓝,WH-白。如果需要指示光源种类,宜在符号旁标注下列字母:Na-钠气,Xe-氙,Ne-氖,IN-白炽灯,Hg-汞,I-碘,EL-电致发光的,ARC-弧光,IR-红外线的,FL-荧光的,UV-紫外线的,LED-发光二极管。

6. 当电源插座需要区分不同类型时,宜在符号旁标注下列字母:1P-单相,3P-三相,1C-单相暗敷,3C-三相暗敷,1EX-单相防爆,3EX-三相防爆,1EN-单相密闭,3EN-三相密闭。

7. 当灯具需要区分不同类型时,宜在符号旁标注下列字母:ST-备用照明,SA-安全照明,LL-局部照明灯,W-壁灯,C-吸顶灯,R-筒灯,EN-密闭灯,G-圆球灯,EX-防爆灯,E-应急灯,L-花灯,P-吊灯,BM-浴霸。

(3)弱电图样的常用图形符号宜符合下列规定:

1)通信及综合布线系统图样宜采用表 2-6 的常用图形符号。

表 2-6　通信及综合布线系统图样的常用图形符号

序号	常用图形符号		说明	应用类别	序号	常用图形符号		说明	应用类别
	形式1	形式2				形式1	形式2		
1	MDF		总配线架(柜)	系统图、平面图	10	SW		交换机	
2	ODF		光纤配线架(柜)		11	CP		集合点	
3	IDF		中间配线架(柜)		12	LIU		光纤连接盘	
4	BD	BD	建筑物配线架(柜)(有跳线连接)	系统图	13	TP	TP	电话插座	平面图、系统图
5	FD	FD	楼层配线架(柜)(有跳线连接)		14	TD	TD	数据插座	
					15	TO	TO	信息插座	
6	CD		建筑群配线架(柜)	平面图、系统图	16	nTO	nTO	n孔信息插座,n为信息孔数量,例如:TO—单孔信息插座;2TO—二孔信息插座	
7	BD		建筑物配线架(柜)						
8	FD		楼层配线架(柜)						
9	HUB		集线器		17	⬤MUTO		多用户信息插座	

2)火灾自动报警系统图样宜采用表2-7的常用图形符号。

表 2-7   火灾自动报警系统图样的常用图形符号

序号	常用图形符号 形式1	常用图形符号 形式2	说明	应用类别	序号	常用图形符号 形式1	常用图形符号 形式2	说明	应用类别
1	★见注1		火灾报警控制器		20			光束感烟感温火灾探测器(线型,发射部分)	
2	★见注2		控制和指示设备		21			光束感烟感温火灾探测器(线型,接受部分)	
3			感温火灾探测器(点型)		22			手动火灾报警按钮	
4	N		感温火灾探测器(点型、非地址码型)		23			消火栓启泵按钮	
5	EX		感温火灾探测器(点型、防爆型)		24			火警电话	
6			感温火灾探测器(线型)		25			火警电话插孔(对讲电话插孔)	
7			感烟火灾探测器(点型)		26			带火警电话插孔的手动报警按钮	
8	N		感烟火灾探测器(点型、非地址码型)		27			火警电铃	
9	EX		感烟火灾探测器(点型、防爆型)		28			火灾发声警报器	
10			感光火灾探测器(点型)	平面图、系统图	29			火灾光警报器	平面图、系统图
11			红外感光火灾探测器(点型)		30			火灾声光警报器	
12			紫外感光火灾探测器(点型)		31			火灾应急广播扬声器	
13			可燃气体探测器(点型)		32			水流指示器(组)	
14			复合式感光感烟火灾探测器(点型)		33	P		压力开关	
15			复合式感光感温火灾探测器(点型)		34	70℃		70℃动作的常开防火阀	
16			线型差定温火灾探测器		35	280℃		280℃动作的常开排烟阀	
17			光束感烟火灾探测器(线型,发射部分)		36	280℃		280℃动作的常闭排烟阀	
18			光束感烟火灾探测器(线型,接受部分)		37			加压送风口	
19			复合式感温感烟火灾探测器(点型)		38	SE		排烟口	

注:1. 当火灾报警控制器需要区分不同类型时,符号"★"可采用下列字母表示:C-集中型火灾报警控制器,Z-区域型火灾报警控制器,G-通用火灾报警控制器,S-可燃气体报警控制器。

2. 当控制和指示设备需要区分不同类型时,符号"★"可采用下列字母表示:RS-防火卷帘门控制器,RD-防火门磁释放器,I/O-输入/输出模块,I-输入模块,O-输出模块,P-电源模块,T-电信模块,SI-短路隔离器,M-模块箱,SB-安全栅,D-火灾显示盘,FI-楼层显示盘,CRT-火灾计算机图形显示系统,FPA-火灾广播系统,MT-对讲电话主机,BO-总线广播模块,TP-总线电话模块。

3)有线电视及卫星电视接收系统图样宜采用表 2-8 的常用图形符号。

表 2-8　有线电视及卫星电视接收系统图样的常用图形符号

序号	常用图形符号		说明	应用类别	序号	常用图形符号		说明	应用类别
	形式1	形式2				形式1	形式2		
1			天线,一般符号	电路图、接线图、平面图、总平面图、系统图	11		DEM	解调器	接线图、系统图　形式2用于平面图
2			带馈线的抛物面天线		12		MO	调制器	
					13		MOD	调制解调器	
3			有本地天线引入的前端(符号表示一条馈线支路)	平面图、总平面图	14			分配器,一般符号(表示两路分配器)	
4			无本地天线引入的前端(符号表示一条输入和一条输出通路)		15			分配器,一般符号(表示三路分配器)	
					16			分配器,一般符号(表示四路分配器)	电路图、接线图、平面图、系统图
5			放大器、中继器一般符号(三角形指向传输方向)	电路图、接线图、平面图、总平面图、系统图	17			分支器,一般符号(表示一个信号分支)	
6			双向分配放大器		18			分支器,一般符号(表示两个信号分支)	
7			均衡器	平面图、总平面图、系统图	19			分支器,一般符号(表示四个信号分支)	
8			可变均衡器		20			混合器,一般符号(表示两路混合器,信息流从左到右)	
9		A	固定衰减器	电路图、接线图、系统图	21	TV	TV	电视插座	平面图、系统图
10		A	可变衰减器						

4)广播系统图样宜采用表 2-9 的常用图形符号。

表 2-9　广播系统图样的常用图形符号

序号	常用图形符号	说明	应用类别	序号	常用图形符号	说明	应用类别
1		传声器,一般符号	系统图、平面图	5		号筒式扬声器	系统图、平面图
2	注1	扬声器,一般符号		6		调谐器、无线电接收机	接线图、平面图、总平面图、系统图
3		嵌入式安装扬声器箱	平面图	7	注2	放大器,一般符号	
4	注1	扬声器箱、音箱、声柱		8	M	传声器插座	平面图、总平面图、系统图

注:1. 当扬声器箱、音箱、声柱需要区分不同的安装形式时,宜在符号旁标注下列字母:C-吸顶安装,R-嵌入式安装,W-壁挂式安装。

　　2. 当放大器需要区分不同类型时,宜在符号旁标注下列字母:A-扩大机,PRA-前置放大器,AP-功率放大器。

5)安全技术防范系统图样宜采用表 2-10 的常用图形符号。

表 2-10 安全技术防范系统图样的常用图形符号

序号	常用图形符号 形式1	形式2	说明	应用类别	序号	常用图形符号 形式1	形式2	说明	应用类别
1			摄像机		22			微波入侵探测器	
2			彩色摄像机		23			被动红外/微波双技术探测器	
3			彩色转黑白摄像机		24			主动红外探测器(发射、接收分别为 Tx、Rx)	
4			带云台的摄像机		25			遮挡式微波探测器	
5			有室外防护罩的摄像机		26			埋入线电场扰动探测器	
6			网络(数字)摄像机		27			弯曲或振动电缆探测器	
7			红外摄像机		28			激光探测器	
8			红外带照明灯摄像机		29			对讲系统主机	
9			半球形摄像机	平面图、系统图	30			对讲电话分机	平面图、系统图
10			全球摄像机		31			可视对讲机	
11			监视器		32			可视对讲户外机	
12			彩色监视器		33			指纹识别器	
13			读卡器		34			磁力锁	
14			键盘读卡器		35			电锁按键	
15			保安巡查打卡器		36			电控锁	
16			紧急脚挑开关		37			摄影机	
17			紧急按钮开关						
18			门磁开关						
19			玻璃破碎探测器						
20			振动探测器						
21			被动红外入侵探测器						

6)建筑设备监控系统图样宜采用表 2-11 的常用图形符号。

表 2-11　建筑设备监控系统图样的常用图形符号

序号	常用图形符号 形式1	常用图形符号 形式2	说明	应用类别	序号	常用图形符号 形式1	常用图形符号 形式2	说明	应用类别
1	T		温度传感器		13	PDT*	ΔPT	压差变送器（＊为位号）	
2	P		压力传感器		14	IT*		电流变送器（＊为位号）	
3	M	H	湿度传感器		15	UT*		电压变送器（＊为位号）	
4	PD	ΔP	压差传感器		16	ET*		电能变送器（＊为位号）	
5	GE*		流量测量元件（＊为位号）	电路图、平面图、系统图	17	A/D		模拟/数字变换器	电路图、平面图、系统图
6	GT*		流量变送器（＊为位号）		18	D/A		数字/模拟变换器	
7	LT*		液位变送器（＊为位号）		19	HM		热能表	
8	PT*		压力变送器（＊为位号）		20	GM		燃气表	
9	TT*		温度变送器（＊为位号）		21	WM		水表	
10	MT*	HT*	湿度变送器（＊为位号）		22	M⋈		电动阀	
11	GT*		位置变送器（＊为位号）		23	M⋈		电磁阀	
12	ST*		速率变送器（＊为位号）						

（4）图样中的电气线路可采用表 2-12 的线型符号绘制。

表 2-12　图样中的电气线路线型符号

序号	线型符号 形式1	线型符号 形式2	说　明	序号	线型符号 形式1	线型符号 形式2	说　明
1	—S—	—S—	信号线路	9	—TV—	—TV—	有线电视线路
2	—C—	—C—	控制线路	10	—BC—	—BC—	广播线路
3	—EL—	—EL—	应急照明线路	11	—V—	—V—	视频线路
4	—PE—	—PE—	保护接地线	12	—GCS—	—GCS—	综合布线系统线路
5	—E—	—E—	接地线	13	—F—	—F—	消防电话线路
6	—LP—	—LP—	接闪线、接闪带、接闪网	14	—D—	—D—	50V 以下的电源线路
7	—TP—	—TP—	电话线路	15	—DC—	—DC—	直流电源线路
8	—TD—	—TD—	数据线路	16			光缆，一般符号

(5)绘制图样时,宜采用表 2-13 的电气设备标注方式表示。

表 2-13 电气设备的标注方式

序号	标注方式	说 明	序号	标注方式	说 明
1	$\dfrac{a}{b}$	用电设备标注 a—参照代号 b—额定容量(kW 或 kVA)	7	a/b/c	光缆标注 a—型号 b—光纤芯数 c—长度
2	$-a+b/c$ 注 1	系统图电气箱(柜、屏)标注 a—参照代号 b—位置信息 c—型号	8	$a\ b-c\ (d{\times}e+f{\times}g)$ $i-jh$ 注 3	线缆的标注 a—参照代号 b—型号 c—电缆根数 d—相导体根数 e—相导体截面(mm²) f—N、PE 导体根数 g—N、PE 导体截面(mm²) i—敷设方式和管径(mm),参见表 4.2.1-1 j—敷设部位,参见表 4.2.1-2 h—安装高度(m)
3	$-a$ 注 1	平面图电气箱(柜、屏)标注 a—参照代号			
4	$a\ b/c\ d$	照明、安全、控制变压器标注 a—参照代号 b/c——次电压/二次电压 d—额定容量			
5	$a-b\dfrac{c{\times}d{\times}L}{e}f$ 注 2	灯具标注 a—数量 b—型号 c—每盏灯具的光源数量 d—光源安装容量 e—安装高度(m) "—"表示吸顶安装 L—光源种类,参见表 4.1.2 注 5 f—安装方式,参见表 4.2.1-3	9	$a-b\ (c{\times}2{\times}d)\ e-f$	电话线缆的标注 a—参照代号 b—型号 c—导体对数 d—导体直径(mm) e—敷设方式和管径(mm),参见表 4.2.1-1 f—敷设部位,参见表 4.2.1-2
6	$\dfrac{a{\times}b}{c}$	电缆梯架、托盘和槽盒标注 a—宽度(mm) b—高度(mm) c—安装高度(m)			

注:1. 前缀"—"在不会引起混淆时可省略。

2. 灯具的标注见第一节四、标注(1)第 3)款的规定。

3. 当电源线缆 N 和 PE 分开标注时,应先标注 N 后标注 PE(线缆规格中的电压值在不会引起混淆时可省略)。

二、电气工程常用文字符号

(1)图样中线缆敷设方式、敷设部位和灯具安装方式的标注宜采用表 2-14~表 2-16 的文字符号。

表 2-14 线缆敷设方式标注的文字符号

序号	名称	文字符号	序号	名称	文字符号
1	穿低压流体输送用焊接钢管(钢导管)敷设	SC	5	穿阻燃半硬塑料导管敷设	FPC
2	穿普通碳素钢电线套管敷设	MT	6	穿塑料波纹电线管敷设	KPC
3	穿可挠金属电线保护套管敷设	CP	7	电缆托盘敷设	CT
4	穿硬塑料导管敷设	PC	8	电缆梯架敷设	CL

续表 2-14

序号	名称	文字符号	序号	名称	文字符号
9	金属槽盒敷设	MR	12	直埋敷设	DB
10	塑料槽盒敷设	PR	13	电缆沟敷设	TC
11	钢索敷设	M	14	电缆排管敷设	CE

表 2-15　线缆敷设部位标注的文字符号

序号	名称	文字符号	序号	名称	文字符号
1	沿或跨梁(屋架)敷设	AB	7	暗敷设在顶板内	CC
2	沿或跨柱敷设	AC	8	暗敷设在梁内	BC
3	沿吊顶或顶板面敷设	CE	9	暗敷设在柱内	CLC
4	吊顶内敷设	SCE	10	暗敷设在墙内	WC
5	沿墙面敷设	WS	11	暗敷设在地板或地面下	FC
6	沿屋面敷设	RS			

表 2-16　灯具安装方式标注的文字符号

序号	名称	文字符号	序号	名称	文字符号
1	线吊式	SW	7	吊顶内安装	CR
2	链吊式	CS	8	墙壁内安装	WR
3	管吊式	DS	9	支架上安装	S
4	壁装式	W	10	柱上安装	CL
5	吸顶式	C	11	座装	HM
6	嵌入式	R			

(2)供配电系统设计文件的标注宜采用表 2-17 的文字符号。

表 2-17　供配电系统设计文件标注的文字符号

序号	文字符号	名称	单位	序号	文字符号	名称	单位
1	U_n	系统标称电压,线电压(有效值)	V	11	I_c	计算电流	A
2	U_r	设备的额定电压,线电压(有效值)	V	12	I_{st}	启动电流	A
3	I_r	额定电流	A	13	I_p	尖峰电流	A
4	f	频率	Hz	14	I_s	整定电流	A
5	P_r	额定功率	kW	15	I_k	稳态短路电流	kA
6	P_n	设备安装功率	kW	16	$\cos\varphi$	功率因数	—
7	P_c	计算有功功率	kW	17	U_{kr}	阻抗电压	%
8	Q_c	计算无功功率	kvar	18	i_p	短路电流峰值	kA
9	S_c	计算视在功率	kVA	19	S_{KQ}	短路容量	MVA
10	S_r	额定视在功率	kVA	20	K_d	需要系数	—

（3）设备端子和导体宜采用表 2-18 的标志和标识。

表 2-18　设备端子和导体的标志和标识

序号	导　体		文字符号	
			设备端子标志	导体和导体终端标识
1	交流导体	第 1 线	U	L1
		第 2 线	V	L2
		第 3 线	W	L3
		中性导体	N	N
2	直流导体	正极	+或 C	L+
		负极	一或 D	L-
		中间点导体	M	M
3	保护导体		PE	PE
4	PEN 导体		PEN	PEN

（4）电气设备常用参照代号宜采用表 2-19 的字母代码。

表 2-19　电气设备常用参照代号的字母代码

项目种类	设备、装置和元件名称	主类代码	含子类代码	项目种类	设备、装置和元件名称	主类代码	含子类代码
两种或两种以上的用途或任务	35kV 开关柜	A	AH	把某一输入变量（物理性质、条件或事件）转换为供进一步处理的信号	热过载继电器	B	BB
	20kV 开关柜		AJ		保护继电器		BB
	10kV 开关柜		AK		电流互感器		BE
	6kV 开关柜				电压互感器		BE
	低压配电柜		AN		测量继电器		BE
	并联电容器箱（柜、屏）		ACC		测量电阻（分流）		BE
	直流配电箱（柜、屏）		AD		测量变送器		BE
	保护箱（柜、屏）		AR		气表、水表		BF
	电能计量箱（柜、屏）		AM		差压传感器		BF
	信号箱（柜、屏）		AS		流量传感器		BF
	电源自动切换箱（柜、屏）		AT		接近开关、位置开关		BG
	动力配电箱（柜、屏）		AP		接近传感器		BG
	应急动力配电箱（柜、屏）		APE		时钟、计时器		BK
	控制、操作箱（柜、屏）		AC		湿度计、湿度测量传感器		BM
	励磁箱（柜、屏）		AE		压力传感器		BP
	照明配电箱（柜、屏）		AL		烟雾（感烟）探测器		BR
	应急照明配电箱（柜、屏）		ALE		感光（火焰）探测器		BR
	电度表箱（柜、屏）		AW		光电池		BR
	弱电系统设备箱（柜、屏）		—		速度计、转速计		BS

续表 2-19

项目种类	设备、装置和元件名称	参照代号的字母代码 主类代码	参照代号的字母代码 含子类代码	项目种类	设备、装置和元件名称	参照代号的字母代码 主类代码	参照代号的字母代码 含子类代码
把某一输入变量(物理性质、条件或事件)转换为供进一步处理的信号	速度变换器		BS	启动能量流或材料流,产生用作信息载体或参考源的信号。生产一种新能量、材料或产品	发电机		GA
	温度传感器、温度计		BT		直流发电机		GA
	麦克风		BX		电动发电机组		GA
	视频摄像机		BX		柴油发电机组		GA
	火灾探测器	B	—		蓄电池、干电池	G	GB
	气体探测器		—		燃料电池		GB
	测量变换器		—		太阳能电池		GC
	位置测量传感器		BG		信号发生器		GF
	液位测量传感器		BL		不间断电源		GU
材料、能量或信号的存储	电容器		CA	处理(接收、加工和提供)信号或信息(用于防护的物体除外,见F类)	断电器		KF
	线圈		CB		时间继电器		KF
	硬盘	C	CF		控制器(电、电子)		KF
	存储器		CF		输入、输出模块		KF
	磁带记录仪、磁带机		CF		接收机		KF
	录像机		CF		发射机		KF
提供辐射能或热能	白炽灯、荧光灯		EA		光耦器		KF
	紫外灯		EA		控制器(光、声学)	K	KG
	电炉、电暖炉		EB		阀门控制器		KH
	电热、电热丝	E	EB		瞬时接触继电器		KA
	灯、灯泡		—		电流继电器		KC
	激光器		—		电压继电器		KV
	发光设备		—		信号继电器		KS
	辐射器		—		瓦斯保护继电器		KB
直接防止(自动)能量流、信息流、人身或设备发生危险的或意外的情况,包括用于防护的系统和设备	热过载释放器		FD		压力继电器		KPR
	熔断器		FA	提供驱动用机械能(旋转或线性机械运动)	电动机		MA
	安全栅		FC		直线电动机		MA
	电涌保护器	F	FC		电磁驱动	M	MB
	接闪器		FE		励磁线圈		MB
	接闪杆		FE		执行器		ML
	保护阳极(阴极)		FR		弹簧储能装置		ML

续表 2-19

项目种类	设备、装置和元件名称	参照代号的字母代码		项目种类	设备、装置和元件名称	参照代号的字母代码	
		主类代码	含子类代码			主类代码	含子类代码
提供信息	打印机	P	PF	受控切换或改变能量流、信号流或材料流(对于控制电路中的信号,见 K 类和 S 类)	熔断器式隔离器	Q	QB
	录音机		PF		熔断器式隔离开关		QB
	电压表		PV		接地开关		QC
	告警灯、信号灯		PG		旁路断路器		QD
	监视器、显示器		PG		电源转换开关		QCS
	LED(发光二极管)		PG		剩余电流保护断路器		QR
	铃、钟		PB		软启动器		QAS
	计量表		PG		综合启动器		QCS
	电流表		PA		星—三角启动器		QSD
	电度表		PJ		自耦降压启动器		QTS
	时钟、操作时间表		PT		转子变阻式启动器		QRS
	无功电度表		PJR	限制或稳定能量、信息或材料的运动或流动	电阻器、二极管	R	RA
	最大需用量表		PM		电抗线圈		RA
	有功功率表		PW		滤波器、均衡器		RF
	功率因数表		PPF		电磁锁		RL
	无功电流表		PAR		限流器		RN
	(脉冲)计数器		PC		电感器		—
	记录仪器		PS	把手动操作转变为进一步处理的特定信号	控制开关	S	SF
	频率表		PF		按钮开关		SF
	相位表		PPA		多位开关(选择开关)		SAC
	转速表		PT		启动按钮		SF
	同位指示器		PS		停止按钮		SS
	无色信号灯		PG		复位按钮		SR
	白色信号灯		PGW		试验按钮		ST
	红色信号灯		PGR		电压表切换开关		SV
	绿色信号灯		PGG		电流表切换开关		SA
	黄色信号灯		PGY	保持能量性质不变的能量变换,已建立的信号保持信息内容不变的变换,材料形态或形状的变换	变频器、频率转换器	T	TA
	显示器		PC		电力变压器		TA
	温度计、液位计		PG		DC/DC 转换器		TA
受控切换或改变能量流、信号流或材料流(对于控制电路中的信号,见 K 类和 S 类)	断路器	Q	QA		整流器、AC/DC 变换器		TB
	接触器		QAC		天线、放大器		TF
	晶闸管、电动机启动器		QA		调制器、解调器		TF
	隔离器、隔离开关		QB		隔离变压器		TF

续表 2-19

项目种类	设备、装置和元件名称	主类代码	含子类代码	项目种类	设备、装置和元件名称	主类代码	含子类代码
保持能量性质不变的能量变换,已建立的信号保持信息内容不变的变换,材料形态或形状的变换	控制变压器	T	TC	从一地到另一地导引或输送能量、信号、材料或产品	电力(动力)线路	W	WP
	整流变压器		TR		照明线路		WL
	照明变压器		TL		应急电力(动力)线路		WPE
	有载调压变压器		TLC		应急照明线路		WLE
	自耦变压器		TT		滑触线		WT
保护物体在一定的位置	支柱绝缘子	U	UB	连接物	高压端子、接线盒	X	XB
	强电梯架、托盘和槽盒		UB		高压电缆头		XB
	瓷瓶		UB		低压端子、端子板		XD
	弱电梯架、托盘和槽盒		UG		过路接线盒、接线端子箱		XD
	绝缘子		—		低压电缆头		XD
从一地到另一地导引或输送能量、信号、材料或产品	高压母线、母线槽	W	WA		插座、插座箱		XD
	高压配电线缆		WB		接地端子、屏蔽接地端子		XE
	低压母线、母线槽		WC		信号分配器		XG
	低压配电线缆		WD		信号插头连接器		XG
	数据总线		WF		(光学)信号连接		XH
	控制电缆、测量电缆		WG		连接器		—
	光缆、光纤		WH		插头		—
	信号线路		WS				

(5)常用辅助文字符号宜按表 2-20 执行。

表 2-20 常用辅助·文字符号

序号	文字符号	名称	序号	文字符号	名称
1	A	电流	12	BK	黑
2	A	模拟	13	BU	蓝
3	AC	交流	14	BW	向后
4	A、AUT	自动	15	C	控制
5	ACC	加速	16	CCW	逆时针
6	ADD	附加	17	CD	操作台(独立)
7	ADJ	可调	18	CO	切换
8	AUX	辅助	19	CW	顺时针
9	ASY	异步	20	D	延时、延迟
10	B、BRK	制动	21	D	差动
11	BC	广播	22	D	数字

续表 2-20

序号	文字符号	名称	序号	文字符号	名称
23	D	降	58	MAX	最大
24	DC	直流	59	MIN	最小
25	DCD	解调	60	MC	微波
26	DEC	减	61	MD	调制
27	DP	调度	62	MH	人孔（人井）
28	DR	方向	63	MN	监听
29	DS	失步	64	MO	瞬间（时）
30	E	接地	65	MUX	多路复用的限定符号
31	EC	编码	66	NR	正常
32	EM	紧急	67	OFF	断开
33	EMS	发射	68	ON	闭合
34	EX	防爆	69	OUT	输出
35	F	快速	70	O/E	光电转换器
36	FA	事故	71	P	压力
37	FB	反馈	72	P	保护
38	FM	调频	73	PL	脉冲
39	FW	正、向前	74	PM	调相
40	FX	固定	75	PO	并机
41	G	气体	76	PR	参量
42	GN	绿	77	R	记录
43	H	高	78	R	右
44	HH	最高（较高）	79	R	反
45	HH	手孔	80	RD	红
46	HV	高压	81	RES	备用
47	IN	输入	82	R、RST	复位
48	INC	增	83	RTD	热电阻
49	IND	感应	84	RUN	运转
50	L	左	85	S	信号
51	L	限制	86	ST	启动
52	L	低	87	S、SET	置位、定位
53	LL	最低（较低）	88	SAT	饱和
54	LA	闭锁	89	STE	步进
55	M	主	90	STP	停止
56	M	中	91	SYN	同步
57	M、MAN	手动	92	SY	整步

续表 2-20

序号	文字符号	名称	序号	文字符号	名称
93	SP	设定点	100	V	真空
94	T	温度	101	V	速度
95	T	时间	102	V	电压
96	T	力矩	103	VR	可变
97	TM	发送	104	WH	白
98	U	升	105	YE	黄
99	UPS	不间断电源			

（6）电气设备辅助文字符号宜按表 2-21～表 2-22 执行。

表 2-21　强电设备辅助文字符号

强电	文字符号	名称	强电	文字符号	名称
1	DB	配电屏（箱）	11	LB	照明配电箱
2	UPS	不间断电源装置（箱）	12	ELB	应急照明配电箱
3	EPS	应急电源装置（箱）	13	WB	电度表箱
4	MEB	总等电位端子箱	14	IB	仪表箱
5	LEB	局部等电位端子箱	15	MS	电动机启动器
6	SB	信号箱	16	SDS	星—三角启动器
7	TB	电源切换箱	17	SAT	自耦降压启动器
8	PB	动力配电箱	18	ST	软启动器
9	EPB	应急动力配电箱	19	HDR	烘手器
10	CB	控制箱、操作箱			

表 2-22　弱电设备辅助文字符号

弱电	文字符号	名称	弱电	文字符号	名称
1	DDC	直接数字控制器	14	KY	操作键盘
2	BAS	建筑设备监控系统设备箱	15	STB	机顶盒
3	BC	广播系统设备箱	16	VAD	音量调节器
4	CF	会议系统设备箱	17	DC	门禁控制器
5	SC	安防系统设备箱	18	VD	视频分配器
6	NT	网络系统设备箱	19	VS	视频顺序切换器
7	TP	电话系统设备箱	20	VA	视频补偿器
8	TV	电视系统设备箱	21	TG	时间信号发生器
9	HD	家居配线箱	22	CPU	计算机
10	HC	家居控制器	23	DVR	数字硬盘录像机
11	HE	家居配电箱	24	DEM	解调器
12	DEC	解码器	25	MO	调制器
13	VS	视频服务器	26	MOD	调制解调器

(7)信号灯和按钮的颜色标识宜分别按表 2-23 和表 2-24 执行。

表 2-23　信号灯的颜色标识

名称	颜色标识	
状态	颜色	备注
危险指示	红色(RD)	
事故跳闸		
重要的服务系统停机		
起重机停止位置超行程		
辅助系统的压力/温度超出安全极限		
警告指示	黄色(YE)	
高温报警		
过负荷		
异常指示		
安全指示	绿色(GN)	
正常指示		核准继续运行
正常分闸(停机)指示		
弹簧储能完毕指示		设备在安全状态
电动机降压启动过程指示	蓝色(BU)	
开关的合(分)或运行指示	白色(WH)	单灯指示开关运行状态;双灯指示开关合时运行状态

表 2-24　按钮的颜色标识

名称	颜色标识
紧停按钮	红色(RD)
正常停和紧停合用按钮	
危险状态或紧急指令	
合闸(开机)(启动)按钮	绿色(GN)、白色(WH)
分闸(停机)按钮	红色(RD)、黑色(BK)
电动机降压启动结束按钮	白色(WH)
复位按钮	
弹簧储能按钮	蓝色(BU)
异常、故障状态	黄色(YE)
安全状态	绿色(GN)

(8)导体的颜色标识宜按表 2-25 执行。

表 2-25　导体的颜色标识

导体名称	颜色标识
交流导体的第1线	黄色(YE)
交流导体的第2线	绿色(GN)
交流导体的第3线	红色(RD)
中性导体 N	淡蓝色(BU)

续表 2-25

导体名称	颜色标识
保护导体 PE	绿/黄双色(GNYE)
PEN 导体	全长绿/黄双色(GNYE),终端另用淡蓝色(BU)标志或全长淡蓝色(BU),终端另用绿/黄双色(GNYE)标志
直流导体的正极	棕色(BN)
直流导体的负极	蓝色(BU)
直流导体的中间点导体	淡蓝色(BU)

第四节　电气施工图的分类

电气施工图按工程性质分类,可分为变配电工程施工图、动力工程施工图、照明工程施工图、防雷接地工程施工图、弱电工程(通信、有线电视、网络及广播)施工图及架空线路施工图等。

电气施工图按图样的内容分类,可分为基本图和详图两大类:

一、基本图

电气施工图基本图内容包括图样目录、设计说明、系统图、平面图,立(剖)面图(变配工程)、控制原理图及设备材料表等。

1. 设计说明

在电气施工图中,设计说明内容一般包括供电方式、电压等级、主要线路敷设形式及在图中未能表示的各种电气安装高度、工程主要技术数据、施工和验收要求等。

设计说明根据工程规模及需要说明的内容多少来编制,工程规模大、内容多的单独编制说明书;内容简短的,可编写在图样的空余处。

2. 主要设备材料表

设备材料表列出该项工程所需的各种主要设备、管材、导线等器材的名称、型号、规模、材质、数量,供订货、采购设备、采购材料时使用。设备材料表上所列主要材料的数量,由于与工程量的计算方法和要求不同,不能作为工程量编制预算用,只能作为参考数量。

3. 系统图

系统图是依据用电量和配电方式,示意性地把整个工程的供电线路用单线连接形式表示的线路图,它不表示空间位置关系。

通过识读系统图可以了解以下内容:

(1)整个变、配电所的连接方式,从主干线至各分支回路的分级控制,分支回路的数量。

(2)主要变电设备、配电设备的名称、型号、规格及数量。

(3)主干线路的敷设方式、型号及规格。

4. 电气平面图

电气平面图一般分为变配电平面图、动力平面图、照明配电图、弱电平面图及室外工程平面图。在高层建筑中还有标准层平面图、干线布置图等。

电气平面图的特点是将同一层内不同安装高度的电气设备及线路都放在同一平面上来表示。通过电气平面图的识读,可以了解以下内容:

(1)建筑物的平面布置、轴线分布、尺寸及图样比例。

(2)各种变、配电设备的编号、名称,各种用电设备的名称、型号及它们在平面图上的位置。

(3)各种配电线路的起点和终点、敷设方式、型号、规格、根数及在建筑物中的走向、平面位置和垂直位置。

5. 控制原理图

控制原理图是根据控制电器的工作原理,按规定的线路和图形符号绘制成的电路展开图,一般不表示各电气元件的空间位置。

控制原理图具有线路简单、层次分明、易于管理、便于识读和分析研究的特点,是二次配线的依据。控制原理图只有当工程需要时才绘制。

识读控制原理图应掌握不在控制盘上的那些控制元件和控制线路的连接方式,识读控制原理图应与平面图核对,以免漏算。

二、详图

(1)电气工程详图。电气工程详图是指盘、柜的盘面布置图和某些电气部件的安装大样图。大样图的特点是对安装部件的各部位都注有详细尺寸,一般在没有标准图可选用并有特殊要求的情况下才绘制。

(2)标准图。标准图是一种具有通用性质的详图,表示一组设备或部件的具体图形和详细尺寸,便于制作安装。但是,标准图一般不能作为单独进行施工的图样,而只能作为某些施工图的一个组成部分。

第五节　电气施工图的识读

一、识图要求

电气安装工程施工图除了少量的投影图外,主要是一些系统图、原理图和接线图。对于投影图的识读,其关键是要解决好平面与立体的关系,即搞清电气设备的装配、连接关系。对于系统图、原理图和接线图,因为它们都是用各种图例符号绘制的示意性图样,不表示平面与立体的实际情况,只表示各种电气设备、部件之间的联结关系。因此,识读电气施工图必须按以下要求进行:

(1)要熟悉各种电气设备的图例符号。在此基础上,才能按施工图主要设备材料表中所列各项设备及主要材料分别研究其在施工图中的安装位置,以便对总体情况有个了解。

(2)对于控制原理图,要搞清主电路(一次回路系统)和辅助电路(二次回路系统)的相互关系、控制原理及作用。控制回路和保护回路是为主电路服务的,它起着对主电路的启动、停止、制动及保护等作用。

(3)对于每一回路的识读应从电源端开始,顺着电源线,依次通过每一电气元件时,都要弄清楚它们的动作及变化,以及由于这些变化可能造成的连锁反应。

(4)仅仅掌握电气制图规则及各种电气图例符号,对于理解电气图是远远不够的。必须具备有关电气的一般原理知识和电气施工技术,才能真正达到看懂电气施工图的目的。

二、识图方法

电气施工平面图是编制预算时计算工程量的主要依据。因为它比较全面地反映了工程的基本状况。电气工程所安装的电气设备、元件的种类、数量及安装位置，管线的敷设方式、走向、材质、型号、规格及数量等，都可以在识读平面图过程中计算出来。为了在比较复杂的平面布置中搞清楚系统电气设备、元件间的关系，进而识读高、低压配电系统图，在理清电源的进出、分配情况以后，重点对控制原理图进行识读，以便了解各电气设备、元件在系统中的作用。在此基础上，再对平面图进行识读。

　　一套电气施工图一般有数十张，多则上百张，虽然每张图样都从不同方面反映了设计意图，但是对于编制预算而言，并不一定都用得到。预算人员识读电气施工图应该有所侧重，平面图和立面图是编制预算最主要的图样，应进行重点识读。识读平、立面图的主要目的，在于能够准确地计算工程量，为正确编制预算打好基础。但识读平、立面施工图还要结合其他相关图样相互对照识读。

　　在切实掌握平、立面图以后，应该掌握以下内容，否则需要重新读图。

　　(1)对整个单位工程所选用的各种电气设备的数量及其作用有全面的了解。

　　(2)对采用的电压等级，高、低压电源进出回路及电力的具体分配情况有清楚的概念。

　　(3)对电力拖动、控制及保护原理有大致的了解。

　　(4)对各种类型的电缆、管道、导线的根数、长度、起始位置及敷设方式有详细的了解。

　　(5)对需要制作加工的非标准设备及非标准件的品种、规格及数量等有精确的统计。

　　(6)对防雷、接地系统的布置，材料的品种、规格、型号及数量要有清楚的了解。

　　(7)对需要进行调试、试验的设备系统，结合定额规定及项目划分，要有明确的数量概念。

　　(8)对设计说明中的技术标准、施工要求以及与编制预算有关的各种数据，都要掌握。

　　仅仅停留在电气工程图识读上是不够的，还必须与以下几方面结合起来，才能把施工图吃透、算准。

　　(1)在识图的全过程中要把预算定额中的项目划分、包含工序、工程量的计算方法及计量单位等与施工图有机地结合起来。

　　(2)要识读好施工图，还必须进行认真、细致的调查了解工作，要深入现场，了解实际情况，把在图面上表示不出的情况弄清楚。

　　(3)识读施工图要结合有关的技术资料：如有关的规范、标准、通用图集以及施工组织设计、施工方案等一起识读，有利于弥补施工图中的不足之处。

　　(4)要学习和掌握必要的电气技术基础知识和积累现场施工的实践经验。

三、识图举例

1. 变配电工程图

图 2-1 所示为某 10kV 变电站变压器柜二次回路接线图。由图可知，其一次侧为变压器配电柜系统图，二次侧回路为分控制回路、保护回路、电流测量和信号回路图等。

　　控制回路中防跳合闸回路通过中间继电器 KA 及 WK3 实现互锁；为防止变压器开启对人身构成伤害，控制回路中设有变压器门开启联动装置，并通过继电器线圈 KS6 将信号送至信号屏。

　　保护回路主要包括过电流保护、速断保护、零序保护和超温保护等。过电流保护的动作过程为：当电流过大时，继电器 KA3、KA4、KA5 动作，使时间继电器 KT1 通电，其触点延时闭合使真空断路器跳闸，同时信号继电器 KS2 向信号屏显示动作信号；速断保护通过继电器 KA1、

KA2 动作,使 KM 得电,迅速断开供电回路,同时通过信号继电器 KS1 向信号屏反馈信号;当变压器高温时,继电器 KS4 动作,高温报警信号反馈至信号屏,当变压器超温时,继电器 KS5 动作,高温报警信号反馈至信号屏,同时 KT2 动作,实现超温跳闸。

测量回路主要通过电流互感器 TA1 采集电流信号,接至柜面上电流表。信号回路主要采集各控制回路及保护回路信号,并反馈至信号屏,使值班人员能够监控及管理,其主要包括掉牌未复位、速断动作、过流动作、变压器超温报警及超温跳闸等信号。

2. 居民住宅配电及照明平面图

某居民住宅楼,六层,分五个单元,砖混结构,电源为三相四线 380/220V 引入,采用 TN—C—S,电源在进户总箱重复接地。具体如图 2-2、图 2-3 所示。

(1)配电系统图的识读

1)系统特点。系统采用三相四线制,架空引入,导线为三根 35mm² 加一根 25mm² 的橡皮绝缘铜线(BX)引入后穿直径为 50mm 的焊接钢管(SC)埋地(FC),引入到第一单元的总配电箱。第二单元总配电箱的电源是由第一单元总配电箱经导线穿管埋地引入的,导线为三根 35mm² 加两根 25mm² 的塑料绝缘铜线(BV),35mm² 的导线为相线,25mm² 的导线一根为 N 线,一根为 PE 线。穿管均为直径 50mm 的焊接钢管。其他三个单元总配电箱的电源的取得与上述相同。

2)照明配电箱。照明配电箱分两种,首层采用 XRB03—GI(A)型的改制,其他层采用 XRB03—G2(B)型的改制,其主要区别是前者有单元的总计量电能表,并增加了地下室照明和楼梯间照明回路。

XRB03—GI(A)型配电箱配备三相四线总电能表一块,型号 DT862—10(40)A,额定电流 10A,最大负载 40A;配备总控三极低压断路器,型号 C45N/3(40A),整定电流 40A。该箱有三个回路,其中两个配备电能表的回路分别是供首层两个住户使用的,另一个没有配备电能表的回路是供该单元各层楼梯间及地下室公用照明使用的。其中供住户使用的回路,配备单相电能表一块,型号 DD862—5(20)A,额定电流 5A,最大负载 20A,不设总开关。每个回路又分三个支路,分别供照明、客厅及卧室插座。厨房及卫生间插座,支路标号为 WL1~WL6。照明支路设双极低压断路器作为控制和保护用,型号 C45N—60/2,整定电流 6A;另外两个插座支路均设单极漏电保护开关作为控制和保护用,型号 C45NL—60/1,整定电流 10A。公用照明回路分两个支路,分别供地下室和楼梯间照明用,支路标号为 WL7 和 WL8。每个支路均设双极低压断路器作为控制和保护,型号为 C45N—60/2P,整定电流 6A。从配电箱引自各个支路的导线均采用塑料绝缘铜线穿阻燃塑料管(PVC),保护管径 15mm,其中照明支路均为两根 2.5mm² 的导线(一零一相),而插座支路均为三根 2.5mm² 的导线,即相线、N 线、PE 线各一根。

XRB03—G2(B)型配电箱不设总电能表,只分两个回路,供每层的两个住户使用,每个回路又分三个支路,其他内容与 XRB03—GI(A)型的相同。

该住宅为 6 层,相序分配上 A 相一~二层,B 相三~四层,C 相五~六层,因此由一层到六层竖直管路内导线是这样分配的:

进户四根线,三根相线一根 N 线;

一~二层管内五根线,三根相线,一根 N 线,一根 PE 线;

二~三层管内四根线,二根相线(B,C),一根 N 线,一根 PE 线;

三~四层管内四根线,二根相线(B,C),一根 N 线,一根 PE 线;

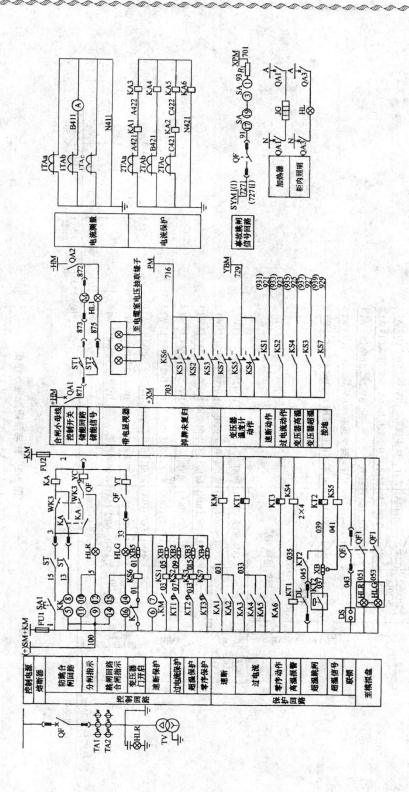

图 2-1　10kV 变电站变压器柜二次接线图

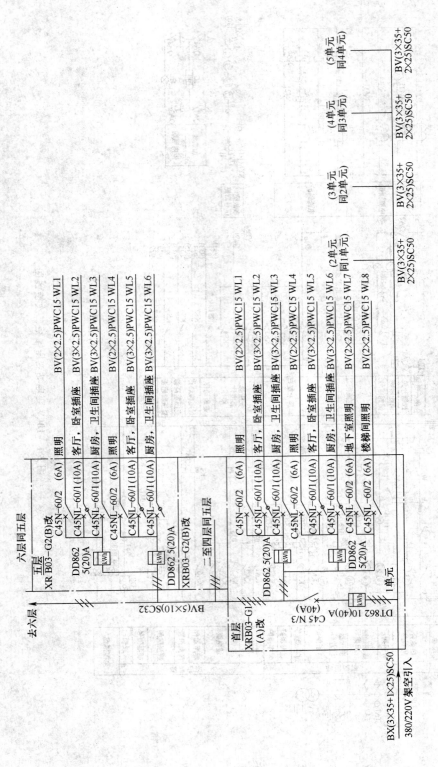

图 2-2　住宅照明配电系统图

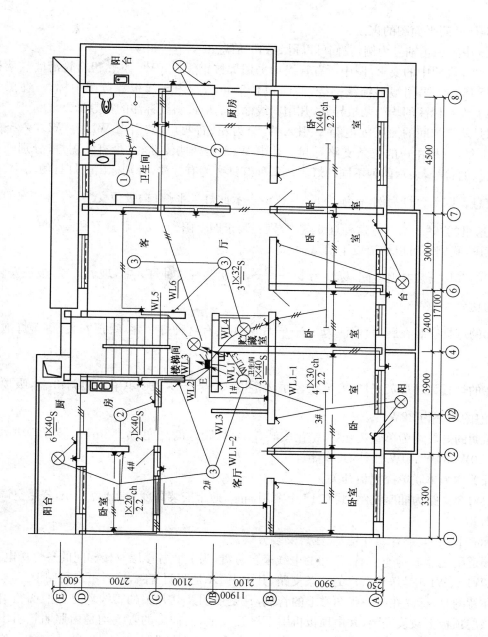

图 2-3　住宅楼标准层照明平面布置图

四～五层管内三根线，一根相线(C)，一根 N 线，一根 PE 线；

五～六层管内三根线，一根相线(C)，一根 N 线，一根 PE 线；

需要说明一点，如果支路采用金属保护管，管内的 PE 线可以省掉，而利用金属管路作为PE线。

(2)标准层照明平面图的识读

以图 2-3 中①～④轴号为例，我们可以得到如下信息：

1)根据设计说明中的要求，图中所有管线均采用焊接钢管或 PVC 阻燃塑料管沿墙或楼板内敷设，管径 15mm，采用塑料绝缘铜线，截面积 2.5mm²，管内导线根数按图中标注，在黑线(表示管线)上没有标注的均为两根导线，凡用斜线标注的应按斜线标注的根数计。

2)电源是从楼梯间的照明配电箱 E 引入的，分为左、右两户，共引出 WL1～WL6 六条支路，为避免重复，可从左户的三条支路看起。其中 WL1 是照明支路，共带有 8 盏灯，分别画有①、②、③及⊗的符号，表示四种不同的灯具。每种灯具旁均有标注，分别标出了灯具的功率、安装方式等信息。以阳台灯为例，标注为 $6\dfrac{1\times40}{}$ S，表示此灯为平灯口，吸顶安装，每盏灯泡的功率为 40W，这里的"6"表明共有这种灯 6 盏，分别安装于四个阳台，以及贮藏室和楼梯间。

通过读图，我们还可以知道以下信息：

标为①的灯具安装在卫生间，标注为 $3\dfrac{1\times40}{}$ S，表明共有这种灯 3 盏，玻璃灯罩，吸顶安装，每盏灯泡的功率为 40W。

标为②的灯具安装在厨房，标注为 $2\dfrac{1\times40}{}$ S，表明共有这种灯 2 盏，吸顶安装，每盏灯泡的功率为 40W。

标为③的灯具为环形荧光灯，安装在客厅，标注为 $3\dfrac{1\times32}{}$ S，表明共有这种灯 3 盏，吸顶安装，每盏灯泡的功率为 32W。

卧室照明的灯具均为单管荧光灯，链吊安装(ch)，灯距地的高度为 2.2m，每盏灯的功率各不相同，有 20W、30W、40W 三种，共 6 盏。

灯的开关均为单联单控翘板开关。

WL2、WL3 支路为插座支路，共有 13 个两用插座，通常安装高度为距地 0.3m，若是空调插座则距地 1.8m。

图中标有 1#、2#、3#、4# 处，应注意安装分线盒。

图中楼道配电盘 E 旁有立管，里面的电线来自总盘，为上面各楼层及楼梯间的各灯送电。

WL4、WL5、WL6 是送往右户的三条支路，其中 WL4 是照明支路，读者可自行阅读。

应当注意的是，标注在同一张图样上的管线，凡是照明及其开关的管线均是由照明箱引出后上翻至该层顶板上敷设安装，并由顶板再引下至开关上；而插座的管线均是由照明箱引出后下翻至该层地板上敷设安装，并由地板上翻引至插座上，只有从照明回路引出的插座才从顶板上引下至插座处。

第二部分 电气设备安装工程计价基础知识

第三章 定额计价基础知识

内容提要：
1. 了解预算定额、概算定额、投资估算指标及企业定额的概念。
2. 掌握预算定额、概算定额、投资估算指标及企业定额的编制方法。

第一节 预 算 定 额

一、预算定额的概念

预算定额是规定消耗在合格质量的单位工程基本构造要素上的人工、材料和机械台班的数量标准，也是计算建筑安装产品价格的基础。其中基本构造要素指分项工程和结构构件。预算定额按照工程基本构造要素规定人工、材料和机械的消耗数量，以满足编制施工图预算、规划和控制工程造价的要求。

二、预算定额的编制依据

(1)国家计委、住建部等有关部门制定的有关制度及规定。

(2)现行的全国统一劳动定额和地区补充的劳动定额、材料定额及施工机械台班定额。

(3)现行的设计规范、施工及验收技术规范、安全操作规程和质量评定标准。

(4)通用的标准图集和定型设计图样，有代表性的设计图集和图样。

(5)已推广的新技术、新结构、新材料和先进经验资料。

(6)有关科学实验、技术测定和经验及统计资料。

(7)国家以往颁发的预算定额及本地区的现行预算定额的编制基础资料。

(8)有代表性的、质量较好的补充单位估价表。

(9)现行的工资标准、材料预算价格和机械台班单价。

以上各类编制依据是否完备，对预算定额的编制质量有着决定性影响。所以，在编制的准备工作计划中，必须将搜集编制依据的工作放在重要地位。

三、预算定额的编制原则

1. 定额水平要符合"平均合理"的原则

在现有社会生产条件下，在平均劳动强度和平均劳动熟练程度下，完成建筑安装产品所需的劳动时间,是确定预算定额水平的主要依据。作为确定建筑安装产品价格的预算定额,应该遵循价值规律的要求,按照产品生产中所消耗的社会必要劳动时间来确定其水平。对于采用新技术、新结构、新材料的定额项目,既要考虑提高劳动生产率水平的影响,同时也要考虑施工企业由此而付出的生产消耗。只有这样,预算定额才能是多数企业和工人经过努力能够完成或者超额完成的指标,才能给承建工程的施工企业以必要且合理的补偿,更好地调动企业与职工的积极性。

预算定额的编制基础是施工定额,但是二者之间是有区别的:一是由于预算定额包含着更多的可变因素,因此它需要保留合理的水平幅度差;二是两者的定额水平是不同的,预算定额是社会平均水平,而施工定额是平均先进水平。

2. 定额的内容形式要符合"简明适用"的原则

工程量计算是基本建设预算工作中工作量最大的一项工作。计算工程量的工作量大小与预算定额项目划分、定额计量单位的选择及工程量计算规则的确定等有着密切的关系。简明适用,即在保证定额消耗相对正确的前提下,定额粗细恰当,简单明了,定额在内容和形式上具有多方面的适应性。

贯彻简明适用的原则,有利于简化预算的编制工作,有利于简化建筑产品的计价程序,便于经济核算。贯彻简明适用原则时应注意以下三方面事项。

(1)在保证预算定额相对准确的前提下尽量简化和综合,尽可能减少编制单位工程预算的项目。

(2)为了稳定预算定额的水平,统一考核的尺度和简化工程量计算,编制预算定额时应该尽量少留活口,减少定额的换算工作。但是,因为建筑产品自身具有不标准、复杂及变化较多的特点,为了使工程造价符合工程实际,预算定额也应该有必要的灵活性,允许那些施工和设计变化较多,影响造价较大的重要因素按照设计图样及施工组织设计的要求合理地进行换算。若钢筋混凝土构件中的钢筋用量,当设计用量与定额用量不同时,应当允许换算。

(3)注意计量单位的选择,以使工程量计算合理和简化。

3. 定额的编制应符合以专业人员为主与群众相结合的原则

预算定额的编制是一项专业性很强的技术经济工作,也是一项政策性很强的工作,要求参加编制的工作人员有丰富的专业技术知识和管理工作经验。制定出来的定额最终由广大群众去执行、去实现。所以,编制定额必须走群众路线,能够使定额获得坚实的群众基础。

四、预算定额的编制方法

1. 预算定额编制中的主要工作

(1)定额项目的划分。建筑产品结构复杂、形体庞大,所以要以整个产品来计价是不可能的。但可根据部位、消耗以及构件的不同,将庞大的建筑产品分解成较为简单、适当的计量单位(称为分部分项工程),作为计算工程量的基本构造要素,在此基础上编制预算定额项目。确定定额项目时应符合如下要求:便于确定单位估价表;便于编制施工图预算;便于进行计划、统计和成本核算工作。

(2)工程内容的确定。定额子目中人工、材料消耗量和机械台班使用量是直接由工程内容确定的,所以,工程内容范围的规定是十分重要的。

(3)确定预算定额的计量单位。预算定额与施工定额计量单位往往不同。施工定额的计量单位一般按照工序或施工过程确定;而预算定额的计量单位主要是根据分部分项工程和结构构件的形体特征及变化来确定。由于工作内容的综合性,预算定额的计量单位也具有综合的性质。工程量计算规则的规定应确切反映定额项目所包含的工作内容。

预算定额的计量单位关系到预算工作的繁简和准确性。因此,需要正确地确定各分部分项工程的计量单位,一般依据以下建筑结构构件形状的特点确定:

1)凡物体的截面有一定的形状和大小,如有不同长度时(例如管道、电缆、导线等分项工程),应当以延长米为计量单位。

2)当物体有一定的厚度,而面积不固定时(例如通风管、油漆、防腐等分项工程),应当以平方米作为计量单位。

3)当物体的长、宽、高都变化不定时(例如土方、保温等分项工程),应当以立方米为计量单位。

4)有的分项工程虽然体积、面积相同,但重量和价格差异很大,或者是不规则或难以度量的实体(例如金属结构、非标准设备制作等分项工程),应当以重量作为计量单位。

5)凡物体无一定规格,而其构造又较复杂时(例如阀门、机械设备、灯具、仪表等分项工程),可采用自然单位个、台、套、件等作为计量单位。

6)定额项目中工料计量单位及小数位数的取定:

①计量单位按法定计量单位的取定:

长度以 mm、cm、m、km 为单位;面积以 mm^2、cm^2、m^2 为单位;体积和容积以 cm^3、m^3 为单位;重量以 kg、t(吨)为单位。

②数值单位与小数位数的取定:

人工以"工日"为单位,取两位小数;主要材料及半成品中木材以"立方米"为单位,取三位小数;钢板、型钢以"吨"为单位,取三位小数;管材以"米"为单位,取两位小数;通风管用薄钢板以"平方米"为单位,导线、电缆以"米"为单位,水泥以"千克"为单位,砂浆、混凝土以"立方米"为单位等;单价以"元"为单位,取两位小数;其他材料费以"元"表示,取两位小数;施工机械以"台班"为单位,取两位小数。

定额单位确定之后,往往会出现人工、材料或机械台班量很小,即小数点后好几位。为了减少小数位数和提高预算定额的准确性,采取扩大单位的办法,把 $1m^3$、$1m^2$、$1m$ 扩大 10、100、1000 倍。这样,相应的消耗量也加大了倍数,取一定小数位之后四舍五入,即可达到相对的准确性。

(4)确定施工方法。编制预算定额所选定的施工方法,必须选用正常的、合理的施工方法用以确定各专业的工程施工机械。

(5)确定预算定额中人工、材料、施工机械台班消耗量。确定预算定额人工、材料、机械台班消耗指标时,必须先按施工定额的分项逐项计算出消耗指标,然后,再按预算定额的项目加以综合。这种综合不是简单的合并和相加,而需要在综合过程中增加两种定额之间的适当的水平差。预算定额的水平,首先取决于这些消耗量的合理确定。

人工、材料和机械台班消耗量指标,应按照定额编制原则和要求,采用理论与实际相结合、图样计算与施工现场测算相结合、编制人员与现场工作人员相结合等方法进行计算和确定,使定额既符合政策要求,又与客观情况一致,便于贯彻执行。

(6)编制定额表和拟定有关说明。定额项目表的一般格式是:横向排列为各分项工程的项目名称,竖向排列为分项工程的人工、材料和施工机械消耗量指标。有的项目表下部还有附注,用以说明当设计有特殊要求时,怎样进行调整和换算。

预算定额的主要内容包括目录,总说明,各章、节说明,定额表及有关附录等。

1)总说明:总说明主要用来说明编制预算定额的指导思想、编制原则、编制依据、适用范围,编制预算定额时有关共性问题的处理意见和定额的使用方法等。

2)各章、节说明:各章、节说明主要包括以下内容:编制各分部定额的依据;项目划分和定额项目步距的确定原则;施工方法的确定;定额活口及换算的说明;选用材料的规格和技术指标;材料、设备场内水平运输和垂直运输中主要材料损耗率的确定;人工、材料、施工机械台班消耗定额的确定原则及计算方法。

3)工程量计算规则及方法。

4)定额项目表:定额项目表内容主要包括该项定额的人工、材料、施工机械台班消耗量和附注。

5)附录:附录一般包括主要材料取定价格表、施工机械台班单价表,其他有关折算、换算表等。

2. 人工工日消耗量的确定

预算定额中人工工日消耗量是指在正常施工生产条件下,生产单位合格产品必须消耗的人工工日数量是由分项工程所综合的各个工序劳动定额包括的基本用工、其他用工及劳动定额与预算定额工日消耗量的幅度差三部分组成的。

(1)基本用工。基本用工指完成单位合格产品所必需消耗的技术工种用工。

1)完成定额计量单位的主要用工。按综合取定的工程量和相应劳动定额进行计算。计算公式如下:

$$主要用工 = \sum(综合取定的工程量 \times 劳动定额) \tag{3-1}$$

例如工程实际中的砖基础,有一砖厚、一砖半厚及二砖厚等之分,用工各不相同,在预算定额中由于不区分厚度,需要按统计的比例,加权平均(即上述公式中的综合取定)得出用工。

2)按劳动定额规定应增加计算的用工量。若砖基础埋深超过 1.5m,超过部分要增加用工。预算定额中应按一定比例给予增加。如砖墙项目要增加附墙烟囱孔、垃圾道、壁橱等零星组合部分的加工。

3)预算定额以劳动定额子目综合扩大的,包括的工作内容较多,施工的工效视具体部位而不一样,需要另外增加用工,列入基本用工内。

(2)其他用工。预算定额内的其他用工,包括材料超运距运输用工和辅助工作用工。

1)材料超运距运输用工:材料超运距用工是指预算定额取定的材料、半成品等的运距超过劳动定额规定的运距时应增加的工日,其用工量以超运距(预算定额取定的运距减去劳动定额取定的运距)和劳动定额计算。计算公式如下:

$$超运距用工 = \sum(超运距材料数量 \times 时间定额) \tag{3-2}$$

2)辅助工作用工。辅助工作用工是指劳动定额中未包括的各种辅助工序用工,如材料的零星加工用工、土建工程的筛沙子、淋石灰膏及洗石子等增加的用工量。辅助工作用工量一般用加工的材料数量乘以时间定额来计算。

（3）人工幅度差。人工幅度差是指预算定额对在劳动定额规定的用工范围内没有包括，而在一般正常情况下又不可避免的一些零星用工，常以百分率计算。一般在确定预算定额用工量时，按基本用工、超运距用工及辅助工作用工三者之和的 10%～15% 范围内取定。其计算公式为：

$$人工幅度差（工日）＝（基本用工＋超运距用工＋辅助用工）×人工幅度差百分率 \quad （3\text{-}3）$$

造成人工幅度差的主要因素：

1）在正常施工情况下，土建或安装工程各工种之间的工序搭接及土建与安装工程之间的交叉配合所需停歇的时间；

2）现场内施工机械的临时维修、小修，在单位工程之间移动位置及临时水电线路在施工过程中移动所发生的不可避免的工人操作间歇时间；

3）因工程质量检查及隐蔽工程验收而影响工人操作的时间；

4）现场内单位工程之间操作地点转移而影响工人操作的时间；

5）施工过程中，交叉作业造成难以避免的产品损坏所修补需要的用工；

6）难以预计的细小工序和少量零星用工。

在组织编制或修订预算定额时，若劳动定额的水平已经不能适应编修期内生产技术和劳动效率情况，而又来不及修订劳动定额时，可根据编修期内的生产技术与施工管理水平及劳动效率的实际情况，确定一个统一的调整系数，供计算人工消耗指标时使用。

3. 材料消耗量及损耗量计算

（1）材料消耗量。预算定额中的材料消耗量是在合理和节约使用材料的条件下，施工单位必须消耗的一定品种规格的材料、半成品及构配件等的数量标准。材料消耗量按用途划分为下述几种：

1）预算定额中的主要材料消耗量：预算定额中的主要材料消耗量一般以施工定额中材料消耗定额为基础综合而得，也可通过计算分析法求得。

材料损耗量等于材料净用量乘以相应的材料损耗率。损耗量的内容包括由工地仓库（堆放地点）到操作地点的运输损耗，操作地点的堆放损耗和操作损耗。损耗量不包括场外运输损耗及储存损耗。

2）预算定额中次要材料消耗量：对工程中用量不多，价值不大的材料，可采用估算的方法，合并为"其他材料费"项目，以"元"表示。

3）周转性材料消耗量的确定。周转性材料是指在施工过程中多次使用、周转的工具性材料，例如模板、脚手架及挡土板等。预算定额中的周转性材料是按多次使用、分次摊销的方法进行计算的。

4）其他材料消耗量的确定。其他材料指用量较少，难以计量的零星材料。如棉纱，编号用的油漆等。其他材料消耗量的确定一般按工艺测算并在定额项目材料计算表内列出名称、数量，并依编制期内的价格以其他材料占主要材料的比例计算，列在定额材料栏之下，定额内可以不列材料名称及消耗量。

材料消耗量计算方法主要有下述几种。

①凡有标准规格的材料，按规范要求计算定额计量单位的耗用量，例如砖、防水卷材及块料

面层等。

②凡设计图样标注尺寸及下料要求的按设计图样尺寸计算材料净用量,例如门窗制作用材料,方料、板料等。

③换算法。各种胶接料、涂料等材料是按配合比用料,可以根据要求条件换算得出材料用量。

④测定法。测定法包括试验室试验法和现场观察法。试验室试验法指各种强度等级的混凝土及砌筑砂浆按配合比计算,需按照规范要求试配经过试压合格以后并经过必要的调整后得出的水泥、砂子、石子及水的用量。对新材料、新结构又不能用其他方法计算定额消耗用量时,需用现场测定方法来确定。根据不同条件可以采用写实记录法和观察法,得出定额的消耗量。

(2)材料损耗量。材料损耗量指在正常条件下不可避免的材料损耗量,如现场内材料运输及施工操作过程中的损耗量等。其关系式如下:

$$材料损耗率＝损耗量/净用量×100\% \tag{3-4}$$

$$材料损耗量＝材料净用量×材料损耗率 \tag{3-5}$$

$$材料消耗量＝材料净用量＋材料损耗量 \tag{3-6}$$

或

$$材料消耗量＝材料净用量×(1＋材料损耗率) \tag{3-7}$$

4. 机械台班消耗量的计算

预算定额中的机械台班消耗量是指在正常施工条件下,生产单位合格产品(分部分项工程或结构件)必需消耗的某种型号施工机械的台班数量。机械台班消耗量由分项工程综合的有关工序劳动定额确定的机械台班消耗量以及劳动定额与预算定额的机械台班幅度差组成。

垂直运输机械依工期定额分别测算台班量,以台班/100m² 建筑面积表示。

确定预算定额中的机械台班消耗量指标,应根据《全国统一建筑安装工程劳动定额》中各种机械施工项目所规定的台班产量加机械幅度差进行计算。若按实际需要计算机械台班消耗量,不应再增加机械幅度差。

机械幅度差是指在劳动定额(机械台班量)中未曾包括的,而机械在合理的施工组织条件下所必需的停歇时间。在编制预算定额时,应予以考虑。其内容包括:

(1)施工机械转移工作面及配套机械互相影响损失的时间;

(2)在正常的施工情况下,机械施工中不可避免的工序间歇;

(3)检查工程质量影响机械操作的时间;

(4)临时水、电线路在施工中移动位置所发生的机械停歇时间;

(5)工程结尾时,工作量不饱满所损失的时间。

机械幅度差系数一般根据测定和统计资料取定。大型机械幅度差系数为:土方机械1.25,打桩机械1.33,吊装机械1.3,其他均按统一规定的系数计算。

因垂直运输用的塔吊、卷扬机及砂浆,混凝土搅拌机,均是按小组配合,应以小组产量计算机械台班产量,不另增加机械幅度差。

综上所述,预算定额的机械台班消耗量按下式计算:

$$预算定额机械耗用台班＝施工定额机械耗用台班×(1＋机械幅度差系数) \tag{3-8}$$

占比重不大的零星小型机械按照劳动定额小组成员计算出机械台班使用量,以"机械费"或"其他机械费"表示,不再列台班数量。

第二节　概算定额与概算指标

一、概算定额的概念

建筑安装工程概算定额是国家或其授权机关规定的生产一定计量单位建筑安装工程扩大结构构件(或称扩大分项工程)所需人工、材料和施工机械台班消耗量的一种标准。

概算定额是在预算定额的基础上,以主体结构分部为主,合并其相关部分,进行综合、扩大,也叫扩大结构定额。

二、概算定额的内容

概算定额内容由文字说明和定额表两部分组成。

(1)文字说明部分。文字说明部分包括总说明和分章说明。

在总说明中,主要对编制的依据、用途、适用范围、工程内容、有关规定、取费标准和概算造价计算方法等进行阐述。

在分章说明中,包括分部工程量的计算规则、说明、定额项目的工程内容等。

(2)定额表格部分。定额表头注有本节定额的工作内容。定额的计量单位(或在表格内)。表格内有基价、人工费、材料费和机械费,主要材料消耗量等。

三、概算定额的作用

(1)概算定额是在扩大初步设计阶段编制概算,技术设计阶段编制修正概算的主要依据。

(2)概算定额是编制建筑安装工程主要材料申请计划的基础。

(3)概算定额是进行设计方案技术经济比较和选择的依据。

(4)概算定额是编制概算指标的计算基础。

(5)概算定额是确定基本建设项目投资额、编制基本建设计划、实行基本建设大包干、控制基本建设投资和施工图预算造价的依据。

因此,正确合理地编制概算定额对提高设计概算的质量、加强基本建设经济管理、合理使用建设资金、降低建设成本及充分发挥投资效果等,都具有重要的作用。

四、概算定额的编制

1. 概算定额的编制依据

(1)现行的全国通用的设计标准、规范和施工验收规范。

(2)现行的预算定额。

(3)标准设计和有代表性的设计图样。

(4)过去颁发的概算定额。

(5)现行的人工工资标准、材料预算价格和施工机械台班单价。

(6)有关施工图预算和结算资料。

2. 概算定额的编制方法

(1)确定定额计量单位。概算定额计量单位基本上按预算定额的规定执行,但是单位的内容扩大仍用 m、m^2、m^3 等。

(2)确定概算定额与预算定额的幅度差。因概算定额是在预算定额基础上进行适当的合并与扩大。所以,在工程量取值、工程的标准和施工方法确定上需综合考虑,且定额与实际应用必然会产生一些差异。因为有此差异,所以,国家允许预留一个合理的幅度差,以便依据概算定额编制的设计概算控制住施工图预算。概算定额与预算定额之间的幅度差,国家规定一般控制在百分之五以内。

（3）定额小数取位。概算定额小数取位与预算定额相同。

五、概算指标

概算指标是以一个建筑物或构筑物为对象,按各种不同的结构类型,确定以每 $100m^2$ 或 $1000m^3$ 和每座为计量单位的人工、材料和机械台班（机械台班一般不以量列出,而是用系数计入）的消耗指标（量）或每万元投资额中各种指标的消耗数量。

概算指标一般分三个阶段进行编制：

（1）准备阶段。准备阶段主要是收集资料,确定指标项目,研究编制概算指标的有关方针、政策和技术性的问题;

（2）编制阶段。编制阶段主要是选定图样,并且根据图样资料计算工程量和编制单位工程预算书,以及按编制方案确定的指标项目和人工及主要材料消耗指标填写概算指标表格;

（3）审核定案及审批阶段。概算指标初步确定后要进行审查、比较,并且做必要的调整,然后送国家授权机关审批。

第三节　投资估算指标

一、投资估算指标的概念与作用

投资估算指标（简称估算指标）的制定是工程建设管理的一项重要基础工作。估算指标是编制项目建议书和可行性研究报告投资估算的依据,也可作为编制固定资产长远规划投资额的参考。估算指标中的主要材料消耗量也是一种扩大材料消耗定额,可作为计算建设项目主要材料消耗量的基础。科学、合理地制定估算指标,对于保证投资估算的准确性和项目决策的科学化,都具有重要意义。

二、估算指标的分类及表现形式

由于建设项目建议书,可行性研究报告编制深度不同,本着方便使用的原则,估算指标应结合行业工程特点,按各项指标的综合程度相应分类。估算指标一般可分为建设项目指标、单项工程指标和单位工程指标三项。

（1）建设项目指标。建设项目指标一般是指以一个总体设计进行施工的、经济上统一核算的、行政上有独立组织形式的建设工程为对象的总造价指标;也可以表现为以单位生产能力（或其他计量单位）为计算单位的综合单位造价指标。总造价指标（或综合单位造价指标）的费用构成包括：按照国家有关规定列入建设项目总造价的全部建筑安装工程费、设备工具、器具购置费、其他费用、预备费以及固定资产投资方向调节税。

建设期贷款利息和铺底流动资金,应当根据建设项目资金来源的不同,按照主管部门规定,在编制投资估算时单算,并列入项目总投资中。

（2）单项工程指标。单项工程指标一般是指以组成建设项目、能够单独发挥生产能力和使用功能的各单项工程为对象的造价指标。单项工程指标应当包括单项工程的建筑安装工程费,设备、工具、器具购置费,应列入单项工程投资的其他费用;还应列出单项工程占总造价的比例。

建设项目指标和单项工程指标应分别说明与指标相应的工程特征、工程组成,其内容包括主要工艺、技术指标,主要设备名称、型号、规格、重量、数量和单价,其他设备费占主要设备费的百分比,主要材料用量和价格等。

(3)单位工程指标。单位工程指标一般是指以组成单项工程、能够单独组织施工的工程。如以建筑物、构筑物等为对象的指标,一般是以 m^2、m^3、延长米、座及套等为计算单位的造价指标。

单位工程指标应说明工程内容,建筑结构特征,主要工程量,主要材料量,其他材料费占主要材料费比例,人工工日数,人工费、材料费、施工机械费占单位工程造价的比例。

估算指标应有附录,附录应列出不同建设地点、不同自然条件以及设备、材料价格变化等情况下,对估算指标进行调整换算的调整办法和各种附表。

三、投资估算指标的编制

投资估算指标的编制一般分为以下三个阶段进行。

(1)收集整理资料阶段。收集整理的资料包括已建成的或正在建设的符合现行技术政策和技术发展方向的、有可能重复采用的、有代表性的工程设计施工图、标准设计以及相应的竣工决算或施工图预算资料等。这些资料是编制工作的基础,资料收集得越广泛,就越有利于提高投资估算指标的实用性和覆盖面。同时,对调查收集到的资料要选择占投资比重大、相互关联多的项目进行认真的分析整理。由于已建成或正在建设的工程的设计意图、建设时间和地点、资料的基础等不同,相互之间的差异很大,需要去粗取精、去伪存真地加以整理,才能重复利用。将整理后的数据资料按项目划分栏目加以归类,按照编制年度的现行定额、费用标准和价格,调整成编制年度的造价水平及相互比例。

(2)平衡调整阶段。因调查收集的资料来源不同,即使经过一定的分析整理,也难免会由于设计方案、建设条件和建设时间上的差异带来某些影响,使数据失准或漏项等,因此,必须对有关资料进行综合平衡调整。

(3)测算审查阶段。测算是将新编的指标和选定工程的概预算,在同一价格条件下进行比较,检验其"量差"的偏离程度是否在允许偏差的范围之内。若偏差过大,则要查找原因,进行修正,以保证指标的确切、实用。测算同时也是对指标编制质量进行的一次系统检查,应由专人进行,以保持测算口径的统一,在此基础上组织有关专业人员予以全面审查定稿。

第四节 企业定额

一、企业定额的概念

企业定额是指建筑安装企业根据本企业的技术水平和管理水平,编制完成单位合格产品所必需的人工、材料和施工机械台班的消耗量以及其他生产经营要素消耗的数量标准。

企业定额反映企业的施工生产与消费之间的数量关系,是施工企业生产力水平的体现。企业的技术和管理水平不同,企业定额的定额水平也就不同。因此,企业定额是施工企业进行施工管理和投标报价的基础和依据。企业定额是企业的商业秘密,是企业参与市场竞争的核心竞争能力的具体表现。

二、企业定额的编制

企业定额的编制应根据自身的特点,遵循简单、明了、准确及适用的原则。企业定额的构成及表现形式因企业的性质不同、取得资料的详细程度不同、编制的目的不同、编制的方法不同而不同。

企业定额的构成及表现形式主要有以下几种:企业劳动定额;企业材料消耗定额;企业机械台班使用定额;企业施工定额;企业定额估价表;企业定额标准;企业产品出厂价格;企业机械台班租赁价格。

目前,大部分施工企业是以国家或行业制定的预算定额作为进行施工管理、工料分析和计算施工成本的依据。随着市场化改革的不断深入和发展,施工企业可以参照预算定额和基础定额,逐步建立起反映企业自身施工管理水平和技术装备程度的企业定额。

企业定额的编制过程是一个系统而又复杂的过程,一般包括以下步骤。

1. 制订《企业定额编制计划书》

《企业定额编制计划书》一般包括以下内容:

(1)企业定额编制的目的。企业定额编制的目的决定了企业定额的适用性,同时也决定了企业定额的表现形式,例如,企业定额的编制目的如果是为了控制工耗和计算工人劳动报酬,应当采取劳动定额的形式;如果是为了企业进行工程成本核算以及为企业走向市场参与投标报价提供依据,则应采用施工定额或定额估价表的形式。

(2)定额水平的确定原则。企业定额水平的确定,是企业定额能否实现编制目的的关键。定额水平过高,背离企业现有水平,会使企业内多数施工队、班组及工人通过努力仍然达不到定额水平。这样不仅不利于定额在本企业内推行,还会挫伤管理者和劳动者双方的积极性。定额水平过低,起不到鼓励先进和督促落后的作用,而且对项目成本核算和企业参与市场竞争不利。因此,在编制计划书中,必须对定额水平进行确定。

(3)确定编制方法和定额形式。定额的编制方法很多,对不同形式的定额,其编制方法也不相同。劳动定额的编制方法有技术测定法、统计分析法、类比推算法及经验估算法等;材料消耗定额的编制方法有观察法、试验法及统计法等。所以,定额编制究竟采取哪种方法应根据具体情况而定。企业定额编制通常采用的方法一般有两种:即定额测算法和方案测算法。

(4)拟成立企业定额编制机构,提交需参编人员名单。企业定额的编制需要一批高素质的专业人才,在一个高效率的组织机构统一指挥下协调工作。因此,在定额编制工作开始时,必须设置一个专门的机构配置一批专业人员。

(5)明确应收集的数据和资料。定额在编制时要搜集大量的基础数据和各种法律、法规、标准、规程、规范文件及规定等,这些资料都是定额编制的依据。所以,在编制计划书中,要制定一份按照门类划分的资料明细表。在明细表中,除一些必须采用的法律、法规、标准、规程及规范资料外,应根据企业自身的特点,选择一些能够取得适合本企业使用的基础性数据资料。

(6)确定工期和编制进度。定额的编制是为了使用,具有时效性。所以,应确定一个合理的工期和进度计划表,这样既有利于编制工作的开展,又能保证编制工作的效率和效益。

2. 搜集资料、调查、分析、测算和研究

搜集的资料包括以下内容:

(1)现行定额包括基础定额、预算定额以及工程量计算规则。

（2）国家现行的法律、法规、经济政策和劳动制度等与工程建设有关的各种文件。

（3）有关建筑安装工程的设计规范、施工及验收规范、工程质量检验评定标准和安全操作规程。

（4）现行的全国通用建筑标准设计图集、安装工程标准安装图集、定型设计图样、具有代表性的设计图样、地方建筑配件通用图集和地方结构构件通用图集，并根据上述资料计算工程量，作为编制定额的依据。

（5）有关建筑安装工程的科学实验、技术测定和经济分析数据。

（6）高新技术、新型结构、新研制的建筑材料和新的施工方法等。

（7）现行人工工资标准和地方材料预算价格。

（8）现行机械效率、寿命周期和价格，机械台班租赁价格行情。

（9）本企业近几年各工程项目的财务报表、公司财务总报表以及历年收集的各类经济数据。

（10）本企业近几年各工程项目的施工组织设计、施工方案以及工程结算资料。

（11）本企业近几年所采用的主要施工方法。

（12）本企业近几年发布的合理化建议和技术成果。

（13）本企业目前拥有的机械设备状况和材料库存状况。

（14）本企业目前工人技术素质、构成比例、家庭状况和收入水平。

资料收集后，要对上述资料进行分类整理、分析、对比、研究和综合测算，提取可供使用的各种技术数据。技术数据包括：企业整体水平与定额水平的差异；现行法律、法规以及规程规范对定额的影响；新材料、新技术对定额水平的影响等。

3. 拟定编制企业定额的工作方案与计划

编制企业定额的工作方案与计划包括以下内容：

（1）根据编制目的，确定企业定额的内容及专业划分。

（2）确定企业定额的册、章、节的划分和内容的框架。

（3）确定企业定额的结构形式及步距划分原则。

（4）具体参编人员的工作内容、职责、要求。

4. 企业定额初稿的编制

（1）确定企业定额的项目及其内容。企业定额项目及其内容的编制就是根据定额的编制目的及企业自身的特点，本着内容简明适用、形式结构合理及步距划分合理的原则，将一个单位工程，按工程性质划分为若干个分部工程。然后将分部工程划分为若干个分项工程，最后，确定分项工程的步距，并根据步距将分项工程详细划分为具体项目。步距参数的设定一定要合理，既不应过粗，也不宜过细。例如可根据土质和挖掘深度作为步距参数，对人工挖土方进行划分。同时应对分项工程的工作内容做简明扼要的说明。

（2）确定定额的计量单位。分项工程计量单位应根据分项工程的特点，本着准确、贴切、方便计量的原则合理设置。定额的计量单位包括自然计量单位，如台、套、个、件及组等，国际标准计量单位，如 m、km、m²、m³、kg 及 t 等。当实物体的三个度量都会发生变化时，采用"立方米"为计量单位，如土方、混凝土、保温等；若实物体的三个度量中有两个度量不固定，采用"平方米"为计量单位，如地面、抹灰、油漆等；如果实物体截面积形状大小固定，则采用"延长米"为计量单位,如管道、电缆、电线等;不规则形状的,难以度量的则采用自然单位或重量单位为计量单位。

(3)确定企业定额指标。确定企业定额指标是企业定额编制的重点和难点,企业定额指标的编制,应当根据企业采用的施工方法、新材料的替代以及机械装备的装配和管理模式,结合搜集整理的各类基础资料进行确定。确定企业定额指标包括确定人工消耗指标、确定材料消耗指标及确定机械台班消耗指标等。

(4)编制企业定额项目表。分项工程的人工、材料和机械台班的消耗量确定以后,就可以编制企业定额项目表了。

企业定额项目表是企业定额的主体部分,它由表头栏和人工栏、材料栏及机械栏组成。表头部分表述各分项工程的结构形式、材料做法和规格档次等;人工栏是以工种表示的消耗的工日数及合计,材料栏是按消耗的主要材料和消耗性材料依主次顺序分列出的消耗量。机械栏是按机械种类和规格型号分列出的机械台班使用量。

(5)企业定额相关项目说明的编制。企业定额相关项目的说明包括前言、总说明、目录、分部(或分章)说明、建筑面积计算规则、工程量计算规则及分项工程工作内容等。

(6)企业定额估价表的编制。企业根据投标报价工作的需要,可以编制企业定额估价表。企业定额估价表是在人工、材料、机械台班三项消耗量的企业定额的基础上,用货币形式表示每个分项工程及其子目的定额单位估价计算表格。

企业定额估价表中的人工、材料、机械台班单价是通过市场调查,结合国家有关法律文件及规定,按照企业自身的特点来确定的。

5. 评审、修改及组织实施

评审及修改主要是通过对比分析、专家论证等方法,对定额的水平、使用范围、结构及内容的合理性,以及存在的缺陷进行综合评估,并根据评审结果对定额进行修正。

经评审和修改后,企业定额就可以组织实施了。

三、企业定额的作用

企业定额为施工企业编制施工作业计划、施工组织设计和施工预算提供了必要的技术依据,具体来说,它在施工企业中起到以下作用:

1. 企业定额是企业计划管理的依据

企业定额在企业计划管理方面的作用,表现在它既是企业编制施工组织设计的依据,也是企业编制施工作业计划的依据。

(1)施工组织设计是指导拟建工程进行施工准备和施工生产的技术经济文件,其基本任务是根据招标文件及合同协议的规定,确定出经济合理的施工方案,在人力和物力、时间和空间、技术和组织上对拟建工程作出最佳的安排。

(2)施工作业计划则是根据企业的施工计划、拟建工程的施工组织设计和现场实际情况编制的。

以上计划的编制必须依据施工定额。因为施工组织设计包括三部分内容:即资源需用量、使用这些资源的最佳时间安排和平面规划。施工中实物工作量和资源需要量的计算均要以施工定额的分项和计量单位为依据。施工作业计划是施工单位计划管理的中心环节,编制时也要用施工定额进行劳动力、施工机械和运输力量的平衡;计算材料、构件等分期需用量和供应时间;计算实物工程量和安排施工形象进度。

2. 企业定额是企业激励职工的条件

激励在实现企业管理目标中占有重要位置。行为科学者研究表明,如果职工受到充分的激励,其能力可发挥 80%~90%,如果缺少激励,其能力就只能够发挥出 20%~30%。但激励只有在满足人们某种需要的情形下才能起到作用。完成和超额完成定额,不仅能获取更多的工资报酬,而且也能满足自尊和获取他人(社会)认同的需要,并且进一步满足尽可能发挥个人潜力以实现自我价值的需要。

3. 企业定额是计算劳动报酬、实行按劳分配的依据

目前,施工企业内部推行了多种形式的承包经济责任制,但无论采取何种形式,计算承包指标或衡量班组的劳动成果都要以施工定额为依据。完成定额好,劳动报酬就多,达不到定额,劳动报酬就少,体现了按劳分配的原则。

4. 企业定额是编制施工预算、加强企业成本管理的基础

施工预算是施工单位用以确定单位工程上人工、机械及材料的资金需要量的计划文件。施工预算以企业定额为编制基础,既要反映设计图样的要求,也要考虑在现有条件下可能采取的节约人工、材料和降低成本的各项具体措施。

施工中人工、机械和材料的费用是构成工程成本中直接费用的主要内容,对间接费用的开支也有着很大的影响。严格执行施工定额不仅可以起到控制成本、降低费用开支的作用,同时为企业加强班组核算和增加盈利,创造了良好的条件。

5. 企业定额有利于推广先进技术

企业定额水平中包含着某些已成熟的先进的施工技术和经验,工人要达到和超过定额,就必须掌握和运用这些先进技术,如果工人要想大幅度超过定额,就必须有创造性的劳动。企业定额有利于推广先进技术主要表现为:在自己的工作中,注意改进工具和改进技术操作方法,注意原材料的节约,避免原材料和能源的浪费;施工定额中往往明确要求采用某些较先进的施工工具和施工方法,所以贯彻施工定额也就意味着推广先进技术;企业为了推行施工定额,往往要组织技术培训,以帮助工人能达到和超过定额。

6. 企业定额是编制预算定额和补充单位估价表的基础

(1)预算定额的编制要以企业定额为基础。以企业定额的水平作为确定预算定额水平的基础,不仅可以免除测定定额水平的大量繁琐的工作,而且可以使预算定额符合施工生产和经营管理的实际水平,并保证施工中的人力、物力消耗能够得到足够补偿。

(2)企业定额可作为编制补充单位估价表的基础。由于新技术、新结构、新材料及新工艺的采用而预算定额中缺项时,在编制补充预算定额和补充单位估价表时,要以企业定额作为基础。

7. 企业定额是施工企业进行工程投标、编制工程投标报价的基础和主要依据

企业定额反映本企业施工生产的技术水平和管理水平,在确定工程投标报价时,首先是根据企业定额计算出施工企业拟完成投标工程需要发生的计划成本。在掌握工程成本的基础上,再根据所处的环境和条件,确定在该工程上拟获得的利润、预计的工程风险费用和其他应考虑的因素,从而确定投标报价。所以,企业定额是施工企业编制计算投标报价的根基。

四、企业定额指标的确定

1. 人工消耗指标的确定

企业定额人工消耗指标的确定实际就是企业劳动定额的编制过程。企业劳动定额在企业定额中占有特殊重要的地位。它是指本企业职工在一定的生产技术和生产组织条件下,为完成一定合格产品或一定量工作所耗用的人工数量标准。企业劳动定额一般以时间定额为表现形式。

企业定额的人工消耗指标一般是通过定额测算法确定的。

定额测算法就是通过对本企业近年的各种基础资料,包括财务、预结算、供应及技术等部门的资料进行科学的分析归纳,测算出企业现有的消耗水平,然后将企业消耗水平与国家(或行业)统一定额水平进行对比,计算出水平差异率,最后,以国家统一定额为基础按差异率进行调整,用调整后的资料来编制企业定额。

用定额测算法编制企业定额应分专业进行。下面就以预算定额为基础定额叙述企业定额人工消耗指标的确定。

(1)资料搜集,整理分析,计算预算定额人工消耗水平和企业实际人工消耗水平。

选择近三年本公司承建的已竣工结算完的有代表性的工程项目,计算预算人工工日消耗量。计算公式为:

$$预算人工工日消耗量 = 预算人工费 \div 预算人工费单价 \tag{3-9}$$

然后,根据考勤表和施工记录等资料,计算实际工作工日消耗量。

工人的劳动时间构成情况见表 3-1。

表 3-1　劳动时间构成表

日历工日(工期)					
制度公休工日		制度工日			
实际公休工日	工休加班工日	出勤工日			全日缺勤工日
		制度内实际工作工日		全日非生产工日(公假工日)	全日停工工日
实际工作工日					
工休加班工时	制度内实际工作工时	非全日停工工时	非全日缺勤工时	非全日非生产工时	非全日公假工时
实际工作工时					
加点工时					

根据劳动时间构成表,可以计算出实际工作工日数和实际工作工时数。

$$实际工作工日数 = 制度内实际工作工日数 + 工休加班工日数$$
$$+ (加点工时 \div 制度规定每日工作小时数) \tag{3-10}$$

其中加点工时如果数量不大,可以忽略不计。

$$制度内实际工作工日数 = 出勤工日数 - (全日停工工日数 + 全日公假工日数) \tag{3-11}$$

$$出勤工日数 = 制度工日数 - 缺勤工日数 \tag{3-12}$$

$$实际工作工时数 = 制度内实际工作工时数 + 加班加点工时数$$
$$= 期内每日职工实际工作小时数之和 \tag{3-13}$$

其中:

$$制度内实际工作工时数=（制度内实际工作工日数×制度规定每日工作小时数）$$
$$-（非全日缺勤工时数+非全日停工工时数$$
$$+非全日公假工时数）\qquad (3-14)$$

在企业定额编制工作中，一般以工日为计量单位计算实际工作工日消耗量。

（2）用预算定额人工消耗量与企业实际人工消耗量对比，计算工效增长率。

首先，计算预算定额完成率，其计算公式为：

$$预算定额完成率=\frac{预算人工工日消耗量}{实际工作工日消耗量}×100\% \qquad (3-15)$$

当预算定额完成率大于1时，说明企业劳动率水平比社会平均劳动率水平高，反之则低。

然后，计算工效增长率，其计算公式为：

$$工效增长率=预算定额完成率-1 \qquad (3-16)$$

（3）计算施工方法对人工消耗的影响。科学合理地选择施工方法，直接影响人工、材料和机械台班的使用数量。

一般情况下，编制企业定额所选用的施工方法应是企业近年在施工中经常采用的并在以后较长期限内继续使用的施工方法。施工方法对分项和整体工程工日消耗量影响的指标可按下列公式计算。

$$施工方法对分项工程工日消耗影响的指标=\frac{\sum 两种施工方法对工日消耗影响的差异额}{\sum 受影响的分项工程工日消耗}×100\%$$

$$(3-17)$$

$$施工方法对整体工程工日消耗影响的指标=\frac{\sum 两种施工方法对工日消耗影响的差异额}{\sum 受影响的分项工程工日消耗}$$

$$×受影响项目人工费合计占工程总人工费的比例$$

$$(3-18)$$

（4）计算施工技术规范及施工验收标准对人工消耗的影响。定额是有时间效应的，影响定额的时间效应的因素很多，包括施工方法的改进与淘汰、社会平均劳动生产率水平的提高，新材料取代旧材料，市场规则的变化等，也包括施工技术规范及施工验收标准的变化。

施工技术规范及施工验收标准的变化对人工消耗的影响，主要通过施工工序的变化和施工程序的变化来体现，这种变化对人工消耗的影响一般要通过现场调研取得。

比较简单的现场调研方法是走访现场有经验的工人，了解施工技术规范及施工验收标准变化后，现场的施工发生了哪些变化，变化量是多少，再根据调查资料，选择有代表性的工程，进行实地观察核实。最后对取得的资料分析对比，确定施工技术规范及施工验收标准的变化对企业劳动生产率水平影响的趋势和幅度。

（5）计算新材料、新工艺对人工消耗的影响。通过现场走访和实地观察来确定新材料、新工艺对企业劳动生产率水平影响的趋势和幅度。

（6）计算企业技术装备对人工消耗的影响。企业的技术装备表明施工过程中的机械化和自动化水平，它不但能大大降低劳动强度，而且是决定劳动生产率水平高低的一个重要因素。分析机械装备对劳动生产率的影响，对企业定额的编制具有十分重要的意义。

劳动的技术装备程度指标的计算公式为：

$$劳动的技术装备优劣程度指标 = \frac{生产性固定资产（或动力、能力）平均数}{平均施工工人人数} \qquad (3-19)$$

固定资产或动力、能力的利用指标，也称为设备能力利用指标，其计算公式为：

$$设备能力利用指标（\%） = \frac{设备实际生产能力}{设备可能生产能力} \times 100\% \qquad (3-20)$$

根据劳动的技术装备优劣程度指标和设备能力利用指标可以计算出劳动生产率。

$$劳动生产率 = 劳动的技术装备程度指标 \times 设备能力利用指标 \qquad (3-21)$$

最后，计算劳动生产率指数：

$$劳动生产率指数 = \frac{q_0}{q_1} = \frac{企业劳动生产率}{社会平均劳动生产率} \times 100\% \qquad (3-22)$$

(7)其他影响因素的计算。对企业人工消耗水平即劳动生产率的影响因素是多方面的，前面只是就影响劳动生产率的几类基本因素作了概括性说明，在实际的企业定额编制工作中，还要根据具体的目的和特性，从不同的角度对其进行具体的分析。

(8)关键项目和关键工序的调研。在编制企业定额时，对工程中经常发生的、资源消耗量大的项目及工序，要进行重点调查，选择一些有代表性的施工项目，进行现场访谈和实地观测，搜集现场第一手资料，然后通过对比分析，剔除其中不合理和偶然因素的影响，确定各类资源的实际耗用量，作为编制企业定额的依据。

(9)确定企业定额项目水平，编制人工消耗指标。通过上述一系列的工作，取得编制企业定额所需的各类数据，然后根据上述数据，考虑企业还可挖掘的潜力，确定企业定额人工消耗的总体水平，最后以差别水平的方式，将影响定额人工消耗水平的各种因素落实到具体的定额项目中，编制企业定额人工消耗指标。

2. 材料消耗指标的确定

材料消耗指标的确定过程与人工消耗指标的确定过程基本相同，在编制企业定额时，确定企业定额材料的消耗水平，主要应把握以下几点：

(1)计算企业施工过程中的材料消耗量。以预算定额为基础，预算定额的各类材料消耗量，可以通过对工程结算资料分析取得。施工过程中，实际发生的与定额材料相对应的材料消耗量可以根据供应的出、入库台账、班组材料台账以及班组施工日志等资料，通过下列公式计算。

材料实际消耗量 = 期初班组库存材料量 + 报告期领料量 - 退库量 - 期末班组库存量
- 返工工程及浪费损失量 - 挪用材料量 　　　　(3-23)

(2)计算替代材料。替代材料是指企业在施工过程中，采用新型材料代替过去施工中采用(预算定额综合)的旧材料以及由于施工方法的改变，用一部分材料代替另外一部分材料。替代材料的计算是指针对发生替代材料的具体施工工序或分项工程，计算其采用的替代材料的数量，以及被替代材料的数量，以备在编制具体的企业定额子目时进行调整。

(3)计算、调研重点项目(分项工程)和工序消耗的材料。对于一些工程上经常发生的、材料消耗量大的或材料消耗量虽不大，但材料单位价值高的项目(分部分项工程)及工序，要根据设计图中标明的材料及构造，结合理论公式和施工规范、验收标准计算消耗量，并通过现场调研进行验证。

(4)计算周转性材料。工程消耗的材料，一部分是构成工程实体的材料，还有一部分材料虽不构成工程实体,但有利于工程实体的形成,在这部分材料中,有一部分是施工作业用料,也称施工手段用料;因为这部分材料在每次的施工中,只受到一些损耗,经过修理可供下次施工继续使用,如土建工程中的模板、挡土板及脚手架,安装工程中的胎具、组装平台、工具、卡具、试压用的阀门及盲板等,所以称为周转性材料。

周转性材料的消耗量有一部分被综合在具体的定额子目中,有一部分作为措施项目费用的组成部分单独计取。

周转性材料的消耗量是按照周转使用,分次摊销的方法进行计算。周转性材料凡使用一次,分摊到工程产品上的消耗量称为摊销量。周转性材料的摊销量与周转次数有直接关系。一般地讲,通用程度强的周转次数多些,通用程度弱的周转次数少些,还有少数材料是一次性摊销,具体处理方法应根据企业特点和采用的措施来计算。

摊销量可根据下列公式计算:

$$摊销量=周转使用量-回收量×回收系数 \tag{3-24}$$

$$周转使用量=\frac{一次使用量+一次使用量(周转次数-1)×损耗率}{周转次数}$$

$$=一次使用量\left[\frac{1+(周转次数-1)×损耗率}{周转次数}\right] \tag{3-25}$$

(5)计算企业施工过程中材料消耗水平与定额水平的差异。通过上述的一系列工作,对实际材料消耗量进行调整,按每种材料分别计算材料消耗差异率。

$$材料消耗差异率=\frac{预算材料消耗量}{调后实际材料消耗量}×100\%-1 \tag{3-26}$$

(6)调整预算定额材料种类和消耗量,编制施工材料消耗量指标。

3. 施工机械台班消耗指标的确定

施工机械台班消耗指标的确定,一般应按下列步骤进行。

(1)计算预算定额机械台班消耗量水平和企业实际机械台班消耗水平。通过对工程结算资料进行人、材、机分析,取得预算定额消耗的各类机械台班数量。对于企业实际机械台班消耗水平的计算则比较复杂,一般要分以下几步进行:

1)统计对比工程实际调配的各类机械的台数和天数;

2)根据机械运转记录,确定机械设备实际运转的台班数;

3)对机械设备的使用性质进行分析,分清哪些机械设备是生产型机械,哪些是非生产性机械;对于生产型机械,分清哪些使用台班是为生产服务的,哪些不是为生产服务的;

4)对生产型的机械使用台班,根据机械种类、规格型号,进行分类统计汇总。

(2)对本企业采用的新型施工机械进行统计分析。对新型施工机械的分析,主要包括以下两方面:

1)由于施工方法的改变,用机械施工代替人力施工而增加的机械。对于这一点,应研究其施工方法是临时的,还是企业一贯采用的;由临时的施工方法引起的机械台班消耗,在编制企业定额时不予考虑,而企业一贯采用的施工方法引起的机械台班消耗,在编制企业定额时应予考虑。

2)由新型施工机械代替旧种类、旧型号的施工机械。对于这一点,应研究其替代行为是临时的,还是企业一贯采用的;由临时的替代行为引起的机械台班消耗,在编制企业定额时应按企业水平对机械种类和消耗量进行还原,而企业一贯采用的替代行为引起的机械台班消耗,在编制企业定额时应对实际发生的机械种类和消耗量进行加工处理,替代原定额相应项目。

(3)计算设备综合利用指标,分析影响企业机械设备利用率的各种原因。设备综合利用指标的计算公式为:

$$设备综合利用指标(\%) = \frac{设备实际产量}{设备可能产量} \times 100\%$$

$$= \frac{设备实际能力 \times 设备实际开动时间}{设备理论能力 \times 设备可能开动时间} \times 100\%$$

$$= 设备能力利用指标 \times 设备时间利用指标 \tag{3-27}$$

通过上式可以看出,企业机械设备综合利用指标的高低,取决于设备能力和时间两个方面。从机械本身的原因看,设备的完好率以及设备事故频率是影响机械台班利用率最直接的因素。企业可以通过更换新设备、加速机械折旧速度淘汰旧设备,以及对部分机械设备进行大修理等途径,提高设备完好率、降低事故频率,达到提高设备利用率的目的。因此,在编制企业定额,确定机械使用台班消耗指标时,应将考虑近期企业施工机械更新换代及大修理提高的机械利用率的因素。

(4)计算机械台班消耗的实际水平与预算定额水平的差异。机械台班消耗的实际水平与预算定额水平的差异应区分机械设备类别,按下式计算:

$$机械使用台班消耗差异率 = \frac{预算机械台班消耗量}{调后实际机械台消耗量} \times 100\% - 1 \tag{3-28}$$

调后实际机械台班消耗量是考虑了企业采用的新型施工机械,以及企业对旧施工机械的更换和挖潜改造影响因素后,计算出的台班消耗量。

(5)调整预算定额机械台班使用的种类和消耗量,编制施工机械台班消耗量指标。依据上述计算的各种数据,按编制企业定额的工作方案,以及确定的企业定额的项目和内容调整预算定额的机械台班使用的种类和消耗量,编制企业定额项目表。

4. 措施费用指标的编制

措施费用指标的编制,是通过对本企业在某类(以工程特性、规模、地域及自然环境等特征划分的工程类别)工程中所采用的措施项目及其实施效果进行对比分析,选择技术可行、经济效益好的措施方案,进行经济技术分析,确定其各类资源消耗量,作为本企业内部推广使用的措施费用指标。

措施费用指标的编制方法一般采用方案测算法,此方案是根据具体的施工方案,进行技术经济分析,将方案分解,对其每一步的施工过程所消耗的人、材、机等资源进行定性和定量分析,最后整理汇总编制指标。

第四章 清单计价基础知识

内容提要:

1. 熟悉工程量清单计价常用术语。

2. 了解工程量清单计价的基本规定,包括计价方式、发包人提供材料和工程设备,承包人提供材料和工程设备,计价风险。

3. 了解工程量清单的编制要求,以及工程量清单编制过程中涉及的招标控制价与投标报价的编制,合同价款的约定与调整,工程计量与计价,竣工结算与支付,工程造价鉴定的编制方面的要求和规定。

第一节 工程量清单计价常用术语

工程量清单计价常用术语及解释见表4-1。

表 4-1 工程量清单计价常用术语及解释

序号	术语名称	术语解释
1	工程量清单	载明建设工程分部分项工程项目、措施项目、其他项目的名称和相应数量以及规费、税金项目等内容的明细清单
2	招标工程量清单	招标人依据国家标准、招标文件、设计文件以及施工现场实际情况编制的,随招标文件发布供投标报价的工程量清单,包括其说明和表格
3	已标价工程量清单	构成合同文件组成部分的投标文件中已标明价格,经算术性错误修正(如有)且承包人已确认的工程量清单,包括其说明和表格
4	分部分项工程	分部工程是单项或单位工程的组成部分,是按结构部位、路段长度及施工特点或施工任务将单项或单位工程划分为若干分部的工程;分项工程是分部工程的组成部分,是按不同施工方法、材料、工序及路段长度等将分部工程划分为若干个分项或项目的工程
5	措施项目	为完成工程项目施工,发生于该工程施工准备和施工过程中的技术、生活、安全、环境保护等方面的项目
6	项目编码	分部分项工程和措施项目清单名称的阿拉伯数字标识
7	项目特征	构成分部分项工程项目、措施项目自身价值的本质特征
8	综合单价	完成一个规定清单项目所需的人工费、材料和工程设备费、施工机械使用费和企业管理费、利润以及一定范围内的风险费用
9	风险费用	隐含于已标价工程量清单综合单价中,用于化解发承包双方在工程合同中约定内容和范围内的市场价格波动风险的费用

续表 4-1

序号	术语名称	术语解释
10	工程成本	承包人为实施合同工程并达到质量标准,在确保安全施工的前提下,必须消耗或使用的人工、材料、工程设备、施工机械台班及其管理等方面发生的费用和按规定缴纳的规费和税金
11	单价合同	发承包双方约定以工程量清单及其综合单价进行合同价款计算、调整和确认的建设工程施工合同
12	总价合同	发承包双方约定以施工图及其预算和有关条件进行合同价款计算、调整和确认的建设工程施工合同
13	成本加酬金合同	发承包双方约定以施工工程成本再加合同约定酬金进行合同价款计算、调整和确认的建设工程施工合同
14	工程造价信息	工程造价管理机构根据调查和测算发布的建设工程人工、材料、工程设备、施工机械台班的价格信息,以及各类工程的造价指数、指标
15	工程造价指数	反映一定时期的工程造价相对于某一固定时期的工程造价变化程度的比值或比率。包括按单位或单项工程划分的造价指数,按工程造价构成要素划分的人工、材料、机械等价格指数
16	工程变更	合同工程实施过程中由发包人提出或由承包人提出经发包人批准的合同工程任何一项工作的增、减、取消或施工工艺、顺序、时间的改变;设计图纸的修改;施工条件的改变;招标工程量清单的错、漏从而引起合同条件的改变或工程量的增减变化
17	工程量偏差	承包人按照合同工程的图纸(含经发包人批准由承包人提供的图纸)实施,按照现行国家计量规范规定的工程量计算规则计算得到的完成合同工程项目应予计量的工程量与相应的招标工程量清单项目列出的工程量之间出现的量差
18	暂列金额	招标人在工程量清单中暂定并包括在合同价款中的一笔款项。用于工程合同签订时尚未确定或者不可预见的所需材料、工程设备、服务的采购,施工中可能发生的工程变更、合同约定调整因素出现时的合同价款调整以及发生的索赔、现场签证确认等的费用
19	暂估价	招标人在工程量清单中提供的用于支付必然发生但暂时不能确定价格的材料、工程设备的单价以及专业工程的金额
20	计日工	在施工过程中,承包人完成发包人提出的工程合同范围以外的零星项目或工作,按合同中约定的单价计价的一种方式
21	总承包服务费	总承包人为配合协调发包人进行的专业工程发包,对发包人自行采购的材料、工程设备等进行保管以及施工现场管理、竣工资料汇总整理等服务所需的费用
22	安全文明施工费	在合同履行过程中,承包人按照国家法律、法规、标准等规定,为保证安全施工、文明施工,保护现场内外环境和搭拆临时设施等所采用的措施而发生的费用
23	索赔	在工程合同履行过程中,合同当事人一方因非己方的原因遭受损失,按合同约定或法律法规规定应由对方承担责任,从而向对方提出补偿的要求
24	现场签证	发包人现场代表(或其授权的监理人、工程造价咨询人)与承包人现场代表就施工过程中涉及的责任事件所作的签认证明

续表 4-1

序号	术语名称	术语解释
25	提前竣工(赶工)费	承包人应发包人的要求而采取加快工程进度措施,使合同工程工期缩短,由此产生的应由发包人支付的费用
26	误期赔偿费	承包人未按照合同工程的计划进度施工,导致实际工期超过合同工期(包括经发包人批准的延长工期),承包人应向发包人赔偿损失的费用
27	不可抗力	发承包双方在工程合同签订时不能预见的,对其发生的后果不能避免,并且不能克服的自然灾害和社会性突发事件
28	工程设备	指构成或计划构成永久工程一部分的机电设备、金属结构设备、仪器装置及其他类似的设备和装置
29	缺陷责任期	指承包人对已交付使用的合同工程承担合同约定的缺陷修复责任的期限
30	质量保证金	发承包双方在工程合同中约定,从应付合同价款中预留,用以保证承包人在缺陷责任期内履行缺陷修复义务的金额
31	费用	承包人为履行合同所发生或将要发生的所有合理开支,包括管理费和应分摊的其他费用,但不包括利润
32	利润	承包人完成合同工程获得的盈利
33	企业定额	施工企业根据本企业的施工技术、机械装备和管理水平而编制的人工、材料和施工机械台班等的消耗标准
34	规费	根据国家法律、法规规定,由省级政府或省级有关权力部门规定施工企业必须缴纳的,应计入建筑安装工程造价的费用
35	税金	国家税法规定的应计入建筑安装工程造价内的营业税、城市维护建设税、教育费附加和地方教育附加
36	发包人	具有工程发包主体资格和支付工程价款能力的当事人以及取得该当事人资格的合法继承人,《建设工程工程量清单计价规范》(GB 50500—2013)有时又称招标人
37	承包人	被发包人接受的具有工程施工承包主体资格的当事人以及取得该当事人资格的合法继承人,《建设工程工程量清单计价规范》(GB 50500—2013)有时又称投标人
38	工程造价咨询人	取得工程造价咨询资质等级证书,接受委托从事建设工程造价咨询活动的当事人以及取得该当事人资格的合法继承人
39	造价工程师	取得造价工程师注册证书,在一个单位注册、从事建设工程造价活动的专业人员
40	造价员	取得全国建设工程造价员资格证书,在一个单位注册、从事建设工程造价活动的专业人员
41	单价项目	工程量清单中以单价计价的项目,即根据合同工程图纸(含设计变更)和相关工程现行国家计量规范规定的工程量计算规则进行计量,与已标价工程量清单相应综合单价进行价款计算的项目
42	总价项目	工程量清单中以总价计价的项目,即此类项目在相关工程现行国家计量规范中无工程量计算规则,以总价(或计算基础乘费率)计算的项目
43	工程计量	发承包双方根据合同约定,对承包人完成合同工程的数量进行的计算和确认

续表 4-1

序号	术语名称	术语解释
44	工程结算	发承包双方根据合同约定,对合同工程在实施中、终止时、已完工后进行的合同价款计算、调整和确认。包括期中结算、终止结算、竣工结算
45	招标控制价	招标人根据国家或省级、行业建设主管部门颁发的有关计价依据和办法,以及拟定的招标文件和招标工程量清单,结合工程具体情况编制的招标工程的最高投标限价
46	投标价	投标人投标时响应招标文件要求所报出的对已标价工程量清单汇总后标明的总价
47	签约合同价(合同价款)	发承包双方在工程合同中约定的工程造价,即包括了分部分项工程费、措施项目费、其他项目费、规费和税金的合同总金额
48	预付款	在开工前,发包人按照合同约定,预先支付给承包人用于购买合同工程施工所需的材料、工程设备,以及组织施工机械和人员进场等的款项
49	进度款	在合同工程施工过程中,发包人按照合同约定对付款周期内承包人完成的合同价款给予支付的款项,也是合同价款期中结算支付
50	合同价款调整	在合同价款调整因素出现后,发承包双方根据合同约定,对合同价款进行变动的提出、计算和确认
51	竣工结算价	发承包双方依据国家有关法律、法规和标准规定,按照合同约定确定的,包括在履行合同过程中按合同约定进行的合同价款调整,是承包人按合同约定完成了全部承包工作后,发包人应付给承包人的合同总金额
52	工程造价鉴定	工程造价咨询人接受人民法院、仲裁机关委托,对施工合同纠纷案件中的工程造价争议,运用专门知识进行鉴别、判断和评定,并提供鉴定意见的活动。也称为工程造价司法鉴定

第二节　工程量清单计价的基本规定

一、计价方式

(1)使用国有资金投资的建设工程发承包,必须采用工程量清单计价。

(2)非国有资金投资的建设工程,宜采用工程量清单计价。

(3)不采用工程量清单计价的建设工程,应执行《建设工程工程量清单计价规范》(GB 50500—2013)除工程量清单等专门性规定外的其他规定。

(4)工程量清单应采用综合单价计价。

(5)措施项目中的安全文明施工费必须按国家或省级、行业建设主管部门的规定计算,不得作为竞争性费用。

(6)规费和税金必须按国家或省级、行业建设主管部门的规定计算,不得作为竞争性费用。

二、发包人提供材料和工程设备

(1)发包人提供的材料和工程设备(以下简称甲供材料)应在招标文件中按照表 4-2 的规定

填写《发包人提供材料和工程设备一览表》,写明甲供材料的名称、规格、数量、单价、交货方式、交货地点等。

承包人投标时,甲供材料单价应计入相应项目的综合单价中,签约后,发包人应按合同约定扣除甲供材料款,不予支付。

(2)承包人应根据合同工程进度计划的安排,向发包人提交甲供材料交货的日期计划。发包人应按计划提供。

(3)发包人提供的甲供材料如规格、数量或质量不符合合同要求,或由于发包人原因发生交货日期延误、交货地点及交货方式变更等情况的,发包人应承担由此增加的费用和(或)工期延误,并应向承包人支付合理利润。

(4)发承包双方对甲供材料的数量发生争议不能达成一致的,应按照相关工程的计价定额同类项目规定的材料消耗量计算。

(5)若发包人要求承包人采购已在招标文件中确定为甲供材料的,材料价格应由发承包双方根据市场调查确定,并应另行签订补充协议。

表4-2　发包人提供材料和工程设备一览表

工程名称：　　　　　　　　　　标段：　　　　　　　　　　第　页共　页

序　号	材料(工程设备)名称、规格、型号	单位	数量	单价/元	交货方式	送达地点	备注

注：此表由招标人填写,供投标人在投标报价、确定总承包服务费时参考。

三、承包人提供材料和工程设备

(1)除合同约定的发包人提供的甲供材料外,合同工程所需的材料和工程设备应由承包人提供,承包人提供的材料和工程设备均应由承包人负责采购、运输和保管。

(2)承包人应按合同约定将采购材料和工程设备的供货人及品种、规格、数量和供货时间等提交发包人确认,并负责提供材料和工程设备的质量证明文件,满足合同约定的质量标准。

(3)对承包人提供的材料和工程设备经检测不符合合同约定的质量标准,发包人应立即要求承包人更换,由此增加的费用和(或)工期延误应由承包人承担。对发包人要求检测承包人已具有合格证明的材料、工程设备,但经检测证明该项材料、工程设备符合合同约定的质量标准,发包人应承担由此增加的费用和(或)工期延误,并向承包人支付合理利润。

四、计价风险

(1)建设工程发承包。必须在招标文件、合同中明确计价中的风险内容及其范围,不得采用无限风险、所有风险或类似语句规定计价中的风险内容及范围。

(2)由于下列因素出现,影响合同价款调整的,应由发包人承担：

1)国家法律、法规、规章和政策发生变化;

2)省级或行业建设主管部门发布的人工费调整,但承包人对人工费或人工单价的报价高于发布的除外；

3)由政府定价或政府指导价管理的原材料等价格进行了调整。

因承包人原因导致工期延误的,应按第五节二、合同价款的调整中 2. 法律法规变化第(2)条及 8. 物价变化的规定执行。

(3)由于市场物价波动影响合同价款的,应由发承包双方合理分摊,按表 4-3 或表 4-4 填写《承包人提供主要材料和工程设备一览表》作为合同附件;当合同中没有约定,发承包双方发生争议时,应按第五节二、合同价款的调整中 8. 物价变化第(1)~(3)条的规定调整合同价款。

(4)由于承包人使用机械设备、施工技术以及组织管理水平等自身原因造成施工费用增加的,应由承包人全部承担。

(5)当不可抗力发生,影响合同价款时,应按第五节二、合同价款的调整中 10. 不可抗力的规定执行。

表 4-3　承包人提供主要材料和工程设备一览表
（适用于造价信息差额调整法）

工程名称：　　　　　　　　　　　　标段：　　　　　　　　　　　第　页　共　页

序　号	名称、规格、型号	单位	数量	风险系数（%）	基准单价/元	投标单价/元	发承包人确认单价/元	备注

注:1. 此表由招标人填写除"投标单价"栏的内容,投标人在投标时自主确定投标单价。

　　2. 招标人应优先采用工程造价管理机构发布的单价作为基准单价,未发布的,通过市场调查确定其基准单价。

表 4-4　承包人提供主要材料和工程设备一览表
（适用于价格指数差额调整法）

工程名称：　　　　　　　　　　　　标段：　　　　　　　　　　　第　页　共　页

序号	名称、规格、型号	变值权重 B	基本价格指数 F_0	现行价格指数 F_t	备注
	定值权重 A		—	—	
	合　计	1	—	—	

注:1."名称、规格、型号"、"基本价格指数"栏由招标人填写,基本价格指数应首先采用工程造价管理机构发布的价格指数,没有时,可采用发布的价格代替。如人工、机械费也采用本法调整,由招标人在"名称"栏填写。

　　2."变值权重"栏由投标人根据该项人工、机械费和材料、工程设备价值在投标总报价中所占的比例填写,1 减去其比例为定值权重。

　　3."现行价格指数"按约定的付款证书相关周期最后一天的前 42 天的各项价格指数填写,该指数应首先采用工程造价管理机构发布的价格指数,没有时,可采用发布的价格代替。

第三节　工程量清单的编制要求

一、一般规定

（1）招标工程量清单应由具有编制能力的招标人或受其委托、具有相应资质的工程造价咨询人编制。

（2）招标工程量清单必须作为招标文件的组成部分，其准确性和完整性应由招标人负责。

（3）招标工程量清单是工程量清单计价的基础，应作为编制招标控制价、投标报价、计算或调整工程量、索赔等的依据之一。

（4）招标工程量清单应以单位（项）工程为单位编制，应由分部分项工程项目清单、措施项目清单、其他项目清单、规费和税金项目清单组成。

（5）编制招标工程量清单应依据：

1）《建设工程工程量清单计价规范》（GB 50500—2013）和相关工程的国家计量规范。

2）国家或省级、行业建设主管部门颁发的计价定额和办法。

3）建设工程设计文件及相关资料。

4）与建设工程有关的标准、规范、技术资料。

5）拟定的招标文件。

6）施工现场情况、地勘水文资料、工程特点及常规施工方案。

7）其他相关资料。

二、分部分项工程项目

（1）分部分项工程项目清单必须载明项目编码、项目名称、项目特征、计量单位和工程量。

（2）分部分项工程项目清单必须根据相关工程现行国家计量规范规定的项目编码、项目名称、项目特征、计量单位和工程量计算规则进行编制。

三、措施项目

（1）措施项目清单必须根据相关工程现行国家计量规范的规定编制。

（2）措施项目清单应根据拟建工程的实际情况列项。

四、其他项目

（1）其他项目清单应按照下列内容列项：

1）暂列金额。

2）暂估价，包括材料暂估单价、工程设备暂估单价、专业工程暂估价。

3）计日工。

4）总承包服务费。

（2）暂列金额应根据工程特点按有关计价规定估算。

（3）暂估价中的材料、工程设备暂估单价应根据工程造价信息或参照市场价格估算，列出明细表；专业工程暂估价应分不同专业，按有关计价规定估算，列出明细表。

（4）计日工应列出项目名称、计量单位和暂估数量。

（5）总承包服务费应列出服务项目及其内容等。

（6）出现第（1）条未列的项目，应根据工程实际情况补充。

五、规费

(1)规费项目清单应按照下列内容列项：

1)社会保险费：包括养老保险费、失业保险费、医疗保险费、工伤保险费、生育保险费。

2)住房公积金。

3)工程排污费。

(2)出现第(1)条未列的项目，应根据省级政府或省级有关部门的规定列项。

六、税金

(1)税金项目清单应包括下列内容：

1)营业税。

2)城市维护建设税。

3)教育费附加。

4)地方教育附加。

(2)出现第(1)条未列的项目，应根据税务部门的规定列项。

第四节　招标控制价与投标报价的编制

一、招标控制价的编制

1. 一般规定

(1)国有资金投资的建设工程招标。招标人必须编制招标控制价。

(2)招标控制价应由具有编制能力的招标人或受其委托具有相应资质的工程造价咨询人编制和复核。

(3)工程造价咨询人接受招标人委托编制招标控制价，不得再就同一工程接受投标人委托编制投标报价。

(4)招标控制价应按照 2. 编制与复核第(1)条的规定编制，不应上调或下浮。

(5)当招标控制价超过批准的概算时，招标人应将其报原概算审批部门审核。

(6)招标人应在发布招标文件时公布招标控制价，同时应将招标控制价及有关资料报送工程所在地或有该工程管辖权的行业管理部门工程造价管理机构备查。

2. 编制与复核

(1)招标控制价应根据下列依据编制与复核：

1)《建设工程工程量清单计价规范》(GB 50500—2013)。

2)国家或省级、行业建设主管部门颁发的计价定额和计价办法。

3)建设工程设计文件及相关资料。

4)拟定的招标文件及招标工程量清单。

5)与建设项目相关的标准、规范、技术资料。

6)施工现场情况、工程特点及常规施工方案。

7)工程造价管理机构发布的工程造价信息，当工程造价信息没有发布时，参照市场价。

8)其他的相关资料。

(2)综合单价中应包括招标文件中划分的应由投标人承担的风险范围及其费用。招标文件中没有明确的,如是工程造价咨询人编制,应提请招标人明确;如是招标人编制,应予明确。

(3)分部分项工程和措施项目中的单价项目,应根据拟定的招标文件和招标工程量清单项目中的特征描述及有关要求确定综合单价计算。

(4)措施项目中的总价项目应根据拟定的招标文件和常规施工方案按第二节一、计价方式中第(4)、(5)条的规定计价。

(5)其他项目应按下列规定计价:

1)暂列金额应按招标工程量清单中列出的金额填写。

2)暂估价中的材料、工程设备单价应按招标工程量清单中列出的单价计入综合单价。

3)暂估价中的专业工程金额应按招标工程量清单中列出的金额填写。

4)计日工应按招标工程量清单中列出的项目根据工程特点和有关计价依据确定综合单价计算。

5)总承包服务费应根据招标工程量清单列出的内容和要求估算。

(6)规费和税金应按第二节一、计价方式中第(6)条的规定计算。

3. 投诉与处理

(1)投标人经复核认为招标人公布的招标控制价未按照《建设工程工程量清单计价规范》(GB 50500—2013)的规定进行编制的,应在招标控制价公布后5天内向招投标监督机构和工程造价管理机构投诉。

(2)投诉人投诉时,应当提交由单位盖章和法定代表人或其委托人签名或盖章的书面投诉书。投诉书应包括下列内容:

1)投诉人与被投诉人的名称、地址及有效联系方式。

2)投诉的招标工程名称、具体事项及理由。

3)投诉依据及有关证明材料。

4)相关的请求及主张。

(3)投诉人不得进行虚假、恶意投诉,阻碍招投标活动的正常进行。

(4)工程造价管理机构在接到投诉书后应在2个工作日内进行审查,对有下列情况之一的,不予受理:

1)投诉人不是所投诉招标工程招标文件的收受人。

2)投诉书提交的时间不符合第(1)条规定的。

3)投诉书不符合第(2)条规定的。

4)投诉事项已进入行政复议或行政诉讼程序的。

(5)工程造价管理机构应在不迟于结束审查的次日将是否受理投诉的决定书面通知投诉人、被投诉人以及负责该工程招投标监督的招投标管理机构。

(6)工程造价管理机构受理投诉后,应立即对招标控制价进行复查,组织投诉人、被投诉人或其委托的招标控制价编制人等单位人员对投诉问题逐一核对。有关当事人应当予以配合,并应保证所提供资料的真实性。

(7)工程造价管理机构应当在受理投诉的10天内完成复查,特殊情况下可适当延长,并作出书面结论通知投诉人、被投诉人及负责该工程招投标监督的招投标管理机构。

(8)当招标控制价复查结论与原公布的招标控制价误差大于±3%时,应当责成招标人改正。

(9)招标人根据招标控制价复查结论需要重新公布招标控制价的,其最终公布的时间至招标文件要求提交投标文件截止时间不足 15 天的,应相应延长投标文件的截止时间。

二、投标报价的编制

1. 一般规定

(1)投标价应由投标人或受其委托具有相应资质的工程造价咨询人编制。

(2)投标人应依据 2. 编制与复核第(1)条的规定自主确定投标报价。

(3)投标报价不得低于工程成本。

(4)投标人必须按招标工程量清单填报价格。项目编码、项目名称、项目特征、计量单位、工程量必须与招标工程量清单一致。

(5)投标人的投标报价高于招标控制价的应予废标。

2. 编制与复核

(1)投标报价应根据下列依据编制和复核:

1)《建设工程工程量清单计价规范》(GB 50500—2013)。

2)国家或省级、行业建设主管部门颁发的计价办法。

3)企业定额,国家或省级、行业建设主管部门颁发的计价定额和计价办法。

4)招标文件、招标工程量清单及其补充通知、答疑纪要。

5)建设工程设计文件及相关资料。

6)施工现场情况、工程特点及投标时拟定的施工组织设计或施工方案。

7)与建设项目相关的标准、规范等技术资料。

8)市场价格信息或工程造价管理机构发布的工程造价信息。

9)其他的相关资料。

(2)综合单价中应包括招标文件中划分的应由投标人承担的风险范围及其费用,招标文件中没有明确的,应提请招标人明确。

(3)分部分项工程和措施项目中的单价项目,应根据招标文件和招标工程量清单项目中的特征描述确定综合单价计算。

(4)措施项目中的总价项目金额应根据招标文件及投标时拟定的施工组织设计或施工方案,按第二节一、计价方式中第(4)条的规定自主确定。其中安全文明施工费应按照第二节一、计价方式中第(5)条的规定确定。

(5)其他项目应按下列规定报价:

1)暂列金额应按招标工程量清单中列出的金额填写。

2)材料、工程设备暂估价应按招标工程量清单中列出的单价计入综合单价。

3)专业工程暂估价应按招标工程量清单中列出的金额填写。

4)计日工应按招标工程量清单中列出的项目和数量,自主确定综合单价并计算计日工金额。

5)总承包服务费应根据招标工程量清单中列出的内容和提出的要求自主确定。

(6)规费和税金应按第二节一、计价方式中第(6)条的规定确定。

(7)招标工程量清单与计价表中列明的所有需要填写单价和合价的项目,投标人均应填写且只允许有一个报价。未填写单价和合价的项目,可视为此项费用已包含在已标价工程量清单中其他项目的单价和合价之中。当竣工结算时,此项目不得重新组价予以调整。

(8)投标总价应当与分部分项工程费、措施项目费、其他项目费和规费、税金的合计金额一致。

第五节 合同价款的约定与调整

一、合同价款的约定

1. 一般规定

(1)实行招标的工程合同价款应在中标通知书发出之日起 30 天内,由发承包双方依据招标文件和中标人的投标文件在书面合同中约定。

合同约定不得违背招标、投标文件中关于工期、造价、质量等方面的实质性内容。招标文件与中标人投标文件不一致的地方,应以投标文件为准。

(2)不实行招标的工程合同价款,应在发承包双方认可的工程价款基础上,由发承包双方在合同中约定。

(3)实行工程量清单计价的工程,应采用单价合同;建设规模较小,技术难度较低,工期较短,且施工图设计已审查批准的建设工程可采用总价合同;紧急抢险、救灾以及施工技术特别复杂的建设工程可采用成本加酬金合同。

2. 约定内容

(1)发承包双方应在合同条款中对下列事项进行约定:

1)预付工程款的数额、支付时间及抵扣方式。

2)安全文明施工措施的支付计划,使用要求等。

3)工程计量与支付工程进度款的方式、数额及时间。

4)工程价款的调整因素、方法、程序、支付及时间。

5)施工索赔与现场签证的程序、金额确认与支付时间。

6)承担计价风险的内容、范围以及超出约定内容、范围的调整办法。

7)工程竣工价款结算编制与核对、支付及时间。

8)工程质量保证金的数额、预留方式及时间。

9)违约责任以及发生合同价款争议的解决方法及时间。

10)与履行合同、支付价款有关的其他事项等。

(2)合同中没有按照第(1)条的要求约定或约定不明的,若发承包双方在合同履行中发生争议由双方协商确定;当协商不能达成一致时,应按《建设工程工程量清单计价规范》(GB 50500—2013)的规定执行。

二、合同价款的调整

1. 一般规定

(1)下列事项(但不限于)发生,发承包双方应当按照合同约定调整合同价款:法律法规变化;工程变更;项目特征不符;工程量清单缺项;工程量偏差;计日工;物价变化;暂估价;不可抗力;提前竣工(赶工补偿);误期赔偿;索赔;现场签证;暂列金额;发承包双方约定的其他调整事项。

(2)出现合同价款调增事项(不含工程量偏差、计日工、现场签证、索赔)后的 14 天内,承包人应向发包人提交合同价款调增报告并附上相关资料;承包人在 14 天内未提交合同价款调增报告的,应视为承包人对该事项不存在调整价款请求。

(3)出现合同价款调减事项(不含工程量偏差、索赔)后的 14 天内,发包人应向承包人提交合同价款调减报告并附相关资料;发包人在 14 天内未提交合同价款调减报告的,应视为发包人对该事项不存在调整价款请求。

(4)发(承)包人应在收到承(发)包人合同价款调增(减)报告及相关资料之日起 14 天内对其核实,予以确认的应书面通知承(发)包人。当有疑问时,应向承(发)包人提出协商意见。发(承)包人在收到合同价款调增(减)报告之日起 14 天内未确认也未提出协商意见的,应视为承(发)包人提交的合同价款调增(减)报告已被发(承)包人认可。发(承)包人提出协商意见的,承(发)包人应在收到协商意见后的 14 天内对其核实,予以确认的应书面通知发(承)包人。承(发)包人在收到发(承)包人的协商意见后 14 天内既不确认也未提出不同意见的,应视为发(承)包人提出的意见已被承(发)包人认可。

(5)发包人与承包人对合同价款调整的不同意见不能达成一致的,只要对发承包双方履约不产生实质影响,双方应继续履行合同义务,直到其按照合同约定的争议解决方式得到处理。

(6)经发承包双方确认调整的合同价款,作为追加(减)合同价款,应与工程进度款或结算款同期支付。

2. 法律法规变化

(1)招标工程以投标截止日前 28 天、非招标工程以合同签订前 28 天为基准日,其后因国家的法律、法规、规章和政策发生变化引起工程造价增减变化的,发承包双方应按照省级或行业建设主管部门或其授权的工程造价管理机构据此发布的规定调整合同价款。

(2)因承包人原因导致工期延误的,按第(1)条规定的调整时间,在合同工程原定竣工时间之后,合同价款调增的不予调整,合同价款调减的予以调整。

3. 工程变更

(1)因工程变更引起已标价工程量清单项目或其工程数量发生变化时,应按照下列规定调整:

1)已标价工程量清单中有适用于变更工程项目的,应采用该项目的单价;但当工程变更导致该清单项目的工程数量发生变化,且工程量偏差超过 15% 时,该项目单价应按照 6. 工程量偏差第(2)条的规定调整。

2)已标价工程量清单中没有适用但有类似于变更工程项目的,可在合理范围内参照类似项目的单价。

3)已标价工程量清单中没有适用也没有类似于变更工程项目的,应由承包人根据变更工程资料、计量规则和计价办法、工程造价管理机构发布的信息价格和承包人报价浮动率提出变更工程项目的单价,并应报发包人确认后调整。承包人报价浮动率可按下列公式计算:

招标工程:

$$承包人报价浮动率 L = (1 - 中标价/招标控制价) \times 100\% \qquad (4-1)$$

非招标工程:

$$承包人报价浮动率 L=(1-报价/施工图预算)×100\% \qquad (4-2)$$

4)已标价工程量清单中没有适用也没有类似于变更工程项目,且工程造价管理机构发布的信息价格缺价的,应由承包人根据变更工程资料、计量规则、计价办法和通过市场调查等取得有合法依据的市场价格提出变更工程项目的单价,并应报发包人确认后调整。

(2)工程变更引起施工方案改变并使措施项目发生变化时,承包人提出调整措施项目费的,应事先将拟实施的方案提交发包人确认,并应详细说明与原方案措施项目相比的变化情况。拟实施的方案经发承包双方确认后执行,并应按照下列规定调整措施项目费:

1)安全文明施工费应按照实际发生变化的措施项目依据第二节一、计价方式第(5)条的规定计算。

2)采用单价计算的措施项目费,应按照实际发生变化的措施项目,按(1)的规定确定单价。

3)按总价(或系数)计算的措施项目费,按照实际发生变化的措施项目调整,但应考虑承包人报价浮动因素,即调整金额按照实际调整金额乘以(1)规定的承包人报价浮动率计算。

如果承包人未事先将拟实施的方案提交给发包人确认,则应视为工程变更不引起措施项目费的调整或承包人放弃调整措施项目费的权利。

(3)当发包人提出的工程变更因非承包人原因删减了合同中的某项原定工作或工程,致使承包人发生的费用或(和)得到的收益不能被包括在其他已支付或应支付的项目中,也未被包含在任何替代的工作或工程中时,承包人有权提出并应得到合理的费用及利润补偿。

4. 项目特征不符

(1)发包人在招标工程量清单中对项目特征的描述,应被认为是准确的和全面的,并且与实际施工要求相符合。承包人应按照发包人提供的招标工程量清单,根据项目特征描述的内容及有关要求实施合同工程,直到项目被改变为止。

(2)承包人应按照发包人提供的设计图纸实施合同工程,若在合同履行期间出现设计图纸(含设计变更)与招标工程量清单任一项目的特征描述不符,且该变化引起该项目工程造价增减变化的,应按照实际施工的项目特征,按 3. 工程变更相关条款的规定重新确定相应工程量清单项目的综合单价,并调整合同价款。

5. 工程量清单缺项

(1)合同履行期间,由于招标工程量清单中缺项,新增分部分项工程清单项目的,应按照第二节一、计价方式第(1)条的规定确定单价,并调整合同价款。

(2)新增分部分项工程清单项目后,引起措施项目发生变化的,应按 3. 工程变更第(2)条的规定,在承包人提交的实施方案被发包人批准后调整合同价款。

(3)由于招标工程量清单中措施项目缺项,承包人应将新增措施项目实施方案提交发包人批准后,按照 3. 工程变更第(1)条、第(2)条的规定调整合同价款。

6. 工程量偏差

(1)合同履行期间,当应予计算的实际工程量与招标工程量清单出现偏差,且符合下列(2)、(3)条规定时,发承包双方应调整合同价款。

(2)对于任一招标工程量清单项目,当因本节规定的工程量偏差和 3. 工程变更规定的工程变更等原因导致工程量偏差超过 15%时,可进行调整。当工程量增加 15%以上时,增加部分的工程量的综合单价应予调低；当工程量减少15％以上时，减少后剩余部分的工程量的综合单价应予调高。

（3）当工程量出现上述（2）条的变化，且该变化引起相关措施项目相应发生变化时，按系数或单一总价方式计价的，工程量增加的措施项目费调增，工程量减少的措施项目费调减。

7. 计日工

（1）发包人通知承包人以计日工方式实施的零星工作，承包人应予执行。

（2）采用计日工计价的任何一项变更工作，在该项变更的实施过程中，承包人应按合同约定提交下列报表和有关凭证送发包人复核：

1）工作名称、内容和数量。

2）投入该工作所有人员的姓名、工种、级别和耗用工时。

3）投入该工作的材料名称、类别和数量。

4）投入该工作的施工设备型号、台数和耗用台时。

5）发包人要求提交的其他资料和凭证。

（3）任一计日工项目持续进行时，承包人应在该项工作实施结束后的24小时内向发包人提交有计日工记录汇总的现场签证报告一式三份。发包人在收到承包人提交现场签证报告后的2天内予以确认并将其中一份返还给承包人，作为计日工计价和支付的依据。发包人逾期未确认也未提出修改意见的，应视为承包人提交的现场签证报告已被发包人认可。

（4）任一计日工项目实施结束后，承包人应按照确认的计日工现场签证报告核实该类项目的工程数量，并应根据核实的工程数量和承包人已标价工程量清单中的计日工单价计算，提出应付价款；已标价工程量清单中没有该类计日工单价的，由发承包双方按3. 工程变更的规定商定计日工单价计算。

（5）每个支付期末，承包人应按照三、合同价款期中支付中3. 工程变更的规定向发包人提交本期间所有计日工记录的签证汇总表，并应说明本期间自己认为有权得到的计日工金额，调整合同价款，列入进度款支付。

8. 物价变化

（1）合同履行期间，因人工、材料、工程设备、机械台班价格波动影响合同价款时，应根据合同约定，按《建设工程工程量清单计价规范》（GB 50500—2013）附录A的方法之一调整合同价款。

（2）承包人采购材料和工程设备的，应在合同中约定主要材料、工程设备价格变化的范围或幅度；当没有约定，且材料、工程设备单价变化超过5％时，超过部分的价格应按照《建设工程工程量清单计价规范》（GB 50500—2013）附录A的方法计算调整材料、工程设备费。

（3）发生合同工程工期延误的，应按照下列规定确定合同履行期的价格调整：

1）因非承包人原因导致工期延误的，计划进度日期后续工程的价格，应采用计划进度日期与实际进度日期两者的较高者。

2）因承包人原因导致工期延误的，计划进度日期后续工程的价格，应采用计划进度日期与实际进度日期两者的较低者。

（4）发包人供应材料和工程设备的，不适用上述（1）、（2）条规定，应由发包人按照实际变化调整，列入合同工程的工程造价内。

9. 暂估价

（1）发包人在招标工程量清单中给定暂估价的材料、工程设备属于依法必须招标的，应由发承包双方以招标的方式选择供应商，确定价格，并应以此为依据取代暂估价，调整合同价款。

（2）发包人在招标工程量清单中给定暂估价的材料、工程设备不属于依法必须招标的，应由承包人按照合同约定采购，经发包人确认单价后取代暂估价，调整合同价款。

（3）发包人在工程量清单中给定暂估价的专业工程不属于依法必须招标的，应按照 3. 工程变更相应条款的规定确定专业工程价款，并应以此为依据取代专业工程暂估价，调整合同价款。

（4）发包人在招标工程量清单中给定暂估价的专业工程，依法必须招标的，应当由发承包双方依法组织招标选择专业分包人，并接受有管辖权的建设工程招标投标管理机构的监督，还应符合下列要求：

1）除合同另有约定外，承包人不参加投标的专业工程发包招标，应由承包人作为招标人，但拟定的招标文件、评标工作、评标结果应报送发包人批准。与组织招标工作有关的费用应当被认为已经包括在承包人的签约合同价（投标总报价）中。

2）承包人参加投标的专业工程发包招标，应由发包人作为招标人，与组织招标工作有关的费用由发包人承担。同等条件下，应优先选择承包人中标。

3）应以专业工程发包中标价为依据取代专业工程暂估价，调整合同价款。

10. 不可抗力

（1）因不可抗力事件导致的人员伤亡、财产损失及其费用增加，发承包双方应按下列原则分别承担并调整合同价款和工期：

1）合同工程本身的损害、因工程损害导致第三方人员伤亡和财产损失以及运至施工场地用于施工的材料和待安装的设备的损害，应由发包人承担。

2）发包人、承包人人员伤亡应由其所在单位负责，并应承担相应费用。

3）承包人的施工机械设备损坏及停工损失，应由承包人承担。

4）停工期间，承包人应发包人要求留在施工场地的必要的管理人员及保卫人员的费用应由发包人承担。

5）工程所需清理、修复费用，应由发包人承担。

（2）不可抗力解除后复工的，若不能按期竣工，应合理延长工期。发包人要求赶工的，赶工费用应由发包人承担。

（3）因不可抗力解除合同的，应按四、合同解除的价款结算与支付中第（2）条的规定办理。

11. 提前竣工（赶工补偿）

（1）招标人应依据相关工程的工期定额合理计算工期，压缩的工期天数不得超过定额工期的 20%，超过者，应在招标文件中明示增加赶工费用。

（2）发包人要求合同工程提前竣工的，应征得承包人同意后与承包人商定采取加快工程进度的措施，并应修订合同工程进度计划。发包人应承担承包人由此增加的提前竣工（赶工补偿）费用。

（3）发承包双方应在合同中约定提前竣工每日历天应补偿额度，此项费用应作为增加合同价款列入竣工结算文件中，应与结算款一并支付。

12. 误期赔偿

(1)承包人未按照合同约定施工,导致实际进度迟于计划进度的,承包人应加快进度,实现合同工期。

合同工程发生误期,承包人应赔偿发包人由此造成的损失,并应按照合同约定向发包人支付误期赔偿费。即使承包人支付误期赔偿费,也不能免除承包人按照合同约定应承担的任何责任和应履行的任何义务。

(2)发承包双方应在合同中约定误期赔偿费,并应明确每日历天应赔额度。误期赔偿费应列入竣工结算文件中,并应在结算款中扣除。

(3)在工程竣工之前,合同工程内的某单项(位)工程已通过了竣工验收,且该单项(位)工程接收证书中表明的竣工日期并未延误,而是合同工程的其他部分产生了工期延误时,误期赔偿费应按照已颁发工程接收证书的单项(位)工程造价占合同价款的比例幅度予以扣减。

13. 索赔

(1)当合同一方向另一方提出索赔时,应有正当的索赔理由和有效证据,并应符合合同的相关约定。

(2)根据合同约定,承包人认为非承包人原因发生的事件造成了承包人的损失,应按下列程序向发包人提出索赔:

1)承包人应在知道或应当知道索赔事件发生后28天内,向发包人提交索赔意向通知书,说明发生索赔事件的事由。承包人逾期未发出索赔意向通知书的,丧失索赔的权利。

2)承包人应在发出索赔意向通知书后28天内,向发包人正式提交索赔通知书。索赔通知书应详细说明索赔理由和要求,并应附必要的记录和证明材料。

3)索赔事件具有连续影响的,承包人应继续提交延续索赔通知,说明连续影响的实际情况和记录。

4)在索赔事件影响结束后的28天内,承包人应向发包人提交最终索赔通知书,说明最终索赔要求,并应附必要的记录和证明材料。

(3)承包人索赔应按下列程序处理:

1)发包人收到承包人的索赔通知书后,应及时查验承包人的记录和证明材料。

2)发包人应在收到索赔通知书或有关索赔的进一步证明材料后的28天内,将索赔处理结果答复承包人,如果发包人逾期未作出答复,视为承包人索赔要求已被发包人认可。

3)承包人接受索赔处理结果的,索赔款项应作为增加合同价款,在当期进度款中进行支付;承包人不接受索赔处理结果的,应按合同约定的争议解决方式办理。

(4)承包人要求赔偿时,可以选择下列一项或几项方式获得赔偿:

1)延长工期。

2)要求发包人支付实际发生的额外费用。

3)要求发包人支付合理的预期利润。

4)要求发包人按合同的约定支付违约金。

(5)当承包人的费用索赔与工期索赔要求相关联时,发包人在作出费用索赔的批准决定时,应结合工程延期,综合作出费用赔偿和工程延期的决定。

(6)发承包双方在按合同约定办理了竣工结算后,应被认为承包人已无权再提出竣工结算前所发生的任何索赔。承包人在提交的最终结清申请中,只限于提出竣工结算后的索赔,提出索赔的期限应自发承包双方最终结清时终止。

(7)根据合同约定,发包人认为由于承包人的原因造成发包人的损失,宜按承包人索赔的程序进行索赔。

(8)发包人要求赔偿时,可以选择下列一项或几项方式获得赔偿:

1)延长质量缺陷修复期限。

2)要求承包人支付实际发生的额外费用。

3)要求承包人按合同的约定支付违约金。

(9)承包人应付给发包人的索赔金额可从拟支付给承包人的合同价款中扣除,或由承包人以其他方式支付给发包人。

14.现场签证

(1)承包人应发包人要求完成合同以外的零星项目、非承包人责任事件等工作的,发包人应及时以书面形式向承包人发出指令,并应提供所需的相关资料;承包人在收到指令后,应及时向发包人提出现场签证要求。

(2)承包人应在收到发包人指令后的 7 天内向发包人提交现场签证报告,发包人应在收到现场签证报告后的 48 小时内对报告内容进行核实,予以确认或提出修改意见。发包人在收到承包人现场签证,报告后的 48 小时内未确认也未提出修改意见的,应视为承包人提交的现场签证报告已被发包人认可。

(3)现场签证的工作如已有相应的计日工单价,现场签证中应列明完成该类项目所需的人工、材料、工程设备和施工机械台班的数量。

如现场签证的工作没有相应的计日工单价,应在现场签证报告中列明完成该签证工作所需的人工、材料设备和施工机械台班的数量及单价。

(4)合同工程发生现场签证事项,未经发包人签证确认,承包人便擅自施工的,除非征得发包人书面同意,否则发生的费用应由承包人承担。

(5)现场签证工作完成后的 7 天内,承包人应按照现场签证内容计算价款,报送发包人确认后,作为增加合同价款,与进度款同期支付。

(6)在施工过程中,当发现合同工程内容因场地条件、地质水文、发包人要求等不一致时,承包人应提供所需的相关资料,并提交发包人签证认可,作为合同价款调整的依据。

15.暂列金额

(1)已签约合同价中的暂列金额应由发包人掌握使用。

(2)发包人按照前述 1~14 项的规定支付后,暂列金额余额应归发包人所有。

三、合同价款期中支付

1.预付款

(1)承包人应将预付款专用于合同工程。

(2)包工包料工程的预付款的支付比例不得低于签约合同价(扣除暂列金额)的 10%,不宜高于签约合同价(扣除暂列金额)的 30%。

(3)承包人应在签订合同或向发包人提供与预付款等额的预付款保函后向发包人提交预付款支付申请。

（4）发包人应在收到支付申请的 7 天内进行核实，向承包人发出预付款支付证书，并在签发支付证书后的 7 天内向承包人支付预付款。

（5）发包人没有按合同约定按时支付预付款的，承包人可催告发包人支付；发包人在预付款期满后的 7 天内仍未支付的，承包人可在付款期满后的第 8 天起暂停施工。发包人应承担由此增加的费用和延误的工期，并应向承包人支付合理利润。

（6）预付款应从每一个支付期应支付给承包人的工程进度款中扣回，直到扣回的金额达到合同约定的预付款金额为止。

（7）承包人的预付款保函的担保金额根据预付款扣回的数额相应递减，但在预付款全部扣回之前一直保持有效。发包人应在预付款扣完后的 14 天内将预付款保函退还给承包人。

2. 安全文明施工费

（1）安全文明施工费包括的内容和使用范围，应符合国家有关文件和计量规范的规定。

（2）发包人应在工程开工后的 28 天内预付不低于当年施工进度计划的安全文明施工费总额的 60%，其余部分应按照提前安排的原则进行分解，并应与进度款同期支付。

（3）发包人没有按时支付安全文明施工费的，承包人可催告发包人支付；发包人在付款期满后的 7 天内仍未支付的，若发生安全事故，发包人应承担相应责任。

（4）承包人对安全文明施工费应专款专用，在财务账目中应单独列项备查，不得挪作他用，否则发包人有权要求其限期改正；逾期未改正的，造成的损失和延误的工期应由承包人承担。

3. 进度款

（1）发承包双方应按照合同约定的时间、程序和方法，根据工程计量结果，办理期中价款结算，支付进度款。

（2）进度款支付周期应与合同约定的工程计量周期一致。

（3）已标价工程量清单中的单价项目，承包人应按工程计量确认的工程量与综合单价计算；综合单价发生调整的，以发承包双方确认调整的综合单价计算进度款。

（4）已标价工程量清单中的总价项目和按照第六节三、总价合同的计量中第（2）条规定形成的总价合同，承包人应按合同中约定的进度款支付分解，分别列入进度款支付申请中的安全文明施工费和本周期应支付的总价项目的金额中。

（5）发包人提供的甲供材料金额，应按照发包人签约提供的单价和数量从进度款支付中扣除，列入本周期应扣减的金额中。

（6）承包人现场签证和得到发包人确认的索赔金额应列入本周期应增加的金额中。

（7）进度款的支付比例按照合同约定，按期中结算价款总额计，不低于 60%，不高于 90%。

（8）承包人应在每个计量周期到期后的 7 天内向发包人提交已完工程进度款支付申请一式四份，详细说明此周期认为有权得到的款额，包括分包人已完工程的价款。支付申请应包括下列内容：

1）累计已完成的合同价款。

2）累计已实际支付的合同价款。

3）本周期合计完成的合同价款：

①本周期已完成单价项目的金额。

②本周期应支付的总价项目的金额。

③本周期已完成的计日工价款。

④本周期应支付的安全文明施工费。

⑤本周期应增加的金额。

4)本周期合计应扣减的金额：

①本周期应扣回的预付款。

②本周期应扣减的金额。

5)本周期实际应支付的合同价款。

(9)发包人应在收到承包人进度款支付申请后的 14 天内,根据计量结果和合同约定对申请内容予以核实,确认后向承包人出具进度款支付证书。若发承包双方对部分清单项目的计量结果出现争议,发包人应对无争议部分的工程计量结果向承包人出具进度款支付证书。

(10)发包人应在签发进度款支付证书后的 14 天内,按照支付证书列明的金额向承包人支付进度款。

(11)若发包人逾期未签发进度款支付证书,则视为承包人提交的进度款支付申请已被发包人认可,承包人可向发包人发出催告付款的通知。发包人应在收到通知后的 14 天内,按照承包人支付申请的金额向承包人支付进度款。

(12)发包人未按照(9)~(11)条的规定支付进度款的,承包人可催告发包人支付,并有权获得延迟支付的利息;发包人在付款期满后的 7 天内仍未支付的,承包人可在付款期满后的第 8 天起暂停施工。发包人应承担由此增加的费用和延误的工期,向承包人支付合理利润,并应承担违约责任。

(13)发现已签发的任何支付证书有错、漏或重复的数额,发包人有权予以修正,承包人也有权提出修正申请。经发承包双方复核同意修正的,应在本次到期的进度款中支付或扣除。

四、合同解除的价款结算与支付

(1)发承包双方协商一致解除合同的,应按照达成的协议办理结算和支付合同价款。

(2)由于不可抗力致使合同无法履行解除合同的,发包人应向承包人支付合同解除之日前已完成工程但尚未支付的合同价款,此外,还应支付下列金额:

1)二、合同价款的调整中 11. 提前竣工(赶工补偿)第(1)条规定的由发包人承担的费用。

2)已实施或部分实施的措施项目应付价款。

3)承包人为合同工程合理订购且已交付的材料和工程设备货款。

4)承包人撤离现场所需的合理费用,包括员工遣送费和临时工程拆除、施工设备运离现场的费用。

5)承包人为完成合同工程而预期开支的任何合理费用,且该项费用未包括在本款其他各项支付之内。

发承包双方办理结算合同价款时,应扣除合同解除之日前发包人应向承包人收回的价款。当发包人应扣除的金额超过了应支付的金额,承包人应在合同解除后的 56 天内将其差额退还给发包人。

(3)因承包人违约解除合同的,发包人应暂停向承包人支付任何价款。发包人应在合同解除后 28 天内核实合同解除时承包人已完成的全部合同价款以及按施工进度计划已运至现场的材料和工程设备货款,按合同约定核算承包人应支付的违约金以及造成损失的索赔金额,并将结果通知承包人。发承包双方应在 28 天内予以确认或提出意见,并应办理结算合同价款。如果发包人应扣除的金额超过了应支付的金额,承包人应在合同解除后的 56 天内将其差额退还给发包人。发承包双方不能就解除合同后的结算达成一致的,按照合同约定的争议解决方式处理。

(4)因发包人违约解除合同的,发包人除应按照(2)的规定向承包人支付各项价款外,应按合同约定核算发包人应支付的违约金以及给承包人造成损失或损害的索赔金额费用。该笔费用应由承包人提出,发包人核实后应与承包人协商确定后的 7 天内向承包人签发支付证书。协商不能达成一致的,应按照合同约定的争议解决方式处理。

五、合同价款争议的解决

1. 监理或造价工程师暂定

(1)若发包人和承包人之间就工程质量、进度、价款支付与扣除、工期延期、索赔、价款调整等发生任何法律上、经济上或技术上的争议,首先应根据已签约合同的规定,提交合同约定职责范围内的总监理工程师或造价工程师解决,并应抄送另一方。总监理工程师或造价工程师在收到此提交件后 14 天内应将暂定结果通知发包人和承包人。发承包双方对暂定结果认可的,应以书面形式予以确认,暂定结果成为最终决定。

(2)发承包双方在收到总监理工程师或造价工程师的暂定结果通知之后的 14 天内未对暂定结果予以确认也未提出不同意见的,应视为发承包双方已认可该暂定结果。

(3)发承包双方或一方不同意暂定结果的,应以书面形式向总监理工程师或造价工程师提出,说明自己认为正确的结果,同时抄送另一方,此时该暂定结果成为争议。在暂定结果对发承包双方当事人履约不产生实质影响的前提下,发承包双方应实施该结果,直到按照发承包双方认可的争议解决办法被改变为止。

2. 管理机构的解释或认定

(1)合同价款争议发生后,发承包双方可就工程计价依据的争议以书面形式提请工程造价管理机构对争议以书面文件进行解释或认定。

(2)工程造价管理机构应在收到申请的 10 个工作日内就发承包双方提请的争议问题进行解释或认定。

(3)发承包双方或一方在收到工程造价管理机构书面解释或认定后仍可按照合同约定的争议解决方式提请仲裁或诉讼。除工程造价管理机构的上级管理部门作出了不同的解释或认定,或在仲裁裁决或法院判决中不予采信的外,工程造价管理机构作出的书面解释或认定应为最终结果,并应对发承包双方均有约束力。

3. 协商和解

(1)合同价款争议发生后,发承包双方任何时候都可以进行协商。协商达成一致的,双方应签订书面和解协议,和解协议对发承包双方均有约束力。

(2)如果协商不能达成一致协议,发包人或承包人都可以按合同约定的其他方式解决争议。

4. 调解

(1)发承包双方应在合同中约定或在合同签订后共同约定争议调解人,负责双方在合同履行过程中发生争议的调解。

(2)合同履行期间,发承包双方可协议调换或终止任何调解人,但发包人或承包人都不能单独采取行动。除非双方另有协议,在最终结清支付证书生效后,调解人的任期应即终止。

(3)如果发承包双方发生了争议,任何一方可将该争议以书面形式提交调解人,并将副本抄送另一方,委托调解人调解。

(4)发承包双方应按照调解人提出的要求,给调解人提供所需要的资料、现场进入权及相应设施。调解人应被视为不是在进行仲裁人的工作。

(5)调解人应在收到调解委托后 28 天内或由调解人建议并经发承包双方认可的其他期限内提出调解书,发承包双方接受调解书的,经双方签字后作为合同的补充文件,对发承包双方均具有约束力,双方都应立即遵照执行。

(6)当发承包双方中任一方对调解人的调解书有异议时,应在收到调解书后 28 天内向另一方发出异议通知,并应说明争议的事项和理由。但除非并直到调解书在协商和解或仲裁裁决、诉讼判决中作出修改,或合同已经解除,承包人应继续按照合同实施工程。

(7)当调解人已就争议事项向发承包双方提交了调解书,而任一方在收到调解书后 28 天内均未发出表示异议的通知时,调解书对发承包双方应均具有约束力。

5. 仲裁、诉讼

(1)发承包双方的协商和解或调解均未达成一致意见,其中的一方已就此争议事项根据合同约定的仲裁协议申请仲裁,应同时通知另一方。

(2)仲裁可在竣工之前或之后进行,但发包人、承包人、调解人各自的义务不得因在工程实施期间进行仲裁而有所改变。当仲裁是在仲裁机构要求停止施工的情况下进行时,承包人应对合同工程采取保护措施,由此增加的费用应由败诉方承担。

(3)在上述 1~4 项规定的期限之内,暂定或和解协议或调解书已经有约束力的情况下,当发承包中一方未能遵守暂定或和解协议或调解书时,另一方可在不损害他可能具有的任何其他权利的情况下,将未能遵守暂定或不执行和解协议或调解书达成的事项提交仲裁。

(4)发包人、承包人在履行合同时发生争议,双方不愿和解、调解或者和解、调解不成,又没有达成仲裁协议的,可依法向人民法院提起诉讼。

第六节　工程计量与计价

一、一般规定

(1)工程量必须按照相关工程现行国家计量规范规定的工程量计算规则计算。

(2)工程计量可选择按月或按工程形象进度分段计量,具体计量周期应在合同中约定。

(3)因承包人原因造成的超出合同工程范围施工或返工的工程量,发包人不予计量。

(4)成本加酬金合同应按第五节一、合同价款的约定的规定计量。

二、单价合同的计量

(1)工程量必须以承包人完成合同工程应予计量的工程量确定。

(2)施工中进行工程计量,当发现招标工程量清单中出现缺项、工程量偏差,或因工程变更引起工程量增减时,应按承包人在履行合同义务中完成的工程量计算。

(3)承包人应当按照合同约定的计量周期和时间向发包人提交当期已完工程量报告。发包人应在收到报告后 7 天内核实,并将核实计量结果通知承包人。发包人未在约定时间内进行核实的,承包人提交的计量报告中所列的工程量应视为承包人实际完成的工程量。

(4)发包人认为需要进行现场计量核实时,应在计量前 24 小时通知承包人,承包人应为计量提供便利条件并派人参加。当双方均同意核实结果时,双方应在上述记录上签字确认。承包人收到通知后不派人参加计量,视为认可发包人的计量核实结果。发包人不按照约定时间通知承包人,致使承包人未能派人参加计量,计量核实结果无效。

(5)当承包人认为发包人核实后的计量结果有误时,应在收到计量结果通知后的 7 天内向发包人提出书面意见,并应附上其认为正确的计量结果和详细的计算资料。发包人收到书面意见后,应在 7 天内对承包人的计量结果进行复核后通知承包人。承包人对复核计量结果仍有异议的,按照合同约定的争议解决办法处理。

(6)承包人完成已标价工程量清单中每个项目的工程量并经发包人核实无误后,发承包双方应对每个项目的历次计量报表进行汇总,以核实最终结算工程量,并应在汇总表上签字确认。

三、总价合同的计量

(1)采用工程量清单方式招标形成的总价合同,其工程量应按照第五节三、合同价款期中支付的规定计算。

(2)采用经审定批准的施工图纸及其预算方式发包形成的总价合同,除按照工程变更规定的工程量增减外,总价合同各项目的工程量应为承包人用于结算的最终工程量。

(3)总价合同约定的项目计量应以合同工程经审定批准的施工图纸为依据,发承包双方应在合同中约定工程计量的形象目标或时间节点进行计量。

(4)承包人应在合同约定的每个计量周期内对已完成的工程进行计量,并向发包人提交达到工程形象目标完成的工程量和有关计量资料的报告。

(5)发包人应在收到报告后 7 天内对承包人提交的上述资料进行复核,以确定实际完成的工程量和工程形象目标。对其有异议的,应通知承包人进行共同复核。

四、计价资料

(1)发承包双方应当在合同中约定各自在合同工程中现场管理人员的职责范围,双方现场管理人员在职责范围内签字确认的书面文件是工程计价的有效凭证,但如有其他有效证据或经实证证明其是虚假的除外。

(2)发承包双方不论在何种场合对与工程计价有关的事项所给予的批准、证明、同意、指令、商定、确定、确认、通知和请求,或表示同意、否定、提出要求和意见等,均应采用书面形式,口头指令不得作为计价凭证。

(3)任何书面文件送达时,应由对方签收,通过邮寄应采用挂号、特快专递传送,或以发承包双方商定的电子传输方式发送,交付、传送或传输至指定的接收人的地址。如接收人通知了另外地址时,随后通信信息应按新地址发送。

(4)发承包双方分别向对方发出的任何书面文件,均应将其抄送现场管理人员,如系复印件应加盖合同工程管理机构印章,证明与原件相同。双方现场管理人员向对方所发任何书面文件,也应将其复印件发送给发承包双方,复印件应加盖合同工程管理机构印章,证明与原件相同。

(5)发承包双方均应当及时签收另一方送达其指定接收地点的来往信函,拒不签收的,送达信函的一方可以采用特快专递或者公证方式送达,所造成的费用增加(包括被迫采用特殊送达方式所发生的费用)和延误的工期由拒绝签收一方承担。

(6)书面文件和通知不得扣压,一方能够提供证据证明另一方拒绝签收或已送达的,应视为对方已签收并应承担相应责任。

五、计价档案

(1)发承包双方以及工程造价咨询人对具有保存价值的各种载体的计价文件,均应收集齐全,整理立卷后归档。

(2)发承包双方和工程造价咨询人应建立完善的工程计价档案管理制度,并应符合国家和有关部门发布的档案管理相关规定。

(3)工程造价咨询人归档的计价文件,保存期不宜少于五年。

(4)归档的工程计价成果文件应包括纸质原件和电子文件,其他归档文件及依据可为纸质原件、复印件或电子文件。

(5)归档文件应经过分类整理,并应组成符合要求的案卷。

(6)归档可以分阶段进行,也可以在项目竣工结算完成后进行。

(7)向接受单位移交档案时,应编制移交清单,双方应签字、盖章后方可交接。

第七节　竣工结算与支付

一、一般规定

(1)工程完工后,发承包双方必须在合同约定时间内办理工程竣工结算。

(2)工程竣工结算应由承包人或受其委托具有相应资质的工程造价咨询人编制,并应由发包人或受其委托具有相应资质的工程造价咨询人核对。

(3)当发承包双方或一方对工程造价咨询人出具的竣工结算文件有异议时,可向工程造价管理机构投诉,申请对其进行执业质量鉴定。

(4)工程造价管理机构对投诉的竣工结算文件进行质量鉴定。

(5)竣工结算办理完毕,发包人应将竣工结算文件报送工程所在地或有该工程管辖权的行业管理部门的工程造价管理机构备案,竣工结算文件应作为工程竣工验收备案、交付使用的必备文件。

二、编制与复核

(1)工程竣工结算应根据下列依据编制和复核:

1)《建设工程工程量清单计价规范》(GB 50500—2013)。

2)工程合同。

3)发承包双方实施过程中已确认的工程量及其结算的合同价款。

4)发承包双方实施过程中已确认调整后追加(减)的合同价款。

5)建设工程设计文件及相关资料。

6)投标文件。

7)其他依据。

(2)分部分项工程和措施项目中的单价项目应依据发承包双方确认的工程量与已标价工程量清单的综合单价计算;发生调整的,应以发承包双方确认调整的综合单价计算。

(3)措施项目中的总价项目应依据已标价工程量清单的项目和金额计算;发生调整的,应以发承包双方确认调整的金额计算,其中安全文明施工费应按第二节一、计价方式中第(5)条的规定计算。

(4)其他项目应按下列规定计价:

1)计日工应按发包人实际签证确认的事项计算。

2)暂估价应按第五节二、合同价款的调整中9.暂估价的规定计算。

3)总承包服务费应依据已标价工程量清单金额计算;发生调整的,应以发承包双方确认调整的金额计算。

4)索赔费用应依据发承包双方确认的索赔事项和金额计算。

5)现场签证费用应依据发承包双方签证资料确认的金额计算。

6)暂列金额应减去合同价款调整(包括索赔、现场签证)金额计算,如有余额归发包人。

(5)规费和税金应按第二节一、计价方式中第(6)条的规定计算。规费中的工程排污费应按工程所在地环境保护部门规定的标准缴纳后按实列入。

(6)发承包双方在合同工程实施过程中已经确认的工程计量结果和合同价款,在竣工结算办理中应直接进入结算。

三、竣工结算

(1)合同工程完工后,承包人应在经发承包双方确认的合同工程期中价款结算的基础上汇总编制完成竣工结算文件,应在提交竣工验收申请的同时向发包人提交竣工结算文件。

承包人未在合同约定的时间内提交竣工结算文件,经发包人催告后14天内仍未提交或没有明确答复的,发包人有权根据已有资料编制竣工结算文件,作为办理竣工结算和支付结算款的依据,承包人应予以认可。

(2)发包人应在收到承包人提交的竣工结算文件后的28天内核对。发包人经核实:认为承包人还应进一步补充资料和修改结算文件,应在上述时限内向承包人提出核实意见,承包人在收到核实意见后的28天内应按照发包人提出的合理要求补充资料,修改竣工结算文件,并应再次提交给发包人复核后批准。

(3)发包人应在收到承包人再次提交的竣工结算文件后的28天内予以复核,将复核结果通知承包人,并应遵守下列规定:

1)发包人、承包人对复核结果无异议的,应在7天内在竣工结算文件上签字确认,竣工结算办理完毕;

2)发包人或承包人对复核结果认为有误的,无异议部分按照(1)规定办理不完全竣工结算;有异议部分由发承包双方协商解决;协商不成的,应按照合同约定的争议解决方式处理。

(4)发包人在收到承包人竣工结算文件后的28天内,不核对竣工结算或未提出核对意见的,应视为承包人提交的竣工结算文件已被发包人认可,竣工结算办理完毕。

(5)承包人在收到发包人提出的核实意见后的28天内,不确认也未提出异议的,应视为发包人提出的核实意见已被承包人认可,竣工结算办理完毕。

(6)发包人委托工程造价咨询人核对竣工结算的,工程造价咨询人应在28天内核对完毕,核对结论与承包人竣工结算文件不一致的,应提交给承包人复核;承包人应在14天内将同意核对结论或不同意见的说明提交工程造价咨询人。工程造价咨询人收到承包人提出的异议后,应再次复核,复核无异议的,应按(3)中1)的规定办理,复核后仍有异议的,按(3)中2)的规定办理。

承包人逾期未提出书面异议的,应视为工程造价咨询人核对的竣工结算文件已经承包人认可。

(7)对发包人或发包人委托的工程造价咨询人指派的专业人员与承包人指派的专业人员经核对后无异议并签名确认的竣工结算文件,除非发承包人能提出具体、详细的不同意见,发承包人都应在竣工结算文件上签名确认,如其中一方拒不签认的,按下列规定办理:

1)若发包人拒不签认的,承包人可不提供竣工验收备案资料,并有权拒绝与发包人或其上级部门委托的工程造价咨询人重新核对竣工结算文件。

2)若承包人拒不签认的,发包人要求办理竣工验收备案的,承包人不得拒绝提供竣工验收资料,否则,由此造成的损失,承包人承担相应责任。

(8)合同工程竣工结算核对完成,发承包双方签字确认后,发包人不得要求承包人与另一个或多个工程造价咨询人重复核对竣工结算。

(9)发包人对工程质量有异议,拒绝办理工程竣工结算的,已竣工验收或已竣工未验收但实际投入使用的工程,其质量争议应按该工程保修合同执行,竣工结算应按合同约定办理;已竣工未验收且未实际投入使用的工程以及停工、停建工程的质量争议,双方应就有争议的部分委托有资质的检测鉴定机构进行检测,并应根据检测结果确定解决方案,或按工程质量监督机构的处理决定执行后办理竣工结算,无争议部分的竣工结算应按合同约定办理。

四、结算款支付

(1)承包人应根据办理的竣工结算文件向发包人提交竣工结算款支付申请。申请应包括下列内容:

1)竣工结算合同价款总额。

2)累计已实际支付的合同价款。

3)应预留的质量保证金。

4)实际应支付的竣工结算款金额。

(2)发包人应在收到承包人提交竣工结算款支付申请后7天内予以核实,向承包人签发竣工结算支付证书。

(3)发包人签发竣工结算支付证书后的14天内,应按照竣工结算支付证书列明的金额向承包人支付结算款。

(4)发包人在收到承包人提交的竣工结算款支付申请后7天内不予核实,不向承包人签发竣工结算支付证书的,视为承包人的竣工结算款支付申请已被发包人认可;发包人应在收到承包人提交的竣工结算款支付申请7天后的14天内,按照承包人提交的竣工结算款支付申请列明的金额向承包人支付结算款。

(5)发包人未按照(3)、(4)规定支付竣工结算款的,承包人可催告发包人支付,并有权获得延迟支付的利息。发包人在竣工结算支付证书签发后或者在收到承包人提交的竣工结算款支付申请7天后的56天内仍未支付的,除法律另有规定外,承包人可与发包人协商将该工程折价,也可直接向人民法院申请将该工程依法拍卖。承包人应就该工程折价或拍卖的价款优先受偿。

五、质量保证金

(1)发包人应按照合同约定的质量保证金比例从结算款中预留质量保证金。

(2)承包人未按照合同约定履行属于自身责任的工程缺陷修复义务的,发包人有权从质量保证金中扣除用于缺陷修复的各项支出。经查验,工程缺陷属于发包人原因造成的,应由发包人承担查验和缺陷修复的费用。

(3)在合同约定的缺陷责任期终止后,发包人应按照六、最终结清的规定,将剩余的质量保证金返还给承包人。

六、最终结清

(1)缺陷责任期终止后,承包人应按照合同约定向发包人提交最终结清支付申请。发包人对最终结清支付申请有异议的,有权要求承包人进行修正和提供补充资料。承包人修正后,应再次向发包人提交修正后的最终结清支付申请。

(2)发包人应在收到最终结清支付申请后的 14 天内予以核实,并应向承包人签发最终结清支付证书。

(3)发包人应在签发最终结清支付证书后的 14 天内,按照最终结清支付证书列明的金额向承包人支付最终结清款。

(4)发包人未在约定的时间内核实,又未提出具体意见的,应视为承包人提交的最终结清支付申请已被发包人认可。

(5)发包人未按期最终结清支付的,承包人可催告发包人支付,并有权获得延迟支付的利息。

(6)最终结清时,承包人被预留的质量保证金不足以抵减发包人工程缺陷修复费用的,承包人应承担不足部分的补偿责任。

(7)承包人对发包人支付的最终结清款有异议的,应按照合同约定的争议解决方式处理。

第八节　工程造价鉴定

一、一般规定

(1)在工程合同价款纠纷案件处理中,需作工程造价司法鉴定的,应委托具有相应资质的工程造价咨询人进行。

(2)工程造价咨询人接受委托时提供工程造价司法鉴定服务,应按仲裁、诉讼程序和要求进行,并应符合国家关于司法鉴定的规定。

(3)工程造价咨询人进行工程造价司法鉴定时,应指派专业对口、经验丰富的注册造价工程师承担鉴定工作。

(4)工程造价咨询人应在收到工程造价司法鉴定资料后 10 天内,根据自身专业能力和证据资料判断能否胜任该项委托,如不能,应辞去该项委托。工程造价咨询人不得在鉴定期满后以上述理由不作出鉴定结论,影响案件处理。

(5)接受工程造价司法鉴定委托的工程造价咨询人或造价工程师如是鉴定项目一方当事人的近亲属或代理人、咨询人以及其他关系可能影响鉴定公正的,应当自行回避;未自行回避,鉴定项目委托人以该理由要求其回避的,必须回避。

(6)工程造价咨询人应当依法出庭接受鉴定项目当事人对工程造价司法鉴定意见书的质询。如确因特殊原因无法出庭的,经审理该鉴定项目的仲裁机关或人民法院准许,可以书面形式答复当事人的质询。

二、取证

(1)工程造价咨询人进行工程造价鉴定工作时,应自行收集以下(但不限于)鉴定资料:

1)适用于鉴定项目的法律、法规、规章、规范性文件以及规范、标准、定额;

2)鉴定项目同时期同类型工程的技术经济指标及其各类要素价格等。

(2)工程造价咨询人收集鉴定项目的鉴定依据时,应向鉴定项目委托人提出具体书面要求,其内容包括:

1)与鉴定项目相关的合同、协议及其附件。

2)相应的施工图纸等技术经济文件。

3)施工过程中的施工组织、质量、工期和造价等工程资料。

4)存在争议的事实及各方当事人的理由。

5)其他有关资料。

(3)工程造价咨询人在鉴定过程中要求鉴定项目当事人对缺陷资料进行补充的,应征得鉴定项目委托人同意,或者协调鉴定项目各方当事人共同签认。

(4)根据鉴定工作需要现场勘验的,工程造价咨询人应提请鉴定项目委托人组织各方当事人对被鉴定项目所涉及的实物标的进行现场勘验。

(5)勘验现场应制作勘验记录、笔录或勘验图表,记录勘验的时间、地点、勘验人、在场人、勘验经过、结果,由勘验人、在场人签名或者盖章确认。绘制的现场图应注明绘制的时间、测绘人姓名、身份等内容。必要时应采取拍照或摄像取证,留下影像资料。

(6)鉴定项目当事人未对现场勘验图表或勘验笔录等签字确认的,工程造价咨询人应提请鉴定项目委托人决定处理意见,并在鉴定意见书中作出表述。

三、鉴定

(1)工程造价咨询人在鉴定项目合同有效的情况下应根据合同约定进行鉴定,不得任意改变双方合法的合意。

(2)工程造价咨询人在鉴定项目合同无效或合同条款约定不明确的情况下应根据法律法规、相关国家标准和《建设工程工程量清单计价规范》(GB 50500—2013)的规定,选择相应专业工程的计价依据和方法进行鉴定。

(3)工程造价咨询人出具正式鉴定意见书之前,可报请鉴定项目委托人向鉴定项目各方当事人发出鉴定意见书征求意见稿,并指明应书面答复的期限及其不答复的相应法律责任。

(4)工程造价咨询人收到鉴定项目各方当事人对鉴定意见书征求意见稿的书面复函后,应对不同意见认真复核,修改完善后再出具正式鉴定意见书。

(5)工程造价咨询人出具的工程造价鉴定书应包括下列内容:

1)鉴定项目委托人名称、委托鉴定的内容。

2)委托鉴定的证据材料。

3)鉴定的依据及使用的专业技术手段。

4)对鉴定过程的说明。

5)明确的鉴定结论。

6)其他需说明的事宜。

7)工程造价咨询人盖章及注册造价工程师签名盖执业专用章。

(6)工程造价咨询人应在委托鉴定项目的鉴定期限内完成鉴定工作,如确因特殊原因不能在原定期限内完成鉴定工作时,应按照相应法规提前向鉴定项目委托人申请延长鉴定期限,并应在此期限内完成鉴定工作。

经鉴定项目委托人同意等待鉴定项目当事人提交、补充证据的,质证所用的时间不应计入鉴定期限。

(7)对于已经出具的正式鉴定意见书中有部分缺陷的鉴定结论,工程造价咨询人应通过补充鉴定作出补充结论。

第三部分 电气设备安装工程计价方法

第五章 定额工程量计算

内容提要：

    1. 了解变压器安装、配电装置安装、母线安装、控制设备及低压电器安装、蓄电池安装、防雷及接地装置、10kV 以下架空配电线路、电气调整试验、配管安装、配线安装、照明器具安装的定额说明。

    2. 掌握变压器安装、配电装置安装、母线安装、控制设备及低压电器安装、蓄电池安装、防雷及接地装置、10kV 以下架空配电线路、电气调整试验、配管、配线安装以及照明器具安装的定额工程量计算规则及应用。

第一节 变压器安装

一、定额说明

（1）油浸电力变压器安装定额同样适用于自耦式变压器、带负荷调压变压器及并联电抗器的安装。电炉变压器按同容量电力变压器定额乘以系数 2.0，整流变压器按同容量电力变压器定额乘以系数 1.60。

（2）变压器的器身检查：1000kV·A 以下按吊芯检查考虑，4000kV·A 以上按吊钟罩考虑；如果 4000kV·A 以上的变压器需吊芯检查时，定额机械乘以系数 2.0。

（3）干式变压器如果带有保护外罩时，人工和机械乘以系数 1.2。

（4）整流变压器、消弧线圈及并联电抗器的干燥，执行同容量变压器干燥定额。电炉变压器执行同容量变压器干燥定额乘以系数 2.0。

（5）施工中变压器油的过滤损耗及操作损耗已包括在有关定额中。

（6）变压器安装过程中放注油、油过滤所使用的油罐，已摊入油过滤定额中。

（7）本定额不包括的工作内容包括以下几项：

1）变压器干燥棚的搭拆工作，若发生时可按实计算；

2）变压器铁梯及母线铁构件的制作、安装，另执行铁构件制作、安装定额；

3）瓦斯继电器的检查及试验已列入变压器系统调整试验定额内；

4）端子箱、控制箱的制作、安装，执行相应定额；

5）二次喷漆发生时按相应定额执行。

二、定额工程量计算规则

(1)变压器安装,按不同容量以"台"为计量单位。

(2)干式变压器,当带有保护罩时,其定额人工和机械乘以系数 2.0。

(3)变压器通过试验,判定绝缘层受潮时才需进行干燥,所以只有需要干燥的变压器才能计取此项费用(编制施工图预算时可列此项,工程结算时根据实际情况再作处理),以"台"为计量单位。

(4)消弧线圈的干燥按同容量电力变压器干燥定额执行,以"台"为计量单位。

(5)变压器油直到过滤合格为止,以"t"为计量单位,其具体计算方法如下:

1)变压器安装定额未包括绝缘油的过滤,需要过滤时,可按制造厂提供的油量计算。

2)油断路器及其他充油设备的绝缘油过滤,可按制造厂规定的充油量计算。

三、定额工程量计算实例

【例 5-1】 干式电力变压器安装,两台,型号为 SG—100kV · A/10－0.4,铁构件制作、安装。试计算定额工程量。

【解】

(1)干式电力变压器安装,2 台,型号为 SG—100kV · A/10－0.4。

套用《全国统一安装工程预算定额(第二册)》(GYD－202－2000)2－8

1)人工费:174.61×2＝349.22 元

2)材料费:111.75×2＝223.5 元

3)机械费:62.18×2＝124.36 元

(2)铁构件制作、安装,1.6kg。

套用《全国统一安装工程预算定额(第二册)》(GYD－202－2000)2－358、2－359

1)人工费:(2.51＋1.63)×1.6＝6.62 元

2)材料费:(1.32＋0.24)×1.6＝2.50 元

3)机械费:(0.41＋0.25)×1.6＝1.06 元

【例 5-2】 某工厂新建职工宿舍楼的配电由临近的变电所提供,在工厂内部还有一套供紧急停电情况下使用的发电系统,如图 5-1 所示。计算该配电工程所用仪器的定额工程量。

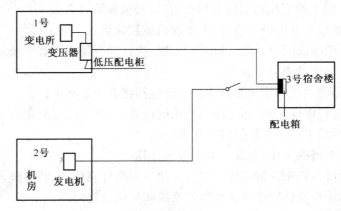

图 5-1　宿舍楼配电图

【解】

(1)基本工程量：

由图示可以看出所用仪器的工程量为：

整流变压器　1台

低压配电柜　1台

发电机　1台

配电箱　1台

(2)定额工程量：

1)整流变压器

套用《全国统一安装工程预算定额(第二册)》(GYD—202—2000)2—8

①人工费：174.61元/台

②材料费：111.75元/台

③机械费：62.18元/台

2)发电机

套用《全国统一安装工程预算定额(第二册)》(GYD—202—2000)2—427

①人工费：1235.77元/台

②材料费：397.75元/台

③机械费：1701.34元/台

3)配电箱

套用《全国统一安装工程预算定额(第二册)》(GYD—202—2000)2—264

①人工费：41.80元/台

②材料费：34.39元/台

4)低压配电柜

套用《全国统一安装工程预算定额(第二册)》(GYD—202—2000)2—77

①人工费：8.13元/个

②材料费：12.72元/个

第二节　配电装置安装

一、定额说明

(1)设备本体所需的绝缘油、六氟化硫气体、液压油等均按设备带有考虑。

(2)本设备安装定额不包括下列工作内容,另执行下列相应定额：

1)端子箱安装。

2)设备支架制作及安装。

3)绝缘油过滤。

4)基础槽(角)钢安装。

(3)设备安装所需的地脚螺栓按土建预埋考虑,不包括二次灌浆。

(4)互感器安装定额系按单相考虑,不包括抽芯及绝缘油过滤。特殊情况另作处理。

（5）电抗器安装定额系按三相叠放、三相平放和二叠一平的安装方式综合考虑，不论何种安装方式，均不作换算，一律执行本定额。干式电抗器安装定额适用于混凝土电抗器、铁芯干式电抗器和空心电抗器等干式电抗器的安装。

（6）高压成套配电柜安装定额系综合考虑的，不分容量大小，也不包括母线配制及设备干燥。

（7）低压无功补偿电容器屏（柜）安装列入本定额的控制设备及低压电器中。

（8）组合型成套箱式变电站主要是指 10kV 以下的箱式变电站，一般布置形式为变压器在箱的中间，箱的一端为高压开关位置，另一端为低压开关位置。组合型低压成套配电装置外形像一个大型集装箱，内装 6～24 台低压配电箱（屏），箱的两端开门，中间为通道，称为集装箱式低压配电室。该内容列入本定额的控制设备及低压电器中。

二、定额工程量计算规则

（1）断路器、电流互感器、电压互感器、油浸电抗器、电力电容器及电容器柜的安装，以"台（个）"为计量单位。

（2）隔离开关、负荷开关、熔断器、避雷器及干式电抗器的安装，以"组"为计量单位，每组按三相计算。

（3）交流滤波装置的安装以"台"为计量单位。每套滤波装置包括三台组架安装，不包括设备本身及铜母线的安装，其工程量应按相应定额另行计算。

（4）高压设备安装定额内均不包括绝缘台的安装，其工程量应按施工图设计执行相应定额。

（5）高压成套配电柜和箱式变电站的安装以"台"为计量单位，均未包括基础槽钢、母线及引下线的配置安装。

（6）配电设备安装的支架、抱箍及延长轴、轴套、间隔板等，按施工图设计的需要量计算，执行铁构件制作安装定额或成品价。

（7）绝缘油、六氟化硫气体、液压油等均按设备带有考虑。电气设备以外的加压设备和附属管道的安装应按相应定额另行计算。

（8）配电设备的端子板外部接线，应按相应定额另行计算。

（9）设备安装用的地脚螺栓按土建预埋考虑，不包括二次灌浆。

三、定额工程量计算实例

【例 5-3】　建筑物防雷接地工程图一般包括防雷工程图和接地工程图两部分。图 5-2 为某住宅建筑防雷平面图和立面图，图 5-3 为该住宅建筑的接地平面图，图纸附施工说明。试计算定额工程量。

施工说明：

（1）避雷带、引下线均采用—25×4 扁钢，镀锌或作防腐处理；

（2）引下线在地面上 1.7m 至地面下 0.3m 一段，用 φ50 硬塑料管保护；

（3）本工程采用—25×4 扁钢作水平接地体、围建筑物一周埋设，其接地电阻不大于 10Ω。施工后达不到要求时，可增设接地极；

（4）施工采用国家标准图集 D562、D563，并应与土建密切结合。

【解】

（1）基本工程量：

1）平屋面上的避雷带的长度为：

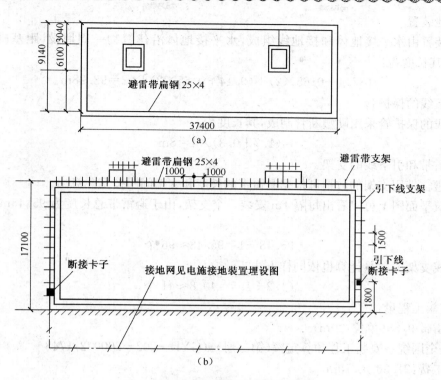

图 5-2　住宅建筑防雷平面图、立面图

(a)平面图　(b)北立面图

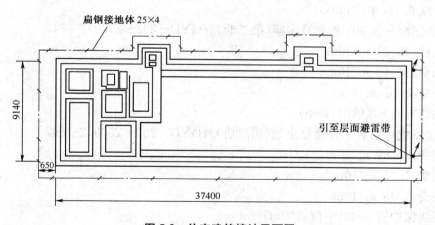

图 5-3　住宅建筑接地平面图

$$(37.4+9.14)\times2+1.2\times2=95.48m$$

(避雷带由平屋面上的避雷带和楼梯间屋面上的避雷带组成,楼梯间屋面上的避雷带沿其顶面敷设一周,并用一 25×4 的扁钢与屋面避雷带连接)

2)引下线:引下线共 4 根,分别沿建筑物四周敷设,在地面以上 1.8m 处用断接卡子与接地装置连接,故引下线的长度为:

$$(17.1-1.8)\times4=61.2m$$

3）接地装置

接地装置由水平接地体和接地线组成，水平接地体沿建筑物一周埋设，距基础中心线为0.65m，故其长度为：

$$[(37.4+0.65\times2)+(9.14+0.65\times2)]\times2=98.28m$$

4）引下线的保护管

引下线的保护管采用硬塑断管制成，其长度为：

$$(1.7+0.3)\times4=8m$$

5）避雷带和引下线的支架

安装避雷带用支架的数量可根据避雷带的长度和支架间距按实际算出。

从建筑平面图上可以看出每隔1m安装一个支架，由于避雷带总长度为95.48m，所以支架个数为：

$$95.48\div1=95.48\approx96个$$

引下线支架的数量计算也依同样方法

$$61.2\div1.5=40.8\approx41个$$

（2）定额工程量：

1）避雷带 9.55（单位：10m）

套用《全国统一安装工程预算定额（第二册）》(GYD—202—2000)2—748

①人工费：21.36 元/10m

②材料费：11.41 元/10m

③机械费：4.64 元/10m

2）引下线 6.12（单位：10m）

套用《全国统一安装工程预算定额（第二册）》(GYD—202—2000)2—745

①人工费：26.24 元/10m

②材料费：14.40 元/10m

③机械费：8.92 元/10m

3）接地装置 9.83（单位：10m）

套用《全国统一安装工程预算定额（第二册）》(GYD—202—2000)2—697

①人工费：70.82 元/10m

②材料费：1.77 元/10m

③机械费：1.43 元/10m

4）引下线保护管 0.08（单位：100m）

套用《全国统一安装工程预算定额（第二册）》(GYD—202—2000)2—1088

①人工费：192.03 元/100m

②材料费：75.45 元/100m

③机械费：29.43 元/100m

5）避雷带支架 96 个

套用《全国统一安装工程预算定额（第二册）》(GYD—202—2000)2—359

①人工费：163.00 元/100kg

②材料费:24.39 元/100kg

③机械费:25.44 元/100kg

引下线支架 41 个

套用《全国统一安装工程预算定额(第二册)》(GYD－202－2000)2—359

①人工费:163.00 元/100kg

②材料费:24.39 元/100kg

③机械费:25.44 元/100kg

【例 5-4】 某工程设计图示的工程内容有二台动力配电箱,一台挂墙安装、型号为 XLX(箱高 0.5m、宽 0.4m、深 0.2m),电源进线为 VV22-1KV4×25(G50),出线为 BV-5×10(G32),共三个回路;另一台落地安装,型号为 XL(F)-15(箱高 1.7m、宽 0.9m、深 0.7m),电源进线为 VV22-1KV4×95(G80),出线为 BV-5×16(G32),共四个回路。配电箱基础采用 10 号槽钢制作。计算定额工程量。

【解】

(1)基本工程量:

1)基础槽钢制作、安装(10 号)

因为有一台动力配电箱是落地安装,需安装基础槽钢。而落地安装的动力配电箱的宽和深为 0.9m 和 0.7m,所以基础槽钢的工程量为 2×(0.9+0.7)m=3.2m

2)压铜接线端子(10mm²)

因为挂墙安装的配电箱有三个回路,所以压铜接线端子(10mm²)的工程量为 5×3=15 个。

3)压铜接线端子(16mm²)

因为落地安装的配电箱有四个回路,所以压铜接线端子(16mm²)的工程量为 5×4=20 个。

(2)定额工程量:

1)基础槽钢制作安装   0.32(10m)

套用《全国统一安装工程预算定额(第二册)》(GYD—202—2000)2—356

2)压铜接线端子(10mm²)   1.5(10 个)

套用《全国统一安装工程预算定额(第二册)》(GYD—202—2000)2—337

3)压铜接线端子(16mm²)   2.0(10 个)

套用《全国统一安装工程预算定额(第二册)》(GYD—202—2000)2—337

4)配电箱安装(XLX)   1 台

套用《全国统一安装工程预算定额(第二册)》(GYD—202—2000)2—265

5)配电箱安装[XL(F)-15]   1 台

套用《全国统一安装工程预算定额(第二册)》(GYD—202—2000)2—266

第三节   母线、绝缘子安装

一、定额说明

(1)定额不包括支架、铁构件的制作、安装,发生时执行相应定额。

(2)软母线、带形母线、槽型母线的安装定额内不包括母线、金具、绝缘子等主材,具体可按设计数量加损耗计算。

（3）组合软导线安装定额不包括两端铁构件制作、安装和支持瓷瓶、带形母线的安装，发生时应执行相应定额。其跨距是按标准跨距综合考虑的，当实际跨距与定额不符时不作换算。

（4）软母线安装定额是按单串绝缘子考虑的，如为双串绝缘子，则其定额人工乘以系数 1.08。

（5）软母线的引下线、跳线及设备连线均按导线截面分别执行相应定额。

（6）带形钢母线安装执行铜母线安装定额。

（7）带形母线伸缩节头和铜过渡板均按成品考虑，定额只考虑安装。

（8）高压共箱母线和低压封闭式插接母线槽均按制造厂供应的成品考虑，定额只包含现场安装。封闭式插接母线槽在竖井内安装时，人工和机械乘以系数 2.0。

二、定额工程量计算规则

（1）悬垂绝缘子串安装，指垂直或 V 形安装的提挂导线、跳线、引下线、设备连接线或设备等所用的绝缘子串安装，按单、双串分别以"串"为计量单位。耐张绝缘子串的安装，已包括在软母线安装定额内。

（2）支持绝缘子安装分别按安装在户内、户外、单孔、双孔、四孔固定，以"个"为计量单位。

（3）穿墙套管安装不分水平、垂直安装，均以"个"为计量单位。

（4）软母线安装指直接由耐张绝缘子串悬挂部分，按软母线截面大小分别以"跨/三相"为计量单位。设计跨距不同时，不得调整。导线、绝缘子、线夹及弛度调节金具等均按施工图设计用量加定额规定的损耗率计算。

（5）软母线引下线，指由 T 形线夹或并沟线夹从软母线引向设备的连接线，以"组"为计量单位，每三相为一组；软母线经终端耐张线夹引下（不经 T 形线夹或并沟线夹引下）与设备连接的部分均执行引下线定额，不得换算。

（6）两跨软母线间的跳引线安装，以"组"为计量单位，每三相为一组。不论两端的耐张线夹是螺栓式或压接式，均执行软母线跳线定额，不得换算。

（7）设备连接线指两设备间的连接线。不论引下线、跳线和设备连接线，均应分别按导线截面、三相为一组计算工程量。

（8）组合软母线安装，按三相为一组计算，跨距（包括水平悬挂部分和两端引下部分之和）系以 45m 以内考虑，跨度的长或短不得调整。导线、绝缘子、线夹及金具按施工图设计用量加定额规定的损耗率计算。

（9）软母线安装预留长度按表 5-1 计算。

表 5-1　软母线安装预留长度　　　　　　　　　　　（单位：m/根）

项目	耐张	跳线	引下线、设备连接线
预留长度	2.5	0.8	0.6

（10）带型母线安装及带型母线引下线安装包括铜排、铝排，分别以不同截面和片数以"m/单相"为计量单位。母线和固定母线的金具均按设计量加损耗率计算。

（11）钢带型母线安装按同规格的铜母线定额执行，不得换算。

（12）母线伸缩接头及铜过渡板安装，均以"个"为计量单位。

(13)槽型母线安装以"m/单相"为计量单位。槽型母线与设备连接,以"台"为计量单位。槽型母线及固定槽型母线的金具按设计用量加损耗率计算。壳的大小尺寸以"m"为计量单位,长度按设计共箱母线的轴线长度计算。

(14)低压(指380V以下)封闭式插接母线槽安装,分别按导体的额定电流大小以"m"为计量单位,长度按设计母线的轴线长度计算,分线箱以"台"为计量单位,分别以电流大小按设计数量计算。

(15)重型母线安装包括铜母线、铝母线,分别按截面大小以母线的成品质量以"t"为计量单位。

(16)重型铝母线接触面加工指铸造件需加工接触面时,可以按其接触面大小,分别以"片/单相"为计量单位。

(17)硬母线配置安装预留长度按表5-2的规定计算。

表5-2 硬母线配置安装预留长度 （单位:m/根）

序号	项 目	预留长度	说 明
1	带形、槽形母线终端	0.3	从最后一个支持点算起
2	带形、槽形母线与分支线连接	0.5	分支线预留
3	带形母线与设备连接	0.5	从设备端子接口算起
4	多片重型母线与设备连接	1.0	从设备端子接口算起
5	槽形母线与设备连接	0.5	从设备端子接口算起

(18)带形母线、槽形母线安装均不包括支持瓷瓶安装和钢构件配置安装,其工程量应分别按设计成品数量执行相应定额。

三、定额工程量计算实例

【例5-5】 某工程设计要求工程信号盘2块,直流盘4块,共计6块,盘宽900mm,安装小母线,共18根,试计算小母线安装总长度。

【解】

总长度:$6×0.9×18+18×6×0.05=102.6$m

工程量:$102.6÷10=10.26$m

【例5-6】 某工程组合软母线2根,跨度为55m,计算定额材料的消耗量调整系数及调整后的材料费。

【解】

由定额中说明可知:组合软母线安装定额不包括两端铁构件制作、安装和支持瓷瓶,带形母线的安装,发生时应执行相应定额。其跨距是按标准跨距综合考虑的,如实际跨距与定额不符时不作换算,故套用《全国统一安装工程预算定额(第二册)》(GYD—202—2000)2-121,其材料费为42.22元。

第四节 控制设备及低压电器安装

一、定额说明

(1)定额包括电气控制设备、低压电器的安装,盘、柜配线,焊(压)接线端子,穿通板制作、安装,基础槽、角钢及各种铁构件、支架制作和安装。

（2）控制设备安装,除限位开关及水位电气信号装置外,其他均未包括支架制作、安装,发生时可执行相应定额。

（3）控制设备安装未包括的工作内容有:二次喷漆及喷字,电器及设备干燥,焊、压接线端子,端子板外部(二次)接线。

（4）屏上辅助设备安装包括标签框、光字牌、信号灯、附加电阻及连接片等,但不包括屏上开孔工作。

（5）设备的补充油按设备考虑。

（6）各种铁构件制作均不包括镀锌、镀锡、镀铬及喷塑等其他金属防护费用,发生时应另行计算。

（7）轻型铁构件系指结构厚度在 3mm 以内的构件。

（8）铁构件制作、安装定额适用于定额范围内的各种支架、构件的制作和安装。

二、定额工程量计算规则

（1）控制设备及低压电器安装均以"台"为计量单位。以上设备安装均未包括基础槽钢、角钢的制作安装,其工程量应按相应定额另行计算。

（2）铁构件制作安装均按施工图设计尺寸,以成品质量"千克"为计量单位。

（3）网门、保护网制作和安装,分别按网门、保护网设计图示的框外围尺寸,以"平方米"为计量单位。

（4）盘柜配线分不同规格,以"米"为计量单位。

（5）盘、箱、柜的外部进出线预留长度按表 5-3 计算。

表 5-3　盘、箱、柜的外部进出线预留长度　　　　　　　（单位:m/根）

序号	项　目	预留长度	说　明
1	各种箱、柜、盘、板、盒	高+宽	盘面尺寸
2	单独安装的铁壳开关、自动开关、刀开关、启动器、箱式电阻器、变阻器	0.5	从安装对象中心算起
3	继电器、控制开关、信号灯、按钮、熔断器等小电器	0.3	从安装对象中心算起
4	分支接头	0.2	分支线预留

（6）配电板制作、安装及包铁皮,按配电板图示外形尺寸,以"平方米"为计量单位。

（7）焊(压)接线端子定额只适用于导线。电缆终端头制作安装定额中已包括压接线端子,不得重复计算。

（8）端子板外部接线按设备盘、箱、柜及台的外部接线图计算,以"个头"为计量单位。

（9）盘、柜配线定额只适用于盘上小设备元件的少量现场配线,不适用于工厂的设备修、配及改工程。

三、定额工程量计算实例

【例 5-7】　如图 5-4 所示一配电工程,层高 2.8m,配电箱安装高度 1.8m,求管线工程定额工程量。

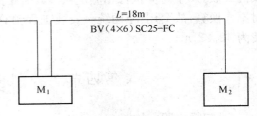

图 5-4　配线工程图

【解】

（1）基本工程量：配电箱 M_1 有进出两根立管，所以垂直部分有3根管，层高2.8m，配电箱为1.8m，所以垂直部分为 $2.8-1.8=1m$

$$[18+(2.8-1.8)\times3]=21m$$
$$BV6=21\times4=84m$$

（2）定额工程量：配电箱：2台

套用《全国统一安装工程预算定额（第二册）》（GYD—202—2000）2—264

①人工费：$2\times41.8=83.6$ 元

②材料费：$2\times34.39=68.78$ 元

【例 5-8】　某工程的闭路电视系统图如图 5-5 所示，该工程为 10 层楼建筑，层高 4.5m。①控制中心设在第 1 层，设备均安装在第一层，为落地安装，出线从地沟，然后引到线槽处，且垂直到每层楼的电气元件。②由地区电视干线引出弱电中心前端箱，然后由地沟引分支电缆通过垂直竖向线槽到各住户。

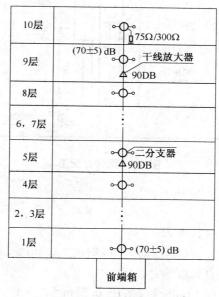

图 5-5　闭路电视系统图

【解】

（1）基本工程量：

前端箱　　　　　1台

电视插座　　　10个　1×10；每层一个

干线放大器　　2个　1+1，5层，9层各一个

二分支器　　　10个　1×10，每层一个

闭路同轴电缆　　111m　（45+6+6×10）m（垂直+第一层出线+10层平面）

线槽200×75　45m　垂直高度

管子敷设　　　80m　8×10m　8m为每层无线长度

(2)定额工程量：

定额工程量计算见表5-4。

表 5-4　定额计算表

序　　号	定额编号	工程项目	单　　位	数　　量
1	13-5-1	前端箱	台	1.0
2	13-1-87	同轴电缆	100m	1.11
3	13-5-96	二分支器	个	10.0
4	13-5-94	干线放大器	10个	0.2

【例 5-9】　如图 5-6 所示，配电箱高 1m，楼板厚度 $b=0.2m$，计算垂直部分明敷管及垂直部分暗敷管长各是多少。

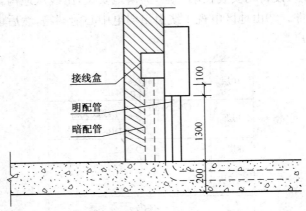

图 5-6　配管分配图

【解】

配电箱定额工程量：

当采用明配管时，管道垂直长度为：

$$(1.3+0.1+0.2)m=1.6m$$

当采用暗配管时，管道垂直长度为：

$$(1.3+1/2×1+0.2)m=2.0m$$

套用《全国统一安装工程预算定额(第二册)》(GYD—202—2000)2-266

(1)人工费：65.02 元/台

(2)材料费：31.25 元/台

(3)机械费：3.75 元/台

第五节　蓄电池安装

一、定额说明

(1)定额适用于 220V 以下各种容量的碱性和酸性固定型蓄电池及其防震支架安装、蓄电池充放电。

（2）蓄电池防振支架按随设备供货考虑,安装按地坪打眼装膨胀螺栓固定考虑。

（3）蓄电池电极连接条、紧固螺栓及绝缘垫,均按设备带有考虑。

（4）定额不包括蓄电池抽头连接用电缆及电缆保护管的安装,发生时应执行相应项目。

（5）碱性蓄电池补充电解液由厂家随设备供货。铅酸蓄电池的电解液已包括在定额内,不另行计算。

（6）蓄电池充放电电量已计入定额,不论酸性、碱性电池均按其电压和容量执行相应项目。

二、定额工程量计算规则

（1）铅酸蓄电池和碱性蓄电池安装,分别按容量大小以单体蓄电池"个"为计量单位,按施工图设计的数量计算工程量。定额内已包括了电解液的材料消耗,执行时不得调整。

（2）免维护蓄电池安装以"组件"为计量单位,如:某项工程设计一组蓄电池为 $220V/500A \cdot h$,由 12V 的组件 18 个组成,那么就应该套用 $12V/500A \cdot h$ 的定额 18 组件。

（3）蓄电池充放电按不同容量以"组"为计量单位。

三、定额工程量计算实例

【例 5-10】　蓄电池防震支架（单层单排）安装,60m,试计算定额工程量。

【解】

套用《全国统一安装工程预算定额(第二册)》(GYD—202—2000)2—379

（1）人工费:$134.68 \times 60/10 = 808.08$ 元

（2）材料费:$127.43 \times 60/10 = 764.58$ 元

（3）机械费:$51.36 \times 60/10 = 308.16$ 元

第六节　电机及滑触线安装

一、定额说明

1. 电机安装定额说明

（1）定额中的专业术语"电机"系指发电机和电动机的统称。如小型电机检查接线定额,适用于同功率的小型发电机和小型电动机的检查接线,定额中的电机功率系指电机的额定功率。

（2）直流发电机组和多台一串的机组,可按单台电机分别执行相应定额。

（3）定额中电机检查接线定额,除发电机和调相机外,均不包括电机的干燥工作,发生时应执行电机干燥定额。定额中电机干燥定额系按一次干燥所需的人工、材料、机械消耗量考虑。

（4）单台质量在 3t 以下的电机为小型电机;单台质量在 3~30t 的电机为中型电机;单台质量在 30t 以上的电机为大型电机。大中型电机不分交、直流电机,一律按电机质量执行相应定额。

（5）微型电机分为三类:驱动微型电机(分马力电机)系指微型异步电动机、微型同步电动机、微型交流换向器电动机、微型直流电动机等,控制微型电机系指自整角机、旋转变压器、交直流测速发电机、交直流伺服电动机、步进电动机、力矩电动机等,电源微型电机系指微型电动发电机组和单枢变流机等。其他小型电机(凡功率在 0.75kW 以下的电机)均执行微型电机定额。

（6）各类电机的检查接线定额均不包括控制装置的安装和接线。

（7）电机的接地线材质至今技术规范尚无新规定,定额仍是沿用镀锌扁钢(25×4)编制的。当采用铜接地线时,主材(导线和接头)应更换,但安装人工和机械不变。

(8)电机安装执行《机械设备安装工程》(GYD—201—2000)的电机安装定额,其电机的检查接线和干燥执行定额。

2. 滑触线安装定额说明

(1)起重机的电气装置按未经生产厂家成套安装和试运行考虑的,因此起重机的电机和各种开关、控制设备、管线及灯具等,均按分部分项定额编制预算。

(2)滑触线支架的基础铁件及螺栓,按土建预埋考虑。

(3)滑触线及支架的油漆,均按涂一遍考虑。

(4)移动软电缆敷设未包括轨道安装及滑轮制作。

(5)滑触线的辅助母线安装,执行"车间带形母线"安装定额。

(6)滑触线伸缩器和坐式电车绝缘子支持器的安装,已分别包括在"滑触线安装"和"滑触线支架安装"定额内,不另行计算。

(7)滑触线及支架安装是按高度10m以下考虑的,如超过10m时,按定额说明的超高系数计算。

二、定额工程量计算规则

(1)发电机、调相机、电动机的电气检查接线,均以"台"为计量单位。直流发电机组和多台一串的机组,按单台电机分别执行定额。

(2)起重机上的电气设备、照明装置和电缆管线等安装,均执行相应定额。

(3)滑触线安装以"m/单相"为计量单位,其附加和预留长度按表5-5的规定计算。

表 5-5　滑触线安装附加和预留长度　　　　　　　　　　(单位:m/根)

序号	项目	预留长度	说明
1	圆钢、铜母线与设备连接	0.2	从设备接线端子接口起算
2	圆钢、滑触线终端	0.5	从最后一个固定点起算
3	角钢滑触线终端	1.0	从最后一个支持点起算
4	扁钢滑触线终端	1.3	从最后一个固定点起算
5	扁钢母线分支	0.5	分支线预留
6	扁钢母线与设备连接	0.5	从设备接线端子接口起算
7	轻轨滑触线终端	0.8	从最后一个支持点起算
8	安全节能及其他滑触线终端	0.5	从最后一个固定点起算

(4)电气安装规范要求每台电机接线均需要配金属软管,设计有规定的,按设计规格和数量计算;设计没有规定的,平均每台电机配相应规格的金属软管1.25m和与之配套的金属软管专用活接头。

(5)在特别潮湿的地方,电机需要进行多次干燥,应按实际干燥次数计算。在气候干燥、电机绝缘性能良好、符合技术标准而不需要干燥时,则不计算干燥费用。实行包干的工程,可参照以下比例,由有关各方协商而定:

1)低压小型电机3kW以下,按25%的比例考虑干燥费用。

2)低压小型电机3kW以上至220kW,按30%～50%考虑干燥费用。

3)大中型电机按100%考虑一次干燥费用。

（6）电机解体检查定额,应根据需要选用。当不需要解体时,可只执行电机检查接线定额。

（7）小型电机按电机类别和功率大小执行相应定额,大、中型电机不分类别一律按电机质量执行相应定额。

（8）与机械同底座的电机和装在机械设备上的电机安装,执行《机械设备安装工程》（GYD—201—2000）的电机安装定额;独立安装的电机,执行电机安装定额。

三、定额工程量计算实例

【例5-11】 如图5-7、图5-8所示××工程电气动力滑触线安装工程图,滑触线 L50×50×5,每米重3.77kg,采用螺栓固定;滑触线 L40×40×4,每米重2.422kg,两端设置指示灯。试计算其定额工程量。

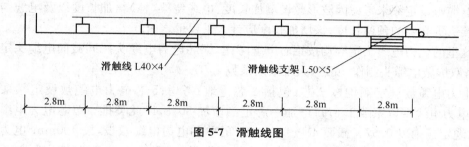

滑触线 L40×4

滑触线支架 L50×5

| 2.8m | 2.8m | 2.8m | 2.8m | 2.8m | 2.8m |

图5-7　滑触线图

【解】

（1）基本工程量:

1）滑触线安装 L40×40×4:(2.8×5+1+1)×3=48m

2）滑触线支架制作 L50×50×5:3.77×(0.6+0.4×3)×6=40.72kg

3）滑触线支架安装 L50×50×5:6 副

4）滑触线指示灯安装:2 套

（2）定额工程量:

1）滑触线安装 L40×40×4:

套用《全国统一安装工程预算定额（第二册）》（GYD—202—2000)2—491

①人工费:48/100×417.96=200.62 元

②材料费:48/100×119.83=57.52 元

③机械费:48/100×39.24=18.84 元

2）滑触线支架安装:

套用《全国统一安装工程预算定额（第二册）》（GYD—202—2000)2—504

①人工费:6/10×81.27=48.76 元

②材料费:6/10×988.32=592.99 元

3）滑触线指示灯安装:

套用《全国统一安装工程预算定额（第二册）》（GYD—202—2000)2—508

①人工费:2/10×5.8=1.16 元

②材料费:2/10×39.49=7.9 元

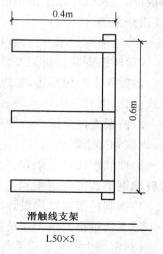

0.4m

0.6m

滑触线支架

L50×5

图5-8　滑触线支架图

③机械费:2/10×0.71＝0.14元

第七节　电 缆 安 装

一、定额说明

(1)电缆敷设定额适用于10kV以下的电力电缆和控制电缆敷设。定额系按厂内电缆工程的施工条件编制的,未考虑在积水区、水底、井下等特殊条件下的电缆敷设。

(2)电缆在一般山地、丘陵地区敷设时,其定额人工乘以系数1.3。该地段所需的施工材料如固定桩、夹具等按实另计。

(3)电缆敷设定额未考虑因波形敷设增加长度、电缆绕梁(柱)增加长度以及电缆与设备连接、电缆接头等必要的预留长度,该增加长度应计入工程量之内。

(4)这里的电力电缆头定额均按铝芯电缆考虑,铜芯电力电缆头按同截面电缆头定额乘以系数1.2,双屏蔽电缆头制作、安装,人工乘以系数1.05。

(5)电力电缆敷设定额均按3芯(包括3芯连地)考虑;5芯电力电缆敷设定额乘以系数1.3;6芯电力电缆乘以系数1.6,每增加一芯定额增加30％,以此类推。单芯电力电缆敷设按同截面电缆定额乘以0.67。截面400~800mm²的单芯电力电缆敷设,按400mm²电力电缆定额执行。240mm²以上的电缆头的接线端子为异型端子,需要单独加工,应按实际加工价计算(或调整定额价格)。

(6)电缆沟挖填方定额也适用于电气管道沟等的挖填方工作。

(7)桥架安装。桥架安装定额说明如下:

1)桥架安装包括运输、组合、螺栓或焊接固定、弯头制作、附件安装、切割口防腐、桥式或托板式开孔、上管件隔板安装、盖板及钢制梯式桥架盖板安装。

2)桥架支撑架定额适用于立柱、托臂及其他各种支撑架的安装。定额已综合考虑了采用螺栓、焊接和膨胀螺栓三种固定方式。实际施工中,不论采用何种固定方式,定额均不作调整。

3)玻璃钢梯式桥架和铝合金梯式桥架定额均按不带盖考虑。如这两种桥架带盖,则分别执行玻璃钢槽式桥架定额和铝合金槽式桥架定额。

4)钢制桥架主结构设计厚度大于3mm时,定额人工、机械乘以系数1.2。

5)不锈钢桥架按钢制桥架定额乘以系数1.1。

(8)定额中电缆敷设系综合定额,已将裸包电缆、铠装电缆、屏蔽电缆等因素考虑在内。因此,凡10kV以下的电力电缆和控制电缆均不分结构形式和型号,一律按相应的电缆截面和芯数执行定额。

(9)电缆敷设定额及其相配套的定额中均未包括主材(又称装置性材料),另按设计和工程量计算规则加上定额规定的损耗率计算主材费用。

(10)直径ϕ100以下的电缆保护管敷设执行配管配线有关定额。

(11)定额未包括的工作内容有隔热层、保护层的制作、安装;电缆冬季施工的加温工作和在其他特殊施工条件下的施工措施费和施工降效增加费。

二、定额工程量计算规则

(1)直埋电缆的挖、填土(石)方,除特殊要求外,可按表5-6计算土方量。

表 5-6　直埋电缆的挖、填土(石)方量

项　目	电缆根数	
	1～2	每增一根
每米沟长挖方量(m³)	0.45	0.153

注:1. 两根以内的电缆沟,系按上口宽度 600mm、下口宽度 400mm、深度 900mm 计算的常规土方量(深度按规范的最低标准)。

2. 每增加一根电缆,其宽度增加 170mm。

3. 以上土方量系按埋深从自然地坪起算,如设计埋深超过 900mm 时,多挖的土方量应另行计算。

(2)电缆沟盖板揭、盖定额,按每揭或每盖一次以延长米计算,如又揭又盖,则按两次计算。

(3)电缆保护管长度,除按设计规定长度计算外,遇有下列情况,应按以下规定增加保护管长度:横穿道路,按路基宽度两端各增加 2m;垂直敷设时,管口距地面增加 2m;穿过建筑物外墙时,按基础外缘以外增加 1m;穿过排水沟时,按沟壁外缘以外增加 1m。

(4)电缆保护管埋地敷设,其土方量凡有施工图注明的,按施工图计算;无施工图的,一般按沟深 0.9m、沟宽按最外边的保护管两侧边缘外各增加 0.3m 工作面计算。

(5)电缆敷设按单根以延长米计算,一个沟内(或架上)敷设 3 根各长 100m 的电缆,应按 300m 计算,以此类推。

(6)电缆敷设长度应根据敷设路径的水平和垂直敷设长度,按表 5-7 规定增加附加长度。

表 5-7　电缆敷设的附加长度

序号	项　目	预留长度(附加)	说　明
1	电缆敷设弛度、波形弯曲、交叉	2.5%	按电缆全长计算
2	电缆进入建筑物	2.0m	规范规定最小值
3	电缆进入沟内或吊架时引上(下)预留	1.5m	规范规定最小值
4	变电所进线、出线	1.5m	规范规定最小值
5	电力电缆终端头	1.5m	检修余量最小值
6	电缆中间接头盒	两端各留 2.0m	检修余量最小值
7	电缆进控制、保护屏及模拟盘等	高+宽	按盘面尺寸
8	高压开关柜及低压配电盘、箱	2.0m	盘下进出线
9	电缆至电动机	0.5m	从电机接线盒起算
10	厂用变压器	3.0m	从地坪起算
11	电缆绕过梁柱等增加长度	按实计算	按被绕物的断面情况计算增加长度
12	电梯电缆与电缆架固定点	每处 0.5m	规范最小值

注:电缆附加及预留的长度是电缆敷设长度的组成部分,应计入电缆长度工程量之内。

(7)电缆终端头及中间头均以"个"为计量单位。电力电缆和控制电缆均按一根电缆有两个终端头考虑。中间电缆头设计有图示的,按设计确定;设计没有规定的,按实际情况计算(或按平均 250m 一个中间头考虑)。

(8)桥架安装,以"10m"为计量单位。

(9)吊电缆的钢索及拉紧装置应按相应定额另行计算。

(10)钢索的计算长度以两端固定点的距离为准,不扣除拉紧装置的长度。

(11)电缆敷设及桥架安装,应按定额说明的综合内容范围计算。

三、定额工程量计算实例

【例 5-12】 某电缆工程采用电缆沟敷设,沟长 240m,共 18 根电缆 VV_{29}(3×120+2×35),分四层,双边,支架镀锌。试计算其定额工程量。

【解】

(1)基本工程量

电缆沟支架制作安装工程量:240×2=480m

电缆敷设工程量:(240+1.5+1.5×2+0.5×2+3)×18=4473m

(2)定额工程量

套用《全国统一安装工程预算定额(第二册)》(GYD—202—2000)2—621

1)人工费:638.78/100×4473=28572.63 元

2)材料费:525.03/100×4473=23484.59 元

3)机械费:455.50/100×4473=20374.52 元

【例 5-13】 某车间电源配电箱 DLX(1.8m×1m)安装在 10 号基础槽钢上,车间内另设备用配电箱一台(1m×0.7m),墙上暗装,电源由 DLX 以 2R-VV4×50+1×16 穿电镀管 *DN*80 沿地面暗敷引来(电缆、电镀管长 30m)。计算定额工程量。

【解】

(1)基本工程量:

1)铜芯电力电缆敷设

$$(30+2×2+1.5×2)×(1+2.5\%)m=37.925m$$

说明:根据规定:电缆进出配电箱应预留长度 2m/台;

电缆终端头的预留长度为 1.5m/个。

式中　2.5% 为电缆敷设的附加长度系数。

2)干包终端头制作:2 个

(2)定额工程量:

套用《全国统一安装工程预算定额(第二册)》(GYD—202—2000)2-620

1)人工费:414.71 元/100m×37.925m=157.28 元

2)材料费:375.55 元/100m×37.925m=142.43 元

3)机械费:182.20 元/100m×37.925m=69.10 元

【例 5-14】 某电缆自 N1 电杆(9m)引入地下埋设并引至 4 号厂房 N1 动力箱(箱高 1.7m,宽 0.7m),如图 5-9 所示。计算定额工程量。

【解】

(1)基本工程量:

1)电缆沟挖填土方量:

(2.28 + 80 + 70 + 50 + 10 + 2.28 + 0.4)m=214.96m

(214.96 × 0.45) m³ = 96.732m³ ≈96.73m³

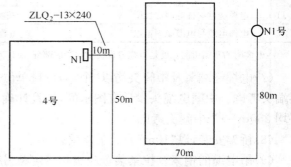

图 5-9　电缆埋设示意图

注:2.28m为电缆沟拐弯时应预留的长度,0.4m为从室外进入室内到动力箱N1的距离。

2)电缆埋设工程量:

$$(2.28+80+70+50+10+2.28+2×0.8+0.4+2.4)m=218.96m$$

注:2.28m为电缆沟拐弯时电缆应预留的长度,共拐了2个弯;2.4m为动力箱宽+高;0.4m为从室内到动力箱N1的长度;0.8m为从电杆引入电缆沟预留的长度或电缆进入建筑物预留的长度。

3)电缆沿杆卡设:

$$[9+1(杆上预留长)]m=10m$$

4)电缆保护管敷设 1根

5)电缆铺砂盖砖

$$(2.28+80+70+50+10+2.28)m=214.56m$$

6)室外电缆头制作 1个

7)室内电缆头制作 1个

8)电缆试验 2次/根

9)电缆沿杆上敷设支架制作 3套(18kg)

10)电缆进建筑物密封 1处

11)动力箱安装 1台

12)动力箱基础槽钢8号 2.2m

(2)定额工程量:

1)电缆沟挖填土方:套用《全国统一安装工程预算定额(第二册)》(GYD—202—2000)2—521

人工费:12.07元/m³×96.73m³=1167.53元

2)铜芯电力电缆:套用《全国统一安装工程预算定额(第二册)》(GYD—202—2000)2—619

①人工费:294.20元/100m×218.96m=644.18元

②材料费:272.27元/100m×218.96m=596.16元

③机械费:36.04元/100m×218.96m=78.91元

3)电缆铺砂盖砖:套用《全国统一安装工程预算定额(第二册)》(GYD—202—2000)2—529

①人工费:145.13元/100m×214.56m=311.39元

②材料费:648.86元/100m×214.56m=1392.19元

【例5-15】 某电缆工程采用电缆沟直埋铺砂盖砖,电缆均为$VV_{29}(4×50+2×16)$,进建筑物时电缆穿管SC80,动力配电箱都是从1号配电室低压配电柜引入,沟深1.2m,如图5-10所示。计算定额工程量。

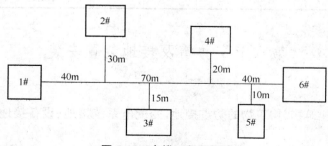

图5-10 电缆工程平面图

【解】

(1)基本工程量：

1)电缆沟铺砂盖砖工程量

(40＋30＋70＋15＋20＋40＋10)m＝225m

2)每增加一根电缆的铺砂盖砖工程量

(5×40＋5×70＋40)m＝590m

3)密封保护管工程量

2×5＝10 根

4)电缆敷设工程量

一根：(40＋70＋40＋30＋15＋20＋10＋2＋1.5×6＋4×2.28＋5×2＋1.5×2)m＝258.12m

共 6 根：258.12×6m＝1548.72m

注：①作预算时,中间头的预留量暂不计算。

②电缆敷设工程要考虑在各处的预留长度,不考虑电缆的施工损耗。电缆进出低压配电室各预留2m;电缆进建筑物预留 2m;电缆进动力箱预留 1.5m;电缆进出电缆沟两端各预留 1.5m;电缆敷设转弯,每个转弯处预留 2.28m。

(2)定额工程量：

定额工程量计算见表 5-8。

表 5-8　预算定额表

序号	定额编号	项目名称	单位	数量	其中:/元
					人工费、材料费、机械费
1	2-529	电缆沟铺砂盖砖	100m	2.25	①人工费:145.13 元/100m ②材料费:648.86 元/100m
2	2-530	每增加一根	100m	5.9	①人工费:38.78 元/100m ②材料费:260.12 元/100m
3	2-539	密封式保护管安装	根	10	①人工费:130.50 元/10m(根) ②材料费:100.54 元/10m(根) ③机械费:10.70 元/10m(根)
4	2-619	电缆敷设(铜芯)	100m	15.4872	①人工费:294.20 元/100m ②材料费:272.27 元/100m ③机械费:36.04 元/100m

第八节　防雷及接地装置安装

一、定额说明

(1)定额适用于建筑物、构筑物的防雷接地,变配电系统接地、设备接地以及避雷针的接地装置。

(2)户外接地母线敷设定额系按自然地坪和一般土质综合考虑的,包括地沟的挖填土和夯实工作,执行定额时不应再计算土方量。如遇有石方、矿渣、积水、障碍物等情况时可另行计算。

（3）定额不适于采用爆破法施工敷设接地线、安装接地极,也不包括高土体电阻率地区采用换土或化学处理的接地装置及接地电阻的测定工作。

（4）定额中,避雷针及半导体少长针消雷装置的安装,均已考虑了高空作业的因素。

（5）独立避雷针的加工制作执行"一般铁构件"制作定额。

（6）防雷均压环安装定额是按建筑物圈梁内主筋作为防雷接地连接线考虑的。如果采用明敷单独扁钢或圆钢作均压环时,可执行"户内接地母线敷设"定额。

（7）利用铜绞线作接地引下线时,配管、穿铜绞线执行定额中同规格的相应项目。

（8）高层建筑物屋顶的防雷接地装置应执行"避雷网安装"定额,电缆支架的接地线安装应执行"户内接地母线敷设"定额。

二、定额工程量计算规则

（1）接地极制作安装以"根"为计量单位,其长度按设计长度计算。设计无规定时,每根长度按 2.5m 计算。当有管帽时,管帽另按加工件计算。

（2）接地母线敷设,按设计长度以"m"为计量单位计算工程量。接地母线、避雷线敷设,均按延长米计算,其长度按施工图上水平和垂直规定长度另加 3.9% 的附加长度（包括转弯、上下波动、避绕障碍物及搭接头所占长度）计算。计算主材费时应另增加规定的损耗率。

（3）接地跨接线以"处"为计量单位。按规程规定,凡需接地跨接线的工程内容,每跨接一次按一处计算。户外配电装置构架均需接地,每副构架按"一处"计算。

（4）避雷针的加工制作、安装,以"根"为计量单位,独立避雷针安装以"基"为计量单位。长度、高度及数量均按设计规定。独立避雷针的加工制作应执行"一般铁件"制作定额或按成品计算。

（5）半导体少长针消雷装置安装以"套"为计量单位,按设计安装高度分别执行相应定额。装置本身由设备制造厂成套供货。

（6）利用建筑物内主筋作接地引下线安装,以"10m"为计量单位,每一柱子内按焊接两根主筋考虑。如果焊接主筋数超过两根时,可按比例调整。

（7）断接卡子制作安装以"套"为计量单位,按设计规定装设的断接卡子数量计算。接地检查井内的断接卡子安装按每井一套计算。

（8）均压环敷设以"m"为单位计算,主要考虑利用圈梁内主筋作均压环接地连线,焊接按两根主筋考虑。超过两根时,可按比例调整。长度按设计需要作均压接地的圈梁中心线长度,以延长米计算。

（9）钢、铝窗接地以"处"为计量单位（高层建筑六层以上的金属窗设计一般要求接地）,按设计规定接地的金属窗数进行计算。

（10）柱子主筋与圈梁连接以"处"为计量单位,每处按两根主筋与两根圈梁钢筋分别焊接连接考虑。当焊接主筋和圈梁钢筋超过两根时,可按比例调整;需要连接的柱子主筋和圈梁钢筋"处"数按设计规定计算。

三、定额工程量计算实例

【例 5-16】　如图 5-11 所示,长 52m,宽 30m,高 26m 的某小区的某幢职工楼在房顶上安装避雷网（用混凝土块敷设）,3 处引下与一组接地极（5 根）连接,试计算工程量及套用定额。

【解】

(1)基本工程量:

1)避雷网线路长 $52 \times 2 + 30 \times 2 = 164$ m

2)避雷引下线 $(1 + 26) \times 3 - 2 \times 3 = 75$ m

3)接地极挖土方 $(6 \times 3 + 6 \times 4) \times 0.36 = 15.12$ m³

4)接地极制作安装 5根(钢管 $\phi 50, L = 25$ m)

5)接地母线埋设 $6 \times 4 + 0.5 \times 2 + 6 \times 3 + 0.8 \times 3 = 45.4$ m

6)端接卡子制作安装 $3 \times 1 = 3$ 套

7)断接卡子引线 $3 \times 1.5 = 4.5$ 套

8)混凝土块制作

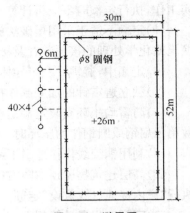

图 5-11 避雷网

避雷网线路总长÷1(混凝土块间隔)$= 164 \div 1 = 164$ 个

9)接地电阻测验1次

(2)定额工程量:

1)避雷网安装 16.4(10m)

镀锌圆钢 $\phi 8$ 47m

套用《全国统一安装工程预算定额(第二册)》(GYD—202—2000)2—748

①人工费:$21.36 \times 16.4 = 350.30$ 元

②材料费:$11.41 \times 16.4 = 187.124$ 元

③机械费:$4.64 \times 16.4 = 76.10$ 元

2)混凝土块制作 16.4(10块)

套用《全国统一安装工程预算定额(第二册)》(GYD—202—2000)2—750

3)避雷引下线安装 7.5(10m)

镀锌圆钢 $\phi 8$ 47m

套用《全国统一安装工程预算定额(第二册)》(GYD—202—2000)2—747

①人工费:$83.59 \times 7.5 = 626.93$ 元

②材料费:$36.14 \times 7.5 = 271.05$ 元

③机械费:$0.15 \times 7.5 = 1.13$ 元

4)接地极挖土方 不计

5)接地极制作 5根

钢管 $\phi 50$ 13m

套用《全国统一安装工程预算定额(第二册)》(GYD—202—2000)2—688

①人工费:$14.40 \times 5 = 72$ 元

②材料费:$3.23 \times 5 = 16.15$ 元

③机械费:$9.63 \times 5 = 48.15$ 元

6)接地母线埋设 4.54(10m)

扁钢 40×4 40m

套用《全国统一安装工程预算定额(第二册)》(GYD—202—2000)2—697

①人工费:70.82×4.54=321.52元

②材料费:1.77×4.54=8.04元

③机械费:1.43×4.54=6.49元

7)断接卡子制作　0.3(10套)

套用《全国统一安装工程预算定额(第二册)》(GYD—202—2000)2—747

8)断接卡子引下线敷设　0.45(10m)

套用《全国统一安装工程预算定额(第二册)》(GYD—202—2000)2—744

扁钢40×4　6.24m

9)接地电阻测验　1次

【例5-17】　某建筑物防雷及接地装置安装如图5-12、图5-13、图5-14、图5-15所示。计算定额工程量。

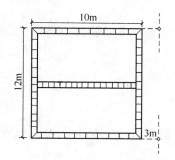

图5-12　屋面防雷平面图

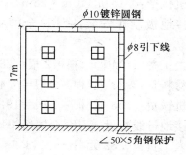

图5-13　引下线安装图

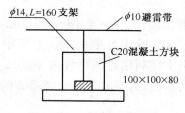

图5-14　避雷带安装图

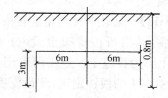

图5-15　接地极安装图

【解】

(1)基本工程量:

1)避雷带线路长度:(12×2+10×2)m=44m

注:避雷网除沿着屋顶周围装设外,在屋顶上还用圆钢或扁钢纵横连接成网。在房屋的沉降处应多留100～200mm。

2)避雷引下线:(17+1)×2-2×4=28m

3)接地极挖土方:(3.0×2+6×4)×0.36m³=10.8m³

4)接地极制作安装:2根(ϕ50,l=25m钢管)

5)接地母线埋设:(3.0×2+6×4+0.8×2+4×0.5)m=33.6m

6)断接卡子制作安装:2×1=2个

7)断接卡子引线:2×1.5m=3m

8)混凝土块制作：
$$避雷带线路总长÷1(混凝土块间隔)＝44÷1＝44 个$$

9)接地电阻测验：2 次

(2)定额工程量：

1)避雷网安装：套用《全国统一安装工程预算定额(第二册)》(GYD—202—2000)2—748

①人工费：21.36 元/10m×44m＝93.98 元

②材料费：11.41 元/10m×44m＝50.20 元

③机械费：4.64 元/10m×44m＝20.42 元

2)避雷引下线：套用《全国统一安装工程预算定额(第二册)》(GYD—202—2000)2—747

①人工费：83.59 元/10m×28m＝234.05 元

②材料费：36.14 元/10m×28m＝101.19 元

③机械费：0.15 元/10m×28m＝0.42 元

3)接地极制作安装：套用《全国统一安装工程预算定额(第二册)》(GYD—202—2000)2—688

①人工费：14.40 元/根×2 根＝28.80 元

②材料费：3.23 元/根×2 根＝6.46 元

③机械费：9.63 元/根×2 根＝19.26 元

4)接地母线敷设：套用《全国统一安装工程预算定额(第二册)》(GYD—202—2000)2—697

①人工费：70.82 元/10m×33.6m＝237.96 元

②材料费：1.77 元/10m×33.6m＝5.95 元

③机械费：1.43 元/10m×33.6m＝4.80 元

【例 5-18】　某教学楼避雷装置安装如图 5-16 所示,教学楼长 40m,宽 18m,高 20m,屋顶四周装有避雷网,沿折板支架敷设,分 4 处引下与接地网连接,设 4 处断接卡。地梁中心标高−0.5m,土质为普通土。避雷网采用 $\phi10$ 的镀锌圆钢,引下线利用建筑物柱内主筋(2 根),接地母线为 40×4 的镀锌扁钢,埋设深度为 0.8m,接地极共 6 根,为 50m×5m×2.5m 的镀锌角钢,距离建筑物 3m。计算该避雷接地工程的定额工程量。

【解】

(1)基本工程量：

1)避雷网敷设：(40＋18)×2m＝116m

2)引下线敷设：(20＋0.1＋0.4)×4m＝82m

3)断接卡子制作安装：4 套

4)接地极制作安装：6 根

5)接地母线敷设：(3×4＋3×2＋0.5×2＋0.8×2)m＝20.6m

(2)定额工程量：

1)避雷线敷设：11.6(10m)

套用《全国统一安装工程预算定额(第二册)》(GYD—202—2000)2-748

①人工费：21.36 元/10m

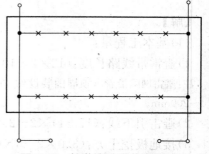

图 5-16　教学楼避雷装置安装图

②材料费:11.41 元/10m

③机械费:4.64 元/10m

2)避雷引下线敷设:8.2(10m)

套用《全国统一安装工程预算定额(第二册)》(GYD—202—2000)2-746

①人工费:19.04 元/10m

②材料费:5.45 元/10m

③机械费:22.47 元/10m

3)断接卡子制安:0.4(10 套)

套用《全国统一安装工程预算定额(第二册)》(GYD—202—2000)2-747

4)接地极制作安装:6(根)

套用《全国统一安装工程预算定额(第二册)》(GYD—202—2000)2-690

①人工费:11.15 元/根

②材料费:2.65 元/根

③机械费:6.42 元/根

5)接地电阻测验:4 次

套用《全国统一安装工程预算定额(第二册)》(GYD—202—2000)2-885

【例 5-19】 某防雷接地系统及装置图见图 5-17~图 5-20,说明如下:

(1)工程采用避雷带作防雷保护,接地电阻不大于 20Ω。

(2)防雷装置各种构件经镀锌处理,引下线与接地母线采用螺栓连接;接地体与接地母线采用焊接,焊接处刷红丹一道,沥青防腐漆两道。

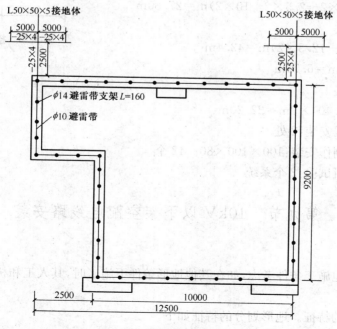

图 5-17 屋面防雷平面图

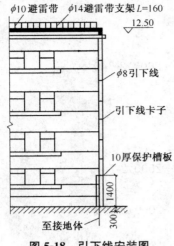

图 5-18　引下线安装图

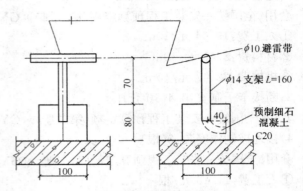

图 5-19　避雷带安装图

（3）接地体埋地深度为 2500mm,接地母线埋设深度
为 800mm。

计算该防雷接地系统的定额工程量。

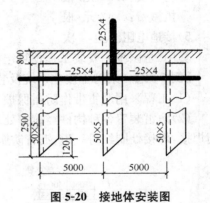

图 5-20　接地体安装图

【解】

（1）接地极制作安装

∟ 50×50×5　L＝2500　6 根

（2）接地母线敷设

－25×4:(1.4×2＋2.5×2＋10×2)m＝27.80m

（3）避雷带敷设

φ10:(9.20×2＋12.5×2)m＝43.4m

φ14:0.16×42m＝6.72m

（4）引下线安装

φ8:(12.50－1.40)×2m＝22.20m

（5）接地跨接线安装:2 处

（6）混凝土块制作安装:100×100×80　42 个

（7）接地极电阻试验:2 个系统

第九节　10kV 以下架空配电线路安装

一、定额说明

（1）定额按平地施工条件考虑,如在其他地形条件下施工时,其人工和机械按表 5-9 地形系
数予以调整。

（2）地形划分的特征。地形划分的特征如下。

1)平地:地形比较平坦、地面比较干燥的地带。

2)丘陵:地形有起伏的矮岗、土丘等地带。

表 5-9　地形系数

地形类别	丘陵(市区)	一般山地、泥沼地带
调整系数	1.20	1.60

3)一般山地:一般山岭或沟谷地带、高原台地等。

4)泥沼地带:经常积水的田地或泥水淤积的地带。

(3)预算编制中,全线地形分几种类型时,可按各种类型长度所占百分比求出综合系数进行计算。

(4)土质分类。土质分类如下。

1)普通土:种植土、黏砂土、黄土和盐碱土等,利用锹、铲即可挖掘。

2)坚土:土质坚硬难挖的红土、板状黏土、重块土及高岭土,必须用铁镐、条锄挖松,再用锹、铲挖掘。

3)松砂石:碎石、卵石和土的混合体,各种不坚实砾岩、页岩及风化岩,节理和裂缝较多的岩石等(不需用爆破方法开采的),需要镐、撬棍、大锤、楔子等工具配合才能挖掘。

4)岩石:一般为坚实的粗花岗岩、白云岩、片麻岩、玢岩、石英岩、大理岩、石灰岩、石灰质胶结的密实砂岩,不能用一般挖掘工具进行开挖,必须采用打眼、爆破或打凿才能开挖。

5)泥水:坑的周围经常积水,坑的土质松散,如淤泥和沼泽地等挖掘时因水渗入和浸润而成泥浆,容易坍塌,需用挡土板和适量排水才能施工。

6)流砂:坑的土质为砂质或分层砂质,挖掘过程中砂层有上涌现象,容易坍塌,挖掘时需排水和采用挡土板才能施工。

(5)线路一次施工工程量按 5 根以上电杆考虑;如 5 根以内者,其全部人工、机械乘以系数 1.3。

(6)如果出现钢管杆的组立,按同高度混凝土杆组立的人工、机械乘以系数 1.4,材料不调整。

(7)导线跨越架设。导线跨越架设定额说明如下。

1)每个跨越间距:均按 50m 以内考虑,大于 50m 而小于 100m 时,按两处计算,以此类推。

2)在同跨越档内,有多种(或多次)跨越物时,应根据跨越物种类分别执行相应的定额。

3)跨越定额仅考虑因跨越而多耗的人工、机械台班和材料,在计算架线工程量时,不扣除跨越档的长度。

(8)杆上变压器安装不包括变压器调试、抽芯及干燥工作。

二、定额工程量计算规则

(1)工地运输是指定额内未计价材料从集中材料堆放点或工地仓库运至杆位上的工程运输,分人力运输和汽车运输,以"吨·千米"(t·km)为计量单位。

运输量计算公式如下:

$$工程运输量=施工图用量×(1+损耗率) \tag{5-1}$$

$$预算运输质量=工程运输量+包装物质量(不需要包装的可不计算包装物质量) \tag{5-2}$$

运输质量可按表 5-10 的规定进行计算。

表 5-10　运输质量表

材料名称		单位	运输质量(kg)	备注
混凝土制品	人工浇制	m³	2600	包括钢筋
	离心浇制	m³	2860	包括钢筋
线材	导线	kg	$m \times 1.15$	有线盘
	钢绞线	kg	$m \times 1.07$	无线盘
木杆材料		—	500	包括木横担
金具、绝缘子		kg	$m \times 1.07$	—
螺栓		kg	$m \times 1.01$	—

注:1. m 为理论质量。

　　2. 未列入者均按净重计算。

(2)无底盘、卡盘的电杆坑,其挖方体积为:

$$V = 0.8 \times 0.8 \times h \tag{5-3}$$

式中　h——坑深(m)。

(3)电杆坑的马道土、石方量按每坑 0.2m³ 计算。

(4)施工操作裕度按底拉盘底宽每边增加 0.1m 计算。

(5)各类土质的放坡系数按表 5-11 计算。

表 5-11　各类土质的放坡系数

土质	普通土、水坑	坚土	松砂石	泥水、流沙、岩石
放坡系数	1:0.3	1:0.25	1:0.2	不放坡

(6)冻土厚度大于 300mm 时,冻土层的挖方量按挖坚土定额乘以系数 2.5。其他土层仍按土质性质执行定额。

(7)土方量计算公式如下:

$$V = \frac{h}{6 \times [ab + (a + a_1)(b + b_1) + a_1 b_1]} \tag{5-4}$$

式中　V——土(石)方体积(m³);

　　　　h——坑深(m);

　　　　$a(b)$——坑底宽(m),$a(b)$=底拉盘底宽+2×每边操作裕度;

　　　　$a_1 b_1$——坑底宽(m),$a_1(b_1)$=$a(b)$+2h×边坡系数。

(8)杆坑土质按一个坑的主要土质而定。如一个坑大部分为普通土,少量为坚土,则该坑应全部按普通土计算。

(9)带卡盘的电杆坑,如原计算的尺寸不能满足卡盘安装时,因卡盘超长而增加的土(石)方量另计。

(10)底盘、卡盘、拉线盘按设计用量以"块"为计量单位。

(11)杆塔组立,分别杆塔形式和高度,按设计数量以"根"为计量单位。

(12)拉线制作安装按施工图设计规定,分别不同形式,以"组"为计量单位。

(13)横担安装按施工图设计规定,分不同形式和截面,以"根"为计量单位,定额按单根拉线考虑。当安装V形、Y形或双拼形拉线时,按两根计算。拉线长度按设计全根长度计算,设计无规定时可按表5-12计算。

表5-12　拉线长度　　　　　　　　　　（单位:m/根）

项　目		普通拉线	V(Y)形拉线	弓形拉线
杆高(m)	8	11.47	22.94	9.33
	9	12.61	25.22	10.10
	10	13.74	27.48	10.92
	11	15.10	30.20	11.82
	12	16.14	32.28	12.62
	13	18.69	37.38	13.42
	14	19.68	39.36	15.12
水平拉线		26.47	—	—

（14）导线架设,分导线类型和不同截面以"km/单线"为计量单位计算。导线预留长度按表5-13计算。

表5-13　导线预留长度　　　　　　　　　（单位:m/根）

项　目　名　称		长度
高压	转角	2.5
	分支、终端	2.0
低压	分支、终端	0.5
	交叉跳线转角	1.5
与设备连线		0.5
进户线		2.5

导线长度按线路总长度和预留长度之和计算。计算主材费时应另增加规定的损耗率。

（15）导线跨越架设,包括越线架的搭拆和运输,以及因跨越（障碍）,使施工难度增加而增加的工作量,以"处"为计量单位。每个跨越间距按50m以内考虑,间距为50～100m时按两处计算,以此类推。在计算架线工程量时,不扣除跨越档的长度。

（16）杆上变配电设备安装以"台"或"组"为计量单位,定额内包括杆和钢支架及设备的安装工作。但钢支架主材、连引线、线夹及金具等应按设计规定另行计算,设备的接地安装和调试应按本册相应定额另行计算。

三、定额工程量计算实例

【例5-20】　如图5-21所示一外线工程,电杆10m,间距均为45m,丘陵地区施工,室外杆上变压器容量为315kVA,变压器台杆高14m。试求各项定额工程量。

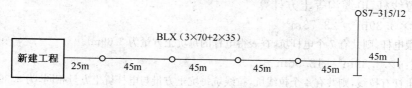

图5-21　外形工程平面图

【解】

(1)70mm² 的导线:250×3＝750m

套用《全国统一安装工程预算定额(第二册)》(GYD—202—2000)2—811

1)人工费:197.83 元/1km/单线

2)材料费:186.07 元/1km/单线

3)机械费:33.19 元/1km/单线

(2)35mm² 的导线长度:280×2＝560(m)

套用《全国统一安装工程预算定额(第二册)》(GYD—202—2000)2—810

1)人工费:101.47 元/1km/单线

2)材料费:91.52 元/1km/单线

3)机械费:23.07 元/1km/单线

(3)立混凝土电杆:5 根

套用《全国统一安装工程预算定额(第二册)》(GYD—202—2000)2—772

1)人工费:44.12 元/根

2)材料费:3.92 元/根

3)机械费:18.46 元/根

(4)普通拉线制作安装:3 根

套用《全国统一安装工程预算定额(第二册)》(GYD—202—2000)2—804

1)人工费:10.45 元/根

2)材料费:2.47 元/根

(5)进户线横担安装:1 根

套用《全国统一安装工程预算定额(第二册)》(GYD—202—2000)2—798

1)人工费:5.57 元/根

2)材料费:0.70 元/根

(6)杆上变压器组装 315kVA:1 台

套用《全国统一安装工程预算定额(第二册)》(GYD—202—2000)2—832

1)人工费:280.03 元/台

2)材料费:81.38 元/台

3)机械费:153.81 元/台

【例 5-21】　一条 750m 三线式单回路架空线路如图 5-22 和表 5-14 所示。计算其定额工程量。

【解】

(1)基本工程量:

1)杆坑、拉线杆、电缆沟等土方计算

①杆坑:7×3.39m³＝23.73m³

注:共有 7 根电杆,则共有 7 个电杆坑,查表得电杆的每坑土方量为 3.39m³。

②拉线坑:4×3.39m³＝13.56m³

注:有 4 根电杆有拉线,则共有 4 个拉线坑,拉线坑每坑土方量与电杆坑土方量相同,为 3.39m³。

③电缆沟:(60＋2×2.28)×0.45m³＝29.05m³

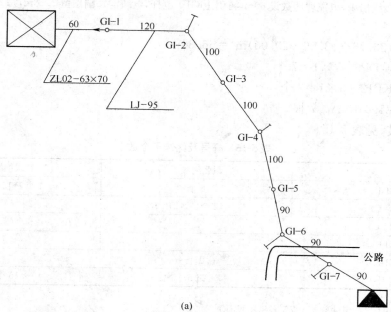

(a)

杆塔编号	GI-1	GI-3　　GI-5	GI-2　　GI-4	GI-6	GI-7
杆塔简图					
杆塔型号	D₃	NJ₁	Z	K	D₁

(b)

图 5-22　三线式单回路架空线路

表 5-14　杆塔型号表

杆塔型号	D_3	NJ_1	Z	K	D_1
组装图页次	D162(二) 31页	D162(二) 26页	D162(二) 22页	D162(二) 23页	D162(二) 19页
电杆	ϕ190-10-A	ϕ190-10-A	ϕ190-10-A	ϕ190-10-A	ϕ190-10-A
横担	1500 2×∟75×8 (2Ⅱ₃)	1500 2×∟75×8 (2Ⅰ₃)	1500 ∟63×6 (Ⅰ₃)	1500 ∟63×6 (Ⅰ₃)	1500 2×∟75×8 (2Ⅱ₃)
底盘/卡盘	DP6	DP6	DP6 KP12	DP6 KP12	DP6
拉线	GJ-35-3-Ⅰ₂	GJ-35-3-Ⅰ₂			GJ-35-3-Ⅰ₂
电缆盒					

注：从架空交接线出来，电缆埋地敷设60m，再引上GI-1电杆，电缆沟每端预留2.28m，每m电缆沟挖土量为0.45m³。

土方总计：$(23.73+13.56+29.05)m^3=66.34m^3$

2）底盘安装：DP6　$7×1=7$个

卡盘安装：KP12　$3×1=3$个

3）立电杆：$\phi190\text{-}10\text{-}A$　7根

4）横担安装，见表5-15。

表5-15　杆号及绝缘子个数

杆　　号	耐张绝缘子	针式绝缘子
GI-1	6个	1个 P-15(10)T
GI-3　GI-5	12个(6×2)	2个(1×2)
GI₂-2　GI-4		6个(3×2)
GI-6		6个
GI-7	8个	
总计	26个	15个

△排列：双根　　4根　　　75×8×1500

　　　　单根　　3根　　　63×6×1500

5）钢绞线拉线制安

普通拉线　GJ-35-3-I₁　4组

计算拉线长度：$L=KH+A$

$$=1.414×(10-0.8-1.7)+1.2+1.5$$

$$=1.414×7.5+1.2+1.5$$

$$=13.305m≈13.31m$$

故四组拉线总长为 $4×13.31m=53.24m$

6）导线架设长度

按单延长米计算 $=[(90×3+100×3+120)×(1+1\%)+2.5×4]×3=2120.7m$

7）导线跨越计算

根据图示查看有跨越公路一处。

8）引出电缆长度

引出电缆长度计算约分为六个部分：

①引出室内部分长度（设计无规定按10m计算）

②引出室外备用长度（按2.28m计算）

③线路埋设部分（按图计算60m）

④从埋设段向上引至电杆备用长度（按2.28m计算）

⑤引上电杆垂直部分为 $(10-1.7-0.8-1.2+0.8+1.2)m=8.3m$

⑥电缆头预留长度（按1.5~2m计算）

故电缆总长为：$(10+2.28+60+2.28+8.3+1.5)m=84.36m$

电缆敷设分三种形式：

①沿室内电缆沟敷设 10m

②室外埋设 64.56m

③沿电杆卡设 8.6m

室外电缆头制安 1个

室内电缆头制安 1个

9)杆上避雷器安装 1组

10)进户横担安装 1根

绝缘子安装 12个

(2)定额工程量:

定额工程量计算见表5-16。

表5-16 定额工程量计算表

序号	定额编号	工程项目	单位	数量	其中:/元 人工费、材料费、机械费
1	2-758	杆坑等土石方	10m³	2.373	①人工费:150.23元/10³ ②材料费:31.16元/10m³
2	2-763	底盘安装	块	7	人工费:14.40元/块
3	2-764	卡盘安装 KP12	块	3	人工费:6.27元/块
4	2-771	混凝土电杆 ϕ190-10-A	根	7	①人工费:30.88元/根 ②材料费:3.92元/根 ③机械费:12.30元/根
5	2-794	1kV以下横担(四线双根)	组	4	①人工费:9.98元/组 ②材料费:9.61元/组
6	2-793	1kV以下横担(四线单根)	组	3	①人工费:6.27元/组 ②材料费:3.70元/组
7	2-112	户外式支持绝缘子	10个	5.1	①人工费:38.55元/10个 ②材料费:105.04元/10个 ③机械费:7.13元/10个
8	2-804	钢绞线、拉线制作、安装	根	4	①人工费:10.45元/根 ②材料费:2.47元/根
9	2-810	裸铝绞线架设	km	2.1207	①人工费:101.47元/1km/单线 ②材料费:91.52元/1km/单线 ③机械费:23.07元/1km/单线
10	2-822	导线跨越公路	处	1	①人工费:204.80元/100m/单线 ②材料费:188.71元/100m/单线 ③机械费:20.72元/100m/单线
11	2-610	电缆敷设(铝芯截面35mm²)	100m	0.8316	①人工费:116.56元/100m ②材料费:164.03元/100m ③机械费:5.15元/100m
12	2-626	室内电缆头制作安装	个	1	①人工费:12.77元/个 ②材料费:67.14元/个

续表 5-16

序号	定额编号	工程项目	单位	数量	其中:/元 人工费、材料费、机械费
13	2-648	室外电缆头制作安装	个	1	①人工费:60.37 元/个 ②材料费:85.68 元/个 注:不包含主要材料费
14	2-834	杆上避雷器安装	组	1	①人工费:31.11 元/组 ②材料费:55.16 元/组
15	2-802	进户线横担(两端埋设)	根	1	①人工费:8.59 元/根 ②材料费:36.81 元/根
16	2-109	户内式支持绝缘子	10 个	1.2	①人工费:48.07 元/10 串(10 个) ②材料费:96.08 元/10 串(10 个) ③机械费:5.35 元/10 串(10 个)

【例 5-22】 某新建工厂需架设 380V/220V 三相四线线路,导线采用裸铝绞线(3×120+1×70),10m 高水泥杆 9 根,杆上铁横担水平安装一根,末根杆上有阀型避雷器四组,计算其定额工程量。

【解】

(1)横担安装:9×1=9 组

(2)导线架设:杆距按 50m 计,根据"全国统一安装工程预算工程量计算规则",导线预留长度为每根 0.5m,9 根杆共为 8×50=400m。

120mm² 导线:$L=(3×8×50+3×0.5)m=1201.5m$

70mm² 导线:$L=(1×8×50+1×0.5)m=400.5m$

(3)避雷器安装:4 组

(4)电杆组立:9 根

第十节 电气调整试验

一、定额说明

(1)定额内容包括电气设备的本体试验和主要设备的分系统调试。成套设备的整套起动调试按专业定额另行计算。主要设备的分系统内所含的电气设备元件的本体试验已包括在该分系统调试定额之内。如变压器的系统调试中已包括该系统中的变压器、互感器、开关、仪表和继电器等一、二次设备的本体调试和回路试验。绝缘子和电缆等单体的试验,只在单独试验时使用,不得重复计算。

(2)定额的调试仪表使用费系按"台班"形式表示的,与《全国统一安装工程施工仪器仪表台班费用定额》(GFD—201—1999)配套使用。

(3)送配电设备调试中的 1kV 以下定额适用于所有低压供电回路,如从低压配电装置至分配电箱的供电回路;但从配电箱直接至电动机的供电回路已包括在电动机的系统调试定额内。送配电设备系统调试包括系统内的电缆试验、瓷瓶耐压等全套调试工作。供电桥回路中的断路器、母线分段断路器皆作为独立的供电系统计算,定额皆按一个系统一侧配一台断路器考虑。若两侧皆有断路器,则按两个系统计算。如果分配电箱内只有刀开关、熔断器等不含调试元件的供电回路,则不再作为调试系统计算。

(4)由于电气控制技术的飞跃发展,原定额的成套电气装置(如桥式起重机电气设备等)的控制系统已发生了根本的变化,至今尚无统一的标准,故定额取消了原定额中的成套电气设备的安装与调试。起重机电气设备、空调电气设备、各种机械设备的电气设备,如堆取料机、装料车及推煤车等成套设备的电气调试,应分别按相应的分项调试定额执行。

(5)定额不包括设备的烘干处理和设备本身缺陷造成的元件更换修理和修改,亦未考虑因设备元件质量低劣对调试工作造成的影响。定额系按新的合格设备考虑的,如遇以上情况,应另行计算。经修配改或拆迁的旧设备调试,定额乘以系数1.1。

(6)本定额只限电气设备自身系统的调整试验,未包括电气设备带动机械设备的试运工作,发生时应按专业定额另行计算。

(7)调试定额不包括试验设备、仪器仪表的场外转移费用。

(8)本调试定额系按现行施工技术验收规范编制的,凡现行规范(指定额编制时的规范)未包括的新调试项目和调试内容均应另行计算。

(9)调试定额已包括熟悉资料、核对设备、填写试验记录、保护整定值的整定和调试报告的整理工作。

(10)电力变压器如有"带负荷调压装置",调试定额乘以系数1.12。三卷变压器、整流变压器、电炉变压器调试按同容量的电力变压器调试定额乘以系数1.2。3~10kV母线系统调试含一组电压互感器,1kV以下母线系统调试定额不含电压互感器,适用于低压配电装置的各种母线(包括软母线)的调试。

二、定额工程量计算规则

(1)电气调试系统的划分以电气原理系统图为依据。电气设备元件的本体试验均包括在相应定额的系统调试之内,不得重复计算。绝缘子和电缆等单体试验,只在单独试验时计算。在系统调试定额中,各工序的调试费用如需单独计算时,可按表5-17所列比率计算。

表5-17　电气调试系统各工序的调试费用比率

工序　　　　比率(%)　　　　项目	发电机调相机系统	变压器系统	送配电设备系统	电动机系统
一次设备本体试验	30	30	40	30
附属高压二次设备试验	20	30	20	30
一次电流及二次回路检查	20	20	20	20
继电器及仪表试验	30	20	20	20

(2)电气调试所需的电力消耗已包括在定额内,一般不另计算。但10kW以上电机及发电机的启动调试用的蒸汽、电力和其他动力能源消耗及变压器空载试运转的电力消耗,另行计算。

(3)供电桥回路的断路器、母线分段断路器,均按独立的送配电设备系统计算调试费。

(4)送配电设备系统调试,系按一侧有一台断路器考虑的,若两侧均有断路器时,则应按两个系统计算。

(5)送配电设备系统调试,适用于各种供电回路(包括照明供电回路)的系统调试。凡供电回路中带有仪表、继电器、电磁开关等调试元件的(不包括闸刀开关、熔断器),均按调试系统计算。移动式电器和以插座连接的家电设备,已经厂家调试合格、不需要用户自调的设备,均不应计算调试费用。

(6)变压器系统调试,以每个电压侧有一台断路器为准。多于一个断路器的,按相应电压等级送配电设备系统调试的相应定额另行计算。

(7)干式变压器、油浸电抗器调试,执行相应容量变压器调试定额,乘以系数 0.8。

(8)特殊保护装置,均以构成一个保护回路为一套,其工程量计算规定如下(特殊保护装置未包括在各系统调试定额之内,应另行计算):

1)发电机转子接地保护,按全厂发电机共用一套考虑。

2)距离保护,按设计规定所保护的送电线路断路器台数计算。

3)高频保护,按设计规定所保护的送电线路断路器台数计算。

4)零序保护,按发电机、变压器、电动机的台数或送电线路断路器的台数计算。

5)故障录波器的调试,以一块屏为一套系统计算。

6)失灵保护,按设置该保护的断路器台数计算。

7)失磁保护,按所保护的电机台数计算。

8)变流器的断线保护,按变流器台数计算。

9)小电流接地保护,按装设该保护的供电回路断路器台数计算。

10)保护检查及打印机调试,按构成该系统的完整回路为一套计算。

(9)自动装置及信号系统调试,均包括继电器、仪表等元件本身和二次回路的调整试验。具体规定如下:

1)备用电源自动投入装置,按连锁机构的个数确定备用电源自投装置系统数。一个备用厂用变压器,作为三段厂用工作母线备用的厂用电源,计算备用电源自动投入装置调试时,应为三个系统。装设自动投入装置的两条互为备用的线路或两台变压器,计算备用电源自动投入装置调试时,应为两个系统。备用电动机自动投入也按此计算。

2)线路自动重合闸调试系统,按采用自动重合闸装置的线路的自动断路器的台数计算系统数。

3)自动调频装置的调试,以一台发电机为一个系统。

4)同期装置调试,按设计构成一套能完成同期并车行为的装置为一个系统计算。

5)蓄电池及直流监视系统调试,一组蓄电池按一个系统计算。

6)事故照明切换装置调试,按设计能完成交直流切换的一套装置为一个调试系统计算。

7)周波减负荷装置调试,凡有一个周率继电器,不论带几个回路,均按一个调试系统计算。

8)变送器屏以屏的个数计算。

9)中央信号装置调试,按每一个变电所或配电室为一个调试系统计算工程量。

(10)接地网调试规定。接地网的调试规定如下:

1)接地网接地电阻的测定。一般的发电厂或变电站连为一体的母网,按一个系统计算;自成母网不与厂区母网相连的独立接地网,另按一个系统计算。大型建筑群各有自己的接地网,虽然在最后也将各接地网联在一起,但应按各自的接地网计算,不能作为一个网,具体应按接地网的试验情况而定。

2)避雷针接地电阻的测定。每一避雷针均有单独接地网(包括独立的避雷针、烟囱避雷针等)时,均按一组计算。

3)独立的接地装置按组计算。如一台柱上变压器有一个独立的接地装置,即按一组计算。

(11)避雷器、电容器的调试,按每三相为一组计算,单个装设的也按一组计算,这些设备如设置在发电机、变压器的输、配电线路的系统或回路内,仍应按相应定额另外计算调试费用。

(12)高压电气除尘系统调试,按一台升压变压器、一台机械整流器及附属设备为一个系统计算,分别按除尘器范围(m^2)执行定额。

(13)硅整流装置调试,按一套硅整流装置为一个系统计算。

(14)普通电动机的调试,分别按电机的控制方式、功率、电压等级,以"台"为计量单位。

(15)可控硅调速直流电动机调试以"系统"为计量单位。其调试内容包括可控硅整流装置系统和直流电动机控制回路系统的调试。

(16)交流变频调速电动机调试以"系统"为计量单位。其调试内容包括变频装置系统和交流电动机控制回路系统的调试。

(17)微型电机系指功率在 0.75kW 以下的电机,不分类别,一律执行微电机综合调试定额,以"台"为计量单位。电机功率在 0.75kW 以上的电机调试,应按电机类别和功率分别执行相应的调试定额。

(18)一般的住宅、学校、办公楼、旅馆及商店等民用电气工程的供电应按下列规定计算调试费用:

1)配电室内带有调试元件的盘、箱、柜和带有调试元件的照明主配电箱,应按供电方式执行相应的"配电设备系统调试"定额。

2)每个用户房间的配电箱(板)上虽装有电磁开关等调试元件,但如果生产厂家已按固定的常规参数调整好,不需要安装单位进行调试就可直接投入使用的,不得计取调试费用。

3)民用电能表的调整校验属于供电部门的专业管理,一般皆由用户向供电局订购调试完毕的电能表,不得另外计算调试费用。

(19)高标准的高层建筑、高级宾馆、大会堂及体育馆等具有较高控制技术的电气工程(包括照明工程),应按控制方式执行相应的电气调试定额。

三、定额工程量计算实例

【例 5-23】 某座办公楼屋顶平面图,如图 5-23 所示。共装五根避雷针,分二处引下与接地组连接(避雷针为钢管,长 4m,接地极两组,6 根),房顶上的避雷线采用支持卡子敷设,试计算定额工程量。

【解】

(1)基本工程量

1)钢管避雷针制作 4m 5 根

2)钢管避雷针安装 4m 5 根

3)避雷线 25+5+20+25+5+25+5=110(m)

4)引下线敷设 φ8 圆钢 20+25-2×2=41(m)

5)断接卡子制作安装 2×1=2 套

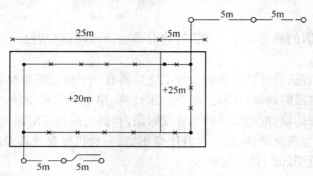

图 5-23　避雷针安装工程

6)断接卡子以下引下明设　2×1.5＝3(m)

7)保护管敷设　2×2＝4(m)

8)接地极挖土方　(5×3＋5×3)×0.36＝10.8(m³)

9)接地极制安 φ50 钢管　6 根

10)接地母线埋设　5×6＋2×0.5＋2×0.8＝32.6(m)

11)接地电阻测验 2 次

(2)定额工程量

1)钢管避雷针制作 4m(5 根)

套用《全国统一安装工程预算定额(第二册)》(GYD—202—2000)2—705

①人工费:40.87 元/根

②材料费:26.61 元/根

③机械费:14.27 元/根

2)钢管避雷针安装 4m(5 根)

套用《全国统一安装工程预算定额(第二册)》(GYD—202—2000)2—718

①人工费:19.74 元/根

②材料费:49.74 元/根

③机械费:9.99 元/根

3)避雷线敷设 11.0(10m)

套用《全国统一安装工程预算定额(第二册)》(GYD—202—2000)2—748

①人工费:21.36 元/10m

②材料费:11.41 元/10m

③机械费:4.64 元/10m

4)引下线敷设 4.1(10m)

套用《全国统一安装工程预算定额(第二册)》(GYD—202—2000)2—744

①人工费:4.18 元/10m

②材料费:3.57 元/10m

③机械费:2.85 元/10m

5)断接卡子制作安装 0.2(10 套)

套用《全国统一安装工程预算定额(第二册)》(GYD—202—2000)2—747

6)断接卡子以下引下明设 0.3(10m)

套用《全国统一安装工程预算定额(第二册)》(GYD—202—2000)2—747

①人工费:83.59 元/10m

②材料费:36.14 元/10m

③机械费:0.15 元/10m

7)保护管敷设 φ50　4m

8)接地极挖土方不计

9)接地极制安　6 根

套用《全国统一安装工程预算定额(第二册)》(GYD—202—2000)2—688

①人工费:14.40 元/根

②材料费:3.23 元/根

③机械费:9.63 元/根

10)接地母线埋设 3.26(10m)

套用《全国统一安装工程预算定额(第二册)》(GYD—202—2000)2—698

①人工费:98.92 元/10m

②材料费:3.04 元/10m

③机械费:3.21 元/10m

11)接地电阻测验 2 次

套用《全国统一安装工程预算定额(第二册)》(GYD—202—2000)2—885

【例 5-24】　某车间总动力配电箱引出三路管线至三个分动力箱(见图 5-24),至①号动力箱的供电干线(3×25+1×10)G40,管长 7.4m;至②号动力箱供电干线为(3×35+1×16)G50,管长 6m;至③号箱为(3×16+1×6)G32,管长 8.2m。其中,总箱高×宽为:1900mm×700mm;①号箱 800mm×600mm;②号箱 700mm×500mm;③号箱 700mm×400mm,计算各项定额工程量。

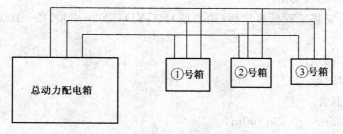

图 5-24　动力配电箱引出管线图

【解】

(1)基本工程量:

25mm² 导线:(7.4+1.9+0.7+0.8+0.6)×3=34.2(m)

35mm² 导线:(6+1.9+0.7+0.7+0.5)×3=29.4(m)

16mm² 导线:[(8.2+1.9+0.7+0.7+0.4)×3+(6+1.9+0.7+0.7+0.5)]=45.5(m)

10mm² 导线:(7.4+1.9+0.7+1.4)×1=11.4(m)

6mm² 导线:(8.2+1.9+0.7+1.1)×1=11.9(m)

(2)定额工程量：

1)配电箱 1900×700×X　1 台

套用《全国统一安装工程预算定额(第二册)》(GYD—202—2000)2—266

①人工费：65.02 元/台

②材料费：31.25 元/台

③机械费：3.57 元/台

2)配电箱 800×600×X　1 台

3)配电箱 700×400×X　1 台

套用《全国统一安装工程预算定额(第二册)》(GYD—202—2000)2—265

①人工费：53.41 元/台

②材料费：36.84 元/台

4)钢管 G50　0.06(100m)

套用《全国统一安装工程预算定额(第二册)》(GYD—202—2000)2—1002

①人工费：464.86 元/100m

②材料费：434.98 元/100m

③机械费：29.68 元/100m

注：不包含主要材料费。

5)钢管 G40　0.07(100m)

套用《全国统一安装工程预算定额(第二册)》(GYD—202—2000)2—1001

①人工费：437.93 元/100m

②材料费：388.67 元/100m

③机械费：29.68 元/100m

注：不包含主要材料费。

6)钢管 G32　0.08(100m)

套用《全国统一安装工程预算定额(第二册)》(GYD—202—2000)2—1000

①人工费：357.12 元

②材料费：316.78 元

③机械费：20.75 元

注：不包含主要材料费。

7)管内穿芯 35mm^2　0.29(100m)

套用《全国统一安装工程预算定额(第二册)》(GYD—202—2000)2—1180

①人工费：33.90 元/100m 单线

②材料费：20.33 元/100m 单线

注：不包含主要材料费。

8)管内穿芯 25mm^2　0.34(100m)

套用《全国统一安装工程预算定额(第二册)》(GYD—202—2000)2—1179

①人工费：29.72 元/100m 单线

②材料费：14.10 元/100m 单线

注:不包含主要材料费。

9)管内穿芯 10mm² 0.11(100m)

套用《全国统一安装工程预算定额(第二册)》(GYD—202—2000)2—1177

①人工费:22.99 元/100m 单线

②材料费:12.90 元/100m 单线

注:不包含主要材料费。

10)管内穿芯 6mm² 0.12(100m)

套用《全国统一安装工程预算定额(第二册)》(GYD—202—2000)2—1176

①人工费:18.58 元/100m 单线

②材料费:7.92 元/100m 单线

注:不包含主要材料费。

11)管内穿芯 16mm² 0.46(100m)

套用《全国统一安装工程预算定额(第二册)》(GYD—202—2000)2—1178

【例 5-25】 某厂房内设有一台检修电源箱(箱高 0.6m、宽 0.4m、深 0.3m),由一台动力配电箱 XL(F)-15(箱高 1.7m、宽 0.8m、深 0.6m),供给电源,该供电回路为 BV5×16(DN32),如图 5-25 所示。已知,DN32 的工程量为 20m,计算 BV16 的定额工程量。

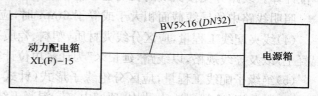

图 5-25　配电线路图

【解】

BV16 的定额工程量为[20+(0.6+0.4)+(1.7+0.8)]×5(10m)=11.75(10m)

套用《全国统一安装工程预算定额(第二册)》(GYD—202—2000)2—1202

(1)人工费:25.54 元/100m 单线

(2)材料费:25.47 元/100m 单线

注:不包含主要材料费。

第十一节　配管、配线安装

一、定额说明

(1)配管工程定额中均未包括接线箱、盒及支架的制作、安装。钢索架设及拉紧装置的制作、安装,插接式母线槽支架制作、槽架制作及配管支架制作应执行铁构件制作定额。

(2)连接设备的导线预留长度见表 5-18。

表 5-18　连接设备导线预留长度(每一根线)

序号	项 目	预留长度	说 明
1	各种开关箱、柜、板	高+宽	盘面尺寸
2	单独安装(无箱、盘)的铁壳开关、闸刀开关、起动器、母线槽进出线盒等	0.3m	以安装对象中心计算

续表 5-18

序号	项　　目	预留长度	说　　明
3	由地坪管子出口引至动力接线箱	1m	以管口计算
4	电源与管内导线连接(管内穿线与软、硬母线接头)	1.5m	以管口计算
5	出户线	1.5m	以管口计算

二、定额工程量计算规则

(1)各种配管应区别不同敷设方式、敷设位置、管材材质、规格,以"延长米"为计量单位,不扣除管路中间的接线箱(盒)、灯头盒、开关盒所占长度。

(2)定额中未包括钢索架设及拉紧装置、接线箱(盒)、支架的制作安装,其工程量应另行计算。

(3)管内穿线的工程量,应区别线路性质、导线材质及导线截面积,以单线"延长米"为计量单位计算。线路分支接头线的长度已综合考虑在定额中,不得另行计算。

照明线路中的导线截面积大于或等于 6mm² 时,应执行动力线路穿线相应项目。

(4)线夹配线工程量,应区分线夹材质(塑料、瓷质)、线式(两线、三线)、敷设位置(在木、砖、混凝土)以及导线规格,以线路"延长米"为计量单位计算。

(5)绝缘子配线工程量,应区分绝缘子形式(针式、鼓形、蝶式)、绝缘子配线位置(沿屋架、梁、柱、墙,跨屋架、梁、柱、木结构、顶棚内、砖、混凝土结构,沿钢支架及钢索)、导线截面积,以线路"延长米"为计量单位计算。

绝缘子暗配,引下线按线路支持点至顶棚下缘的长度计算。

(6)槽板配线工程量,应区分槽板材质(木质、塑料)、配线位置(在木结构、砖、混凝土)、导线截面积及线式(二线、三线),以线路"延长米"为计量单位计算。

(7)塑料护套线明敷工程量,应区分导线截面积、导线芯数(二芯、三芯)、敷设位置(在木结构、砖混凝土结构上,沿钢索),以单根线路"延长米"为计量单位计算。

(8)线槽配线工程量,应区分导线截面积,以单根线路"延长米"为计量单位计算。

(9)钢索架设工程量,应区别圆钢、钢索直径(φ6,φ9),按图示墙(柱)内缘距离,以"延长米"为计量单位计算,不扣除拉紧装置所占长度。

(10)母线拉紧装置及钢索拉紧装置制作安装工程量,应区分母线截面积、花篮螺栓直径(12mm,16mm,18mm),以"套"为计量单位计算。

(11)车间带形母线安装工程量,应区分母线材质(铝、铜)、母线截面积及安装位置(沿屋架、梁、柱、墙,跨屋架、梁、柱),以"延长米"为计量单位计算。

(12)动力配管混凝土地面刨沟工程量,应区别管子直径,以"延长米"为计量单位计算。

(13)接线箱安装工程量,应区分安装形式(明装、暗装)、接线箱半周长,以"个"为计量单位计算。

(14)接线盒安装工程量,应区分安装形式(明装、暗装、钢索上)以及接线盒类型,以"个"为计量单位计算。

(15)灯具,明、暗开关,插座、按钮等的预留线,已分别综合在相应定额内,不另行计算。配线进入开关箱、柜、板的预留线,按表 5-18 规定的长度,分别计入相应的工程量中。

三、定额工程量计算实例

【**例 5-26**】 塑料槽板配线,木结构,二线,BVV6mm²,长 400m。试计算定额工程量。

【**解**】

套用《全国统一安装工程预算定额(第二册)》(GYD—202—2000)2—1306

(1)塑料槽板配线,木结构,二线,BVV6mm²。

1)人工费:1.38×(400÷2)=276 元

2)材料费:0.31×(400÷2)=62 元

3)机械费:无

(2)主材

1)绝缘导线 BVV6mm²:1.2×2.26×200=542.2 元

2)塑料槽板 38—63:21×1.05×200=4410 元

【**例 5-27**】 线槽配线,BVV2.5mm²,长 600m。试计算定额工程量。

【**解**】

套用《全国统一安装工程预算定额(第二册)》(GYD—202—2000)2—1337

1)人工费:0.23×600=138 元

2)材料费:0.03×600=18 元

3)机械费:无

(2)主材

绝缘导线 BVV2.5mm²:0.8×1.02×600=489.6 元

【**例 5-28**】 某管线采用 BV(3×10+1×4)、SC32,水平距离 10m,如图 5-26 所示。计算管线定额工程量。

【**解**】

(1)基本工程量:

由图可知 SC32 的工程量=[10+(1.0+1.6)×2]m=15.2m

则 BV10 的工程量=15.2×3m=45.6m

BV4 的工程量=15.2×1m=15.2m

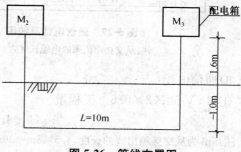

图 5-26 管线布置图

(2)定额工程量:

BV10:套用《全国统一安装工程预算定额(第二册)》(GYD—202—2000)2—1177

①人工费:22.99 元/100m×45.6m=10.48 元

②材料费:12.90 元/100m×45.6m=5.88 元

BV4:套用《全国统一安装工程预算定额(第二册)》(GYD—202—2000)2—1175

①人工费:16.25 元/100m×15.2m=2.47 元

②材料费:5.12 元/100m×15.2m=0.78 元

【**例 5-29**】 某 8 层楼建筑工程的通讯电话系统图如图 5-27、图 5-28 所示,①该工程为 8 层楼建筑,层高 4.5m;②控制中心设在第一层,设备均安装在第 1 层,为落地安装,出现从地沟,然后引到线槽处,垂直到每层楼的电气元件;③电话设置 50 门程控交换机,每层设置 5 对电话和线箱一个,本楼用50门。计算通讯电话系统的定额工程量。(注:垂直线路为线槽配线)。

【解】

(1)基本工程量:

1)电信交接箱:1台

注:电信交接箱在一楼控制中心,只需1台即可。

2)线槽:36m　垂直高度

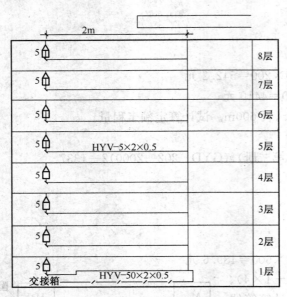

图5-27　通信电话系统图

注:从交接箱出来的电缆长度为6m

图5-28　室内电话分线箱

3)通信电缆:

①HYV-50×2×0.5　工程量

$$(6+4.5×8)m=42m$$

注:6m为从交接箱出线的长度,4.5×8m=36m是从一层至八层的垂直电缆的长度。

②HYV-5×2×0.5　工程量

$$2m×8=16m$$

注:每层电缆长度2m,共8层。

(2)定额工程量:

定额工程量计算见表5-19。

表5-19　预算定额表

序号	定额编号	项目名称	单位	数量	其中:/元 人工费、材料费、机械费
1	2-1374	电信交接箱	10个	0.1	①人工费:299.54元/10个 ②材料费:43.29元/10个 注:不包含主要材料费用

续表 5-19

序号	定额编号	项目名称	单位	数量	其中:/元 人工费、材料费、机械费
2	2-543	钢制槽式桥架(宽+高) 400mm 以下	10m	3.6	①人工费:73.84 元/10m ②材料费:24.61 元/10m ③机械费:6.22 元/10m 注:不包含主要材料费用
3	2-1337	线槽配线:2.5mm² 以内(单线)	100m	0.42	①人工费:23.45 元/100mm 单线 ②材料费:3.02 元/100m/单线 注:不包含主要材料费用

【例 5-30】　某工程设计图示有一仓库(见图 5-29),它的内部安装有一台照明配电箱 XMR-10(箱高 0.3m、宽 0.4m、深 0.2m),嵌入式安装;套防水防尘灯,GC1-A-150;采用 3 个单联跷板暗开关控制;单相三孔暗插座二个;室内照明路线为刚性阻燃塑料管 PVC-15 暗配,管内穿 BV-2.5 导线,照明回路为 2 根线,插座回路为 3 根线。经计算,室内配管(PVC-15)的工程量为:照明回路(2 个)共 45m,插座回路(1 个)共 15m。计算配管配线的定额工程量。

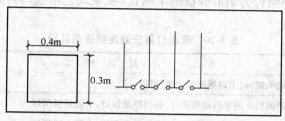

图 5-29　电气照明配电图

【解】

(1)电气配管　45+15=60m

套用《全国统一安装工程预算定额(第二册)》(GYD—202—2000)2—1110

1)人工费:214.55 元/100m

2)材料费:126.10 元/100m

3)机械费:23.48 元/100m

注:不包含主要材料费。

(2)电气配线　45×2+15×3+(0.4+0.3)×2=136.4m

套用《全国统一安装工程预算定额(第二册)》(GYD—202—2000)2—1172

1)人工费:23.22 元/100m 单线

2)材料费:17.81 元/100m 单线

注:不包含主要材料费。

第十二节　照明器具安装

一、定额说明

(1)各型灯具的引导线,除注明者外,均已综合考虑在定额内,执行时不得换算。

(2)路灯、投光灯、碘钨灯、氙气灯、烟囱或水塔指示灯,均已考虑了一般工程的高空作业因素,其他器具安装高度如超过 5m,则应按定额说明中规定的超高系数另行计算。

(3)定额中装饰灯具项目中均已考虑了一般工程的超高作业因素,并包括脚手架搭拆费用。

(4)装饰灯具定额项目与示意图号配套使用。

(5)定额内已包括利用绝缘电阻表测量绝缘性及一般灯具的试亮工作(但不包括调试工作)。

二、定额工程量计算规则

(1)普通灯具安装的工程量,应区分灯具的种类、型号及规格,以"套"为计量单位计算。普通灯具安装定额适用范围见表 5-20。

(2)吊式艺术装饰灯具的工程量,应根据装饰灯具示意图集所示,区分不同装饰物以及灯体直径和灯体垂吊长度,以"套"为计量单位计算。灯体直径为装饰物的最大外缘直径,灯体垂吊长度为灯座底部到灯梢之间的总长度。

(3)吸顶式艺术装饰灯具安装的工程量,应根据装饰灯具示意图集所示,区分不同装饰物、吸盘的几何形状、灯体直径、灯体周长和灯体垂吊长度,以"套"为计量单位计算。灯体直径为吸盘最大外缘直径,灯体半周长为矩形吸盘的半周长,吸顶式艺术装饰灯具的灯体垂吊长度为吸盘到灯梢之间的总长度。

表 5-20　普通灯具安装定额适用范围

定额名称	灯　具　种　类
圆球吸顶灯	材质为玻璃的螺口、卡口圆球独立吸顶灯
半圆球吸顶灯	材质为玻璃的独立的半圆球吸顶灯、扁圆罩吸顶灯、平圆形吸顶灯
方形吸顶灯	材质为玻璃的独立的矩形罩吸顶灯、方形罩吸顶灯、大口方罩顶灯
软线吊灯	利用软线为垂吊材料,独立的,材质为玻璃、塑料、搪瓷,形状如碗、伞、平盘的灯罩组成的各式软线吊灯
吊链灯	利用吊链作辅助悬吊材料,独立的,材质为玻璃、塑料罩的各式吊链灯
防水吊灯	一般防水吊灯
一般弯脖灯	圆球形弯脖灯,风雨壁灯
一般墙壁灯	各种材质的一般壁灯、镜前灯
软线吊灯头	一般吊灯头
声光控座灯头	一般声控、光控座灯头
座灯头	一般塑料、瓷质座灯头

(4)荧光艺术装饰灯具安装的工程量,应根据装饰灯具示意图集所示,区分不同安装形式和计量单位计算。

1)组合荧光灯光带安装的工程量,应根据装饰灯具示意图集所示,区分安装形式、灯管数量,以"延长米"为计量单位计算。灯具的设计数量与定额不符时,可以按设计量加损耗量调整主材量。

2)内藏组合式灯安装的工程量,应根据装饰灯具示意图集所示,区分灯具组合形式,以"延长米"为计量单位。灯具的设计数量与定额不符时,可根据设计数量加损耗量调整主材量。

3)发光棚安装的工程量,应根据装饰灯具示意图集所示,以"m²"为计量单位。发光棚灯具按设计用量加损耗量计算。

4)立体广告灯箱、荧光灯光沿的工程量,应根据装饰灯具示意图集所示,以"延长米"为计量单位。灯具设计用量与定额不符时,可根据设计数量加损耗量调整主材量。

(5)几何形状组合艺术灯具安装的工程量,应根据装饰灯具示意图集所示,区分不同安装形式及灯具的不同形式,以"套"为计量单位计算。

(6)标志、诱导装饰灯具及水下艺术装饰灯具安装的工程量,应根据装饰灯具示意图集所示,区分不同安装形式,以"套"为计量单位计算。

(7)点光源艺术装饰灯具安装的工程量,应根据装饰灯具示意图集所示,区分不同安装形式、不同灯具直径,以"套"为计量单位计算。

(8)草坪灯具安装的工程量,应根据装饰灯具示意图集所示,区分不同安装形式,以"套"为计量单位计算。

(9)歌舞厅灯具安装的工程量,应根据装饰灯具示意图所示,区分不同灯具形式,分别以"套"、"延长米"、"台"为计量单位计算。

装饰灯具安装定额适用范围见表 5-21。

表 5-21　装饰灯具安装定额适用范围

定额名称	灯具种类(形式)
吊式艺术装饰灯具	不同材质、不同灯体垂吊长度、不同灯体直径的蜡烛灯、挂片灯、串珠(穗)灯、串棒灯、吊杆式组合灯、玻璃罩(带装饰)灯
吸顶式艺术装饰灯具	不同材质、不同灯体垂吊长度、不同灯体几何形状的串珠(穗)灯、串棒灯、挂片、挂碗、挂吊蝶灯、玻璃(带装饰)灯
荧光艺术装饰灯具	不同安装形式、不同灯管数量的组合荧光灯光带,不同几何组合形式的内藏组合式灯,不同几何尺寸、不同灯具形式的发光棚,不同形式的立体广告灯箱、荧光灯光沿
几何形状组合艺术灯具	不同固定形式、不同灯具形式的繁花灯、钻石星灯、礼花灯、玻璃罩钢架组合灯、凸片灯、反射挂灯、筒形钢架灯、U形组合灯、弧形管组合灯
标志、诱导装饰灯具	不同安装形式的标志灯、诱导灯
水下艺术装饰灯具	简易型彩灯、密封型彩灯、喷水池灯、幻光型灯
点光源艺术装饰灯具	不同安装形式、不同灯体直径的筒灯、牛眼灯、射灯、轨道射灯
草坪灯具	各种立柱式、墙壁式的草坪灯
歌舞厅灯具	各种安装形式的变色转盘灯、雷达射灯、幻影转彩灯、维纳斯旋转彩灯、卫星旋转效果灯、飞碟旋转效果灯、多头转灯、滚筒灯、频闪灯、太阳灯、雨灯、歌星灯、边界灯、射灯、泡泡发生器、迷你满天星彩灯、迷你单立(盘彩灯)、多头宇宙灯、镜面球灯、蛇光管

(10)荧光灯具安装的工程量,应区别灯具的安装形式、灯具种类、灯管数量,以"套"为计量单位计算。荧光灯具安装定额适用范围见表 5-22。

表 5-22　荧光灯具安装定额适用范围

定额名称	灯具种类
组装型荧光灯	单管、双管、三管、吊链式,吸顶式,现场组装型独立荧光灯
成套型荧光灯	单管、双管、三管、吊链式、吊管式、吸顶式成套独立荧光灯

(11)工厂灯及防水防尘灯安装的工程量,应区分不同安装形式,以"套"为计量单位计算。工厂灯及防水防尘灯安装定额适用范围见表5-23。

表 5-23　工厂灯及防水防尘灯安装定额适用范围

定 额 名 称	灯 具 种 类
直杆工厂吊灯	配照(GC_1-A),广照(GC_3-A),深照(GC_5-A),斜照(GC_7-A),圆球(GC_{17}-A),双照(GC_{19}-A)
吊链式工厂灯	配照(GC_1-B),深照(GC_3-B),斜照(GC_5-C),圆球(GC_7-B),双照(GC_{19}-A),广照(GC_{19}-B)
吸顶式工厂灯	配照(GC_1-C),广照(GC_3-C),深照(GC_5-C),斜照(GC_7-C),双照(GC_{19}-C)
弯杆式工厂灯	配照(GC_1-D/E),广照(GC_3-D/E),深照(GC_5-D/E),斜照(GC_7-D/E),双照(GC_{19}-C),局部深照(GC_{26}-F/H)
悬挂式工厂灯	配照(GC_{21}-2),深照(GC_{23}-2)
防水防尘灯	广照(GC_9-A,B,C),广照保护网(GC_{11}-A,B,C),散照(GC_{15}-A,B,C,D,E,F,G)

工厂其他灯具安装的工程量,应区分不同灯具类型、安装形式、安装高度,以"套"、"个"及"延长米"为计量单位计算。工厂其他灯具安装定额适用范围见表5-24。

表 5-24　工厂其他灯具安装定额适用范围

定额名称	灯具种类
防潮灯	扇形防潮灯(GC—31),防潮灯(GC—33)
腰形舱顶灯	腰形舱顶灯(CCD—1)
碘钨灯	DW 型,220V,300~1000W
管形氙气灯	自然冷却式,200V/380V,20kW 内
投光灯	TG 型室外投光灯
高压水银灯镇流器	外附式镇流器具125~450W
安全灯	AOB—1,2,3 型和 AOC—1,2 型安全灯
防爆灯	CBC—200 型防爆灯
高压水银防爆灯	CBC—125/250 型高压水银防爆灯
防爆荧光灯	CBC—1/2 单/双管防爆型荧光灯

(12)医院灯具安装的工程量,应区分灯具种类,以"套"为计量单位计算。医院灯具安装定额适用范围见表5-25。

表 5-25　医院灯具安装定额适用范围

定 额 名 称	灯 具 种 类
病房指示灯	病房指示灯
病房暗脚灯	病房暗脚灯
无影灯	3~12孔管式无影灯

(13)路灯安装工程,应区分不同臂长、不同灯数,以"套"为计量单位计算。

工厂厂区内、住宅小区内路灯安装执行本定额。城市道路边的路灯安装执行《全国统一市政工程预算定额》(GYD—309—2001)。路灯安装定额范围见表5-26。

表5-26　路灯安装定额适用范围

定 额 名 称	灯 具 种 类
大马路弯灯	臂长1200mm以下、臂长1200mm以上
庭院路灯	三火以上，七火以下

(14)开关、按钮安装的工程量，应区分开关、按钮安装形式，开关、按钮种类，开关极数以及单控与双控，以"套"为计量单位计算。

(15)插座安装的工程量，应区分电源相数、额定电流、插座安装形式、插座插孔个数，以"套"为计量单位计算。

(16)安全变压器安装的工程量，应区分安全变压器容量，以"台"为计量单位计算。

(17)电铃、电铃号码牌箱安装的工程量，应区分电铃直径、电铃号牌箱规格(号)，以"套"为计量单位计算。

(18)门铃安装工程量计算，应区分门铃安装形式，以"个"为计量单位计算。

(19)风扇安装的工程量，应区分风扇种类，以"台"为计量单位计算。

(20)盘管风机三速开关、请勿打扰灯，须刨插座安装的工程量，以"套"为计量单位计算。

三、定额工程量计算实例

【例5-31】　半圆球吸灯安装，灯罩直径$D=250$mm，50套。试计算定额工程量。

【解】

套用《全国统一安装工程预算定额(第二册)》(GYD—202—2000)2—1384

(1)半圆球吸灯安装，$D=250$mm。

1)人工费：$5.02\times50=251$(元)

2)材料费：$11.98\times50=599$(元)

3)机械费：无

(2)主材：

半圆球吸顶灯($D=250$mm)：$50\times1.01\times50=2525$元

【例5-32】　板式暗开关，单控，双联，43套。试计算定额工程量。

【解】

套用《全国统一安装工程预算定额(第二册)》(GYD—202—2000)2—1638

(1)板式暗开关，安装，43套。

1)人工费：$2.07\times43=89.01$(元)

2)材料费：$0.62\times43=26.66$(元)

3)机械费：无

(2)主材：

照明开关：$4.5\times1.02\times43=197.37$(元)

【例5-33】　某新建砖混结构建筑照明平面图如图5-30所示，建筑面积100m²，层高3.4m，日光灯在吊顶上安装，白炽灯在混凝土楼板上安装。各支路管线均用阻燃管PVC-15，导线用BV-1.0mm²，插座保护接零线等均用BV-1.5mm²。计算各项定额工程量。

【解】　定额工程量计算见表5-27。

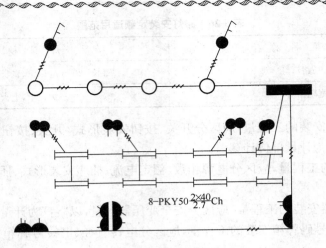

8-PKY50$\frac{2\times40}{2.7}$Ch

图 5-30 照明平面图

表 5-27 工程预算表

序号	定额编号	项目名称	计量单位	工程数量	其中：/元 人工费、材料费、机械费
1	2-1382	吸顶灯安装（白炽灯）	套	4	①人工费：50.16 元/10 套 ②材料费：115.4 元/10 套
2	2-1390	链吊式日光灯安装	套	8	①人工费：46.90 元/10 套 ②材料费：48.43 元/10 套
3	2-1110	照明支路管线	m	12	①人工费：214.55 元/100m ②材料费：126.10 元/100m ③机械费：23.48 元/100m 注：不含主要材料费用
4	2-1255	插座支路管线	m	4	①人工费：129.57 元/100m 单线 ②材料费：49.02 元/100m 单线 注：不包含主要材料费用
5	2-1668	二三孔暗插座暗装	套	4	①人工费：21.13 元/10 套 ②材料费：6.46 元/10 套 注：不包含主要材料费用
6	2-1635	双联拉线开关暗装	套	4	①人工费：19.27 元/10 套 ②材料费：17.95 元/10 套 注：不包含主要材料费用
7	2-1638	双联翘板式开关	套	4	①人工费：20.67 元/10 套 ②材料费：4.47 元/10 套 注：不包含主要材料费用
8	2-263	照明配电箱安装	台	1	①人工费：34.83 元/台 ②材料费：31.83 元/台
9		照明配电箱	台	1	①人工费：无 ②材料费：按市场价格计取 ③机械费：无

【例5-34】 某混凝土砖石结构平房(毛石基础、砖墙、钢筋混凝土盖顶)顶板距地面高度+4m,室内装置照明配电箱(XM-7-310)1台,单管日光灯(40W)6盏,拉线开关3个,由配电箱引上为钢管明设(ϕ25),其余均为磁夹板配线,用BLX电线,如图5-31所示。引入线设计属于低压配电室范围,故此不考虑。计算各项定额工程量。

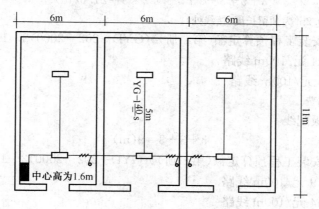

图5-31 照明平面图

【解】

(1)配电箱安装 XM-7-310 1台(高0.34m,宽0.32m)

套用《全国统一安装工程预算定额(第二册)》(GYD—202—2000)2—264

1)人工费:41.80元/台

2)材料费:34.39元/台

(2)支架制作 2.1kg

套用《全国统一安装工程预算定额(第二册)》(GYD—202—2000)2—358

1)人工费:250.78元/100kg

2)材料费:131.90元/100kg

3)机械费:41.43元/100kg

注:不包含主要材料费。

(3)钢管明设 ϕ25

$$4-(1.6+1/2\times0.34)=2.23(m)$$

注:4m为层高,1.6m为配电箱中心标高。

套用《全国统一安装工程预算定额(第二册)》(GYD—202—2000)2—999

1)人工费:336.23元/100m

2)材料费:285.17元/100m

3)机械费:20.75元/100m

注:不包含主要材料费。

(4)管内穿线 BLX25

$$2.23+(0.34+0.32)+1.5\times2=8.78(m)$$

套用《全国统一安装工程预算定额(第二册)》(GYD—202—2000)2—1172

1)人工费:23.22 元/100m 单线

2)材料费:17.81 元/100m 单线

注:不包含主要材料费;1.5m 为出配电箱预留长度;共有 2 根 BLX25。

(5)二线式瓷夹板配线

$$3+5+3+5+5+0.2×3=21.6(m)$$

注:相关尺寸见图;0.2m 为预留长度(接线处)。

套用《全国统一安装工程预算定额(第二册)》(GYD—202—2000)2—1233

1)人工费:364.94 元/100m 线路

2)材料费:56.95 元/100m 线路

注:不包含主要材料费。

(6)三线式瓷夹板配线

$$3+3+3=9(m)$$

套用《全国统一安装工程预算定额(第二册)》(GYD—202—2000)2—1236

1)人工费:392.19 元/100m 线路

2)材料费:107.44 元/100m 线路

注:不包含主要材料费。

(7)单管日光灯安装　6 套

套用《全国统一安装工程预算定额(第二册)》(GYD—202—2000)2—1382

1)人工费:50.16 元/10 套

2)材料费:115.44 元/10 套

注:不包含主要材料费。

(8)拉线开关安装　3 套

套用《全国统一安装工程预算定额(第二册)》(GYD—202—2000)2—270

1)人工费:46.44 元/个

2)材料费:7.73 元/个

第六章　清单工程量计算

内容提要：

1. 了解变压器安装,配电装置安装,母线安装,控制设备及低压电器安装,蓄电池安装,电机检查接线及调试,滑触线装置安装,电缆安装,防雷及接地装置,10kV以下架空配电线路,配管、配线,照明器具安装,附属工程及电气调整试验的清单工程量计算有关问题说明。

2. 掌握变压器安装,配电装置安装,母线安装,控制设备及低压电器安装,蓄电池安装,电机检查接线及调试,滑触线装置安装,电缆安装,防雷及接地装置,10kV以下架空配电线路,配管、配线,照明器具安装,附属工程及电气调整试验的清单工程量计算规则及其应用。

第一节　变压器安装

一、清单工程量计算规则

变压器安装工程量清单项目设置、项目特征描述的内容、计量单位及工程量计算规则,应按表 6-1 的规定执行。

表 6-1　变压器安装(编码:030401)

项目编码	项目名称	项目特征	计量单位	工程量计算规则	工程内容
030401001	油浸电力变压器	1. 名称 2. 型号 3. 容量(kV·A) 4. 电压(kV) 5. 油过滤要求 6. 干燥要求 7. 基础型钢形式、规格 8. 网门、保护门材质、规格 9. 温控箱型号、规格	台	按设计图示数量计算	1. 本体安装 2. 基础型钢制作、安装 3. 油过滤 4. 干燥 5. 接地 6. 网门、保护门制作、安装 7. 补刷(喷)油漆
030401002	干式变压器				1. 本体安装 2. 基础型钢制作、安装 3. 温控箱安装 4. 接地 5. 网门、保护门制作、安装 6. 补刷(喷)油漆

续表 6-1

项目编码	项目名称	项目特征	计量单位	工程量计算规则	工程内容
030401003	整流变压器	1. 名称 2. 型号 3. 容量(kV·A) 4. 电压(kV) 5. 油过滤要求 6. 干燥要求 7. 基础型钢形式、规格 8. 网门、保护门材质、规格			1. 本体安装 2. 基础型钢制作、安装 3. 油过滤 4. 干燥 5. 网门、保护门制作、安装 6. 补刷(喷)油漆
030401004	自耦变压器				
030401005	有载调压变压器				
030401006	电炉变压器	1. 名称 2. 型号 3. 容量(kV·A) 4. 电压(kV) 5. 基础型钢形式、规格 6. 网门、保护门材质、规格	台	按设计图示数量计算	1. 本体安装 2. 基础型钢制作、安装 3. 网门、保护门制作、安装 4. 补刷(喷)油漆
030401007	消弧线圈	1. 名称 2. 型号 3. 容量(kV·A) 4. 电压(kV) 5. 油过滤要求 6. 干燥要求 7. 基础型钢形式、规格			1. 本体安装 2. 基础型钢制作、安装 3. 油过滤 4. 干燥 5. 补刷(喷)油漆

注：变压器油如需试验、化验、色谱分析应按《通用安装工程工程量计算规范》(GB 50856—2013)附录N措施项目相关项目编码列项。

二、清单工程量计算有关问题说明

(1)表6-1适用于油浸电力变压器、干式变压器、整流变压器、自耦式变压器、有载调压变压器、电炉变压器及消弧线圈安装等变压器安装工程工程量清单项目的编制和计量。

(2)清单项目的设置与表述：根据表6-1变压器安装，工程量清单项目设置及工程计算规则，应按表6-1的规定执行。

从表6-1看，030401001～030401006都是变压器安装项目。所以设置清单项目时，首先要区别所要安装的变压器的种类，即按名称，型号，容量，电压，油过滤要求，干燥要求，基础型钢形式、规格，网门、保护门材质、规格，温控箱型号、规格等来设置项目。名称，型号，容量，电压，油过滤要求，干燥要求，基础型钢形式、规格，网门、保护门材质、规格，温控箱型号、规格等完全一样的，数量相加后，设置一个项目即可。不一样的，应分别设置项目，分别编码。

项目设置时涉及两个概念，一是表述，二是描述，这是为了区别项目特征和工程内容。项目特征是为了表示项目名称的，它是实体自身的特征。而工程内容是与完成该实体相关的工程。依据工程内容对项目名称的描述是综合单价报价的主要依据，所以设计如果有要求或施工中将要发生的"工程内容"以外的内容，必须加以描述，也是报价的依据之一。两者(特征和工程内容)作用不同，必须按规范要求分别体现在项目设置和描述上。

(3)清单项目的计量。

1)根据表6-1的规定，变压器安装工程计量单位为"台"。

2)计量规则:按设计图示数量计算,区分不同容量以"台"计算。

(4)工程量清单的编制。根据《建设工程工程量清单计价规范》(GB 50500—2013)的规定,工程量清单应由分部分项工程量清单、措施项目清单、其他项目清单、规费项目清单和税金项目清单组成。现就分部分项工程量清单的编制做以下说明。

1)工程量清单编制依据:主要依据是设计施工图或扩初设计文件和有关施工验收规范,招标文件、合同条件及拟采用的施工方案可作为参考依据。

2)工程量清单编制的一般顺序和要求如图 6-1 所示。

图 6-1　工程量清单编制的一般顺序和要求

工程量清单编制的要求如下:

①项目名称设置要规范。

②项目描述要到位。到位是指要将完成该项目的全部内容体现在清单上不能有遗漏,以便投标人报价。如果因描述不到位而引发纠纷,将以清单的描述论责任,而不是以附录提示的"工程内容"来论定。所以编制工程量清单时,项目描述一定要到位。

③工程量计算按规则要准确。《建设工程工程量清单计价规范》(GB 50500—2013)规定工程数量应按下列规定进行计算:

a. 工程量的计算应按《建设工程工程量清单计价规范》(GB 50500—2013)附录中的工程量计算规则执行。

b. 工程量的有效位数规定:以"t"为单位,应保留小数点后三位数字,第四位小数四舍五入;以"m"、"m²"、"m³"、"kg"为单位,应保留小数点后两位数字,第三位小数四舍五入;以"台"、"个"、"件"、"套"、"根"、"组"、"系统"等为单位,应取整数。

(5)工程量清单计价:工程量清单计价主要是指投标标底计算或投标报价的计算。

根据《建设工程工程量清单计价规范》(GB 50500—2013)的规定,单位工程造价由分部分项清单费、措施项目清单费、其他项目清单费、规费和税金组成。其中分部分项清单费是由各清单项目的工程量乘以其综合单价后的总和。

综合单价即是完成一个规定计量单位工程所需的人工费、材料费、机械费、管理费和利润,并考虑风险因素。综合单价的编制依据是投标文件、合同条件、工程量清单及定额。特别要注意清单对项目内容的描述,必须按描述的内容计算,即"包括完成该项目的全部内容"。

综合单价计算表中的人工费、材料费、机械费均为表中的数量与定额基价的人工费、材料费、机械费相乘后得到的人、材、机的费用,这部分就是通常指的直接费部分。这里用的定额可以是社会平均水平的,供中介做标底时的依据。报价人可以根据本企业的水平调整定额的消耗量(不一定非要有一套企业自己的定额)来计价。

分析表中的管理费和利润,编标底时可参考社会平均水平(或以费用定额的有关规定数)计算。投标报价则应完全根据企业自身的管理水平、技术装备水平,在权衡市场竞争状况后,按确定期望率来计算。

三、清单工程量计算实例

【例 6-1】　××工程需要安装五台变压器，其中：三台油浸式电力变压器 $SL_1-1000kV\cdot A/10kV$；二台干式变压器 $SG-100kV\cdot A/10-0.4kV$。$SL_1-1000kV\cdot A/10kV$ 需做干燥处理，其绝缘油要过滤。试编制变压器的工程量清单。

【解】

变压器的工程量清单见表 6-2。

表 6-2　清单工程量计算表

工程名称：××工程　　　　　　　　　　　　　　　　　　　　　　　第　页　共　页

序号	项目编码	项目名称	项目特征描述	计量单位	工程数量
1	030401001001	油浸电力变压器安装	$SL_1-1000kV\cdot A/10kV$；包括变压器干燥处理；绝缘油要过滤；基础型钢制作、安装	台	3
2	030401002001	干式变压器安装	$SG-100kV\cdot A/10-0.4kV$；包括基础型钢制作、安装	台	2

【例 6-2】　油浸式电力变压器安装，一台，$SL_1-500kV\cdot A/10kV$，基础型钢制作安装。试计算清单工程量。

【解】

(1)油浸式电力变压器安装，$SL_1-500kV\cdot A/10kV$。

1)人工费：$274.92\times1=274.92$(元)

2)材料费：$188.65\times1=188.65$(元)

3)机械费：$273.16\times1=273.16$(元)

(2)铁梯、扶手等构件制作、安装，1.1kg。

1)人工费：$(2.51+1.63)\times1.1=4.55$(元)

2)材料费：$(1.32+0.24)\times1.1=1.72$(元)

3)机械费：$(0.41+0.25)\times1.1=0.73$(元)

(3)综合：

1)直接费合计：743.73(元)

2)管理费：$743.73\times34\%=252.87$(元)

3)利润：$743.73\times8\%=59.50$(元)

4)总计：$743.73+252.87+59.50=1056.1$(元)

5)综合单价：$1056.1\div1=1056.1$(元)

结果见表 6-3 和表 6-4。

表 6-3　分部分项工程量清单计价表

序号	项目编号	项目名称	项目特征描述	计量单位	工程数量	金额/元		
						综合单价	合价	其中 直接费
1	030401001002	油浸式电力变压器安装	$SL_1-500kV\cdot A/10kV$，基础型钢制作安装	台	1	1068.93	1068.93	752.77

表 6-4　分部分项工程量清单综合单价计算表

| 项目编号 | 030401001001 | 项目名称 | 油浸式电力变压器安装 | 计量单位 | 台 | 工程量 | 1 |

清单综合单价组成明细

定额编号	定额项目名称	定额单位	数量	单价/元			合价/元			
				人工费	材料费	机械费	人工费	材料费	机械费	管理费和利润
2—2	油浸式电力变压器安装 SL₁－500	台	1	274.92	188.65	273.16	274.92	188.65	273.16	309.43
2-358 2-359	铁梯、扶手等构件制作、安装	kg	1.1	4.14	1.56	0.66	4.55	1.72	0.73	2.94
人工单价		小　计					279.47	190.37	273.89	312.16
28元/工日		未计价材料费					—			
清单项目综合单价/元							1056.1			

第二节　配电装置安装

一、清单工程量计算规则

配电装置安装工程量清单项目设置、项目特征描述的内容、计量单位及工程量计算规则,应按表 6-5 的规定执行。

表 6-5　配电装置安装(编码:030402)

项目编码	项目名称	项目特征	计量单位	工程量计算规则	工程内容
030402001	油断路器	1. 名称 2. 型号 3. 容量(A) 4. 电压等级(kV) 5. 安装条件	台	按设计图示数量计算	1. 本体安装、测试 2. 基础型钢制作、安装 3. 油过滤 4. 补刷(喷)油漆 5. 接地
030402002	真空断路器	6. 操作机构名称及型号 7. 基础型钢规格 8. 接线材质、规格 9. 安装部位 10. 油过滤要求			1. 本体安装、调试 2. 基础型钢制作、安装 3. 补刷(喷)油漆 4. 接地
030402003	SF₆断路器				
030402004	空气断路器	1. 名称 2. 型号 3. 容量(A) 4. 电压等级(kV) 5. 安装条件			1. 本体安装、调试 2. 基础型钢制作、安装 3. 补刷(喷)油漆 4. 接地
030402005	真空接触器	6. 操作机构名称及型号 7. 接线材质、规格 8. 安装部位	组		1. 本体安装、测试 2. 补刷(喷)油漆 3. 接地
030402006	隔离开关				
030402007	负荷开关				

续表 6-5

项目编码	项目名称	项目特征	计量单位	工程量计算规则	工程内容
030402008	互感器	1. 名称 2. 型号 3. 型号 4. 类型 5. 油过滤要求	台	按设计图示数量计算	1. 本体安装、调试 2. 干燥 3. 油过滤 4. 接地
030402009	高压熔断器	1. 名称 2. 型号 3. 规格 4. 安装部位			1. 本体安装、调试 2. 接地
030402010	避雷器	1. 名称 2. 型号 3. 规格 4. 电压等级 5. 安装部位	组		1. 本体安装 2. 接地
030402011	干式电抗器	1. 名称 2. 型号 3. 规格 4. 质量 5. 安装部位 6. 干燥要求			1. 本体安装 2. 干燥
030402012	油浸电抗器	1. 名称 2. 型号 3. 规格 4. 容量(kV·A) 5. 油过滤要求 6. 干燥要求	台		1. 本体安装 2. 油过滤 3. 干燥
030402013	移相及串联电容器	1. 名称 2. 型号 3. 规格 4. 质量 5. 安装部位	个		1. 本体安装 2. 接地
030402014	集合式并联电容器				
030402015	并联补偿电容器组架	1. 名称 2. 型号 3. 规格 4. 结构形式	台		
030402016	交流滤波装置组架	1. 名称 2. 型号 3. 规格			

续表 6-5

项目编码	项目名称	项目特征	计量单位	工程量计算规则	工程内容
030402017	高压成套配电柜	1. 名称 2. 型号 3. 规格 4. 母线配置方式 5. 种类 6. 基础型钢形式、规格	台	按设计图示数量计算	1. 本体安装 2. 基础型钢制作、安装 3. 补刷(喷)油漆 4. 接地
030402018	组合型成套箱式变电站	1. 名称 2. 型号 3. 容量(kV·A) 4. 电压(kV) 5. 组合形式 6. 基础规格、浇筑材质			1. 本体安装 2. 基础浇筑 3. 进箱母线安装 4. 补刷(喷)油漆 5. 接地

注：1. 空气断路器的储气罐及储气罐至断路器的管路应按《通用安装工程工程量计算规范》(GB 50856—2013)附录 H 工业管道工程相关项目编码列项。

2. 干式电抗器项目适用于混凝土电抗器、铁芯干式电抗器、空心干式电抗器等。

3. 设备安装未包括地脚螺栓、浇注(二次灌浆、抹面)，如需安装应按现行国家标准《房屋建筑与装饰工程工程量计算规范》(GB 50854—2013)相关项目编码列项。

二、清单工程量计算有关问题说明

(1)表 6-5 适用于各种断路器、真空接触器、隔离开关、负荷开关、互感器、高压熔断器、避雷器、干式电抗器、油浸电抗器、移相及串联电容器、集合式并联电容器、并联补偿电容器组架、交流滤波装置组架、高压成套配电柜、组合型成套箱式变电站等配电装置安装工程工程量清单项目设置与计量。

(2)清单项目的设置与计量：依据施工图所示的工程内容(指各项工程实体)，按照表 6-5 中的项目特征设置具体清单项目名称，按对应的项目编码编好后三位码。

表 6-5 中大部分项目以"台"为计量单位，少部分以"组"、"个"为计量单位。计算规则均是按设计图示数量计算。

(3)相关说明

1)表 6-5 包括了各种配电设备安装工程的清单项目，但其项目特征大部分是一样的，它们的组合就是该清单项目的名称，但在项目特征中，有一特征为"质量"，该"质量"是对"重量"的规范用语，它不是表示设备质量的优或合格，如电抗器、电容器安装时，均以重量划类区分，所以其项目特征栏中就有"质量"二字。

2)油断路的 SF_6 断路器等清单项目描述时，一定要说明绝缘油和 SF_6 气体是否设备带有，以便计价时确定是否计算此部分费用。

3)设备安装如有地脚螺栓者，清单中应注明是由土建预埋还是由安装者浇筑，以便确定是否计算二次灌浆费用(包括抹面)。

4)绝缘油过滤的描述和过滤油量的计算参照绝缘油过滤的相关内容。

5)高压设备的安装没有综合绝缘台安装。如果设计有此要求，其内容一定要表述清楚，避免漏项。

三、清单工程量计算实例

【例 6-3】　题干同【例 5-4】,计算清单工程量。

【解】　清单工程量计算见表 6-6:

表 6-6　清单工程量计算表

序号	项目编码	项目名称	项目特征描述	计量单位	工程数量
1	030404017001	动力配电箱	型号:XLX 规格:高 0.5m,宽 0.4m,深 0.2m (1)箱体安装 (2)压铜接线端子	台	1
2	030404017002	动力配电箱	型号:XL(F)—15 规格:高 1.7m,宽 0.9m,深 0.7m (1)基础槽钢(10 号)制作、安装 (2)箱体安装 (3)压铜接线端子	台	1

第三节　母线安装

一、清单工程量计算规则

母线安装工程量清单项目设置、项目特征描述的内容、计量单位及工程量计算规则,应按表 6-7 的规定执行。

表 6-7　母线安装(编码:030403)

项目编码	项目名称	项目特征	计量单位	工程量计算规则	工程内容
030403001	软母线	1. 名称 2. 材质 3. 型号 4. 规格 5. 绝缘子类型、规格			1. 母线安装 2. 绝缘子耐压试验 3. 跳线安装 4. 绝缘子安装
030403002	组合软母线				
030403003	带形母线	1. 名称 2. 型号 3. 规格 4. 材质 5. 绝缘子类型、规格 6. 穿墙套管材质、规格 7. 穿通板材质、规格 8. 母线桥材质、规格 9. 引下线材质、规格 10. 伸缩节、过渡板材质、规格 11. 分相漆品种	m	按设计图示尺寸以单相长度计算(含预留长度)	1. 母线安装 2. 穿通板制作、安装 3. 支持绝缘子、穿墙套管的耐压试验、安装 4. 引下线安装 5. 伸缩节安装 6. 过渡板安装 7. 刷分相漆

续表 6-7

项目编码	项目名称	项目特征	计量单位	工程量计算规则	工程内容
030403004	槽形母线	1. 名称 2. 型号 3. 规格 4. 材质 5. 连接设备名称、规格 6. 分相漆品种	m	按设计图示尺寸以单相长度计算(含预留长度)	1. 母线制作、安装 2. 与发电机、变压器连接 3. 与断路器、隔离开关连接 4. 刷分相漆
030403005	共箱母线	1. 名称 2. 型号 3. 规格 4. 材质			
030403006	低压封闭式插接母线槽	1. 名称 2. 型号 3. 规格 4. 容量(A) 5. 线制 6. 安装部位		按设计图示尺寸以中心线长度计算	1. 母线安装 2. 补刷(喷)油漆
030403007	始端箱、分线箱	1. 名称 2. 型号 3. 规格 4. 容量(A)	台	按设计图示数量计算	1. 本体安装 2. 补刷(喷)油漆
030403008	重型母线	1. 名称 2. 型号 3. 规格 4. 容量(A) 5. 材质 6. 绝缘子类型、规格 7. 伸缩器及导板规格	t	按设计图示尺寸以质量计算	1. 母线制作、安装 2. 伸缩器及导板制作、安装 3. 支持绝缘子安装 4. 补刷(喷)油漆

注：1. 软母线安装预留长度见表 5-1。

　　2. 硬母线配置安装预留长度见表 5-2。

二、清单工程量计算有关问题说明

(1)表 6-7 适用于软母线,组合软母线,带型母线,槽形母线,共箱母线,低压封闭式插接母线槽,始端箱、分线箱,重型母线等母线安装工程工程量清单项目设置与计量。

(2)清单项目的设置与计量：依据施工图所示的工程内容(指各项工程实体),按照表 6-7 的项目特征设置具体项目名称,并按对应的项目编码编好后三位码。

表 6-7 中除始端箱、分线箱,重型母线外的各项计量单位均为"m",始端箱、分线箱的计量单位为"台",重型母线的计量单位为"t"。计算规则 030403001~030403004 均为按设计图尺寸以单相长度计算(含预留长度),030403005~030403006 均为按设计图示尺寸以中心线长度计算,030403007 为按设计图示数量计算,而 030403008 为按设计图示尺寸以质量计算。

例如,某工程设计图示的工程内容有 100m 槽形母线安装。

依据表 6-7 中,030403004 槽形母线的项目特征:名称,型号,规格,材质,连接设备名称、规格,分相漆品种来表述,该清单项目名称为槽形母线(型号、规格即截面积),其编码 030403004001。

如果该工程还有其他规格的槽形母线,就在最后的 001 号依此往下编码。

从表 6-7 中可看出其计量单位是"m",这是必须采用的单位。计算规则为按设计图尺寸以单相长度计算(含预留长度)。

该项应综合的内容见其工程的内容栏:如①母线制作、安装;②与发电机、变压器连接;③与断路器、隔离开关连接;④刷分相漆。

以上各项凡要求承包商做的,均应在描述该清单项目时予以说明,便于投标报价。

(3)其他相关说明。

1)有关预留长度,在做清单项目综合单价时,按设计要求或施工验收规范的规定长度一并考虑。

2)清单的工程量为实体的净值,其损耗量由报价人根据自身情况而定。中介在做标底时,可参考定额的消耗量,无论是报价还是做标底,在参考定额时,要注意主要材料及辅助材料的消耗量在定额中的有关规定。如母线安装定额中就没有包括主辅材的消耗量。

三、清单工程量计算实例

【例 6-4】　某工程需安装接地系统(图 6-2),计算其工程量清单综合单价、合价及编制相应表格。

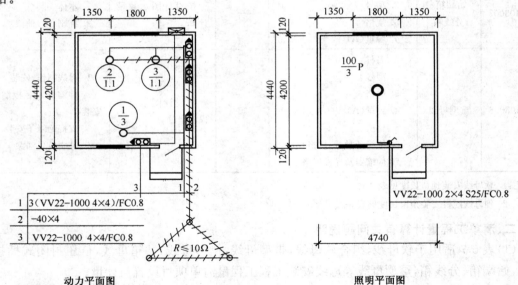

动力平面图　　　　　　　　　　　　照明平面图

说明:

1. 泵房电源引自维修间配电箱,户外电缆直埋敷设,户内电缆穿 DN25 钢管埋地 0.2m 敷设,户外接地母线埋深 0.8m,接地装置安装参见国标图集 03D501—4,电气设备正常不带电的金属外壳均应可靠接地。

2. 房间为防爆照明,配线采用 BV—750 2.5mm²,导线 2 根穿 DN20 镀锌钢管沿墙面或顶板明敷,照明开关墙上明装,中心装高 1.3m;进线为电缆,过开关后换为 BV 导线;风机配线进线为电缆,过操作柱后采用 BV—750 4mm²,导线 4 根穿 DN20 钢管沿地面暗敷,沿墙面明敷,操作柱均落地式安装。

◐ 防爆照明开关 SW—10　　◖◉◉❭ 防爆操作柱 LBZ-10ZD　　○ 防爆灯具 DB53—1001G/D

图 6-2　某泵房动力照明部分

【解】

(1)编制分部分项清单工程量

角钢接地极 L50×5×2500:3 根

角钢接地母线 −40×4:5×4+(1.35+1.8)×2+3.5=29.7m

表 6-8 清单工程量计算表

工程名称:××工程　　　　　　　　　　　　　　　　　　　　　　　第 页共 页

序号	项目编码	项目名称	项目特征描述	计量单位	工程数量
1	030409001001	接地极	接地地极材质、规格	根	3
2	030409002001	接地母线	接地母线材质、规格	m	29.7

(2)编制分部分项工程量清单综合单价表

表 6-9 分部分项工程量清单综合单价计算表

项目编号	030409001001		项目名称	接地极	计量单位	根	工程量	3
清单综合单价组成明细								
定额编号	定额项目名称	定额单位	数量	单价/元			合价/元			
				人工费	材料费	机械费	人工费	材料费	机械费	管理费和利润
2-690	角钢接地极	根	3	11.15	2.65	6.42	33.45	7.95	19.26	25.48
人工单价		小 计					33.45	7.95	19.26	25.48
28 元/工日		未计价材料费					—			
清单项目综合单价/元							28.713			

表 6-10 分部分项工程量清单综合单价计算表

项目编号	030409002001		项目名称	接地母线	计量单位	m	工程量	29.7
清单综合单价组成明细								
定额编号	定额项目名称	定额单位	数量	单价/元			合价/元			
				人工费	材料费	机械费	人工费	材料费	机械费	管理费和利润
2-697	接地母线埋地敷设	10m	2.97	70.82	1.77	1.43	210.34	5.26	4.25	92.34
人工单价		小 计					210.34	5.26	4.25	92.34
28 元/工日		未计价材料费					—			
清单项目综合单价/元							10.5114			

(3)编制分部分项工程量清单单价表

表 6-11 分部分项工程量清单合价

序号	项目编号	项目名称	项目特征描述	计量单位	工程数量	金额/元	
						综合单价	合价
1	030409001001	接地极	接地地极材质、规格	根	3	28.713	86.14
2	030409002001	接地母线	接地母线材质、规格	m	29.7	10.5114	312.19
		本页小计					398.33
		合计					398.33

【例 6-5】　一工程有组合软母线 2 根,跨度为 60m,计算其清单工程量。

【解】

清单工程量计算见表 6-12。

表 6-12　　清单工程量计算表

项目编码	项目名称	项目特征描述	计量单位	工程量
030403002001	组合软母线	组合软母线安装	m	60

第四节　控制设备及低压电器安装

一、清单工程量计算规则

控制设备及低压电器安装工程量清单项目设置、项目特征描述的内容、计量单位及工程量计算规则,应按表 6-13 的规定执行。

表 6-13　　控制设备及低压电器安装(编码:030404)

项目编码	项目名称	项目特征	计量单位	工程量计算规则	工程内容
030404001	控制屏				1. 本体安装 2. 基础型钢制作、安装 3. 端子板安装 4. 焊、压接线端子 5. 盘柜配线、端子接线 6. 小母线安装 7. 屏边安装 8. 补刷(喷)油漆 9. 接地
030404002	继电、信号屏				
030404003	模拟屏	1. 名称 2. 型号 3. 规格 4. 种类 5. 基础型钢形式、规格 6. 接线端子材质、规格 7. 端子板外部接线材质、规格 8. 小母线材质、规格 9. 屏边规格	台	按设计图示数量计算	
030404004	低压开关柜(屏)				1. 本体安装 2. 基础型钢制作、安装 3. 端子板安装 4. 焊、压接线端子 5. 盘柜配线、端子接线 6. 屏边安装 7. 补刷(喷)油漆 8. 接地
030404005	弱电控制返回屏				1. 本体安装 2. 基础型钢制作、安装 3. 端子板安装 4. 焊、压接线端子 5. 盘柜配线、端子接线 6. 小母线安装 7. 屏边安装 8. 补刷(喷)油漆 9. 接地

续表 6-13

项目编码	项目名称	项目特征	计量单位	工程量计算规则	工程内容
030404006	箱式配电室	1. 名称 2. 型号 3. 规格 4. 质量 5. 基础规格、浇筑材质 6. 基础型钢形式、规格	套		1. 本体安装 2. 基础型钢制作、安装 3. 基础浇筑 4. 补刷(喷)油漆 5. 接地
030404007	硅整流柜	1. 名称 2. 型号 3. 规格 4. 容量(A) 5. 基础型钢形式、规格			1. 本体安装 2. 基础型钢制作、安装 3. 补刷(喷)油漆 4. 接地
030404008	可控硅柜	1. 名称 2. 型号 3. 规格 4. 容量(kW) 5. 基础型钢形式、规格			
030404009	低压电容器柜	1. 名称 2. 型号 3. 规格 4. 基础型钢形式、规格 5. 接线端子材质、规格 6. 端子板外部接线材质、规格 7. 小母线材质、规格 8. 屏边规格	台	按设计图示数量计算	1. 本体安装 2. 基础型钢制作、安装 3. 端子板安装 4. 焊、压接线端子 5. 盘柜配线、端子接线 6. 小母线安装 7. 屏边安装 8. 补刷(喷)油漆 9. 接地
030404010	自动调节励磁屏				
030404011	励磁灭磁屏				
030404012	蓄电池屏(柜)				
030404013	直流馈电屏				
030404014	事故照明切换屏				
030404015	控制台	1. 名称 2. 型号 3. 规格 4. 基础型钢形式、规格 5. 接线端子材质、规格 6. 端子板外部接线材质、规格 7. 小母线材质、规格			1. 本体安装 2. 基础型钢制作、安装 3. 端子板安装 4. 焊、压接线端子 5. 盘柜配线、端子接线 6. 小母线安装 7. 补刷(喷)油漆 8. 接地
030404016	控制箱	1. 名称 2. 型号 3. 规格 4. 基础形式、材质、规格 5. 接线端子材质、规格 6. 端子板外部接线材质、规格 7. 安装方式			1. 本体安装 2. 基础型钢制作、安装 3. 焊、压接线端子 4. 补刷(喷)油漆 5. 接地
030404017	配电箱				

续表 6-13

项目编码	项目名称	项目特征	计量单位	工程量计算规则	工程内容
030404018	插座箱	1. 名称 2. 型号 3. 规格 4. 安装方式	台		1. 本体安装 2. 接地
030404019	控制开关	1. 名称 2. 型号 3. 规格 4. 接线端子材质、规格 5. 额定电流（A）	个		
030404020	低压熔断器				
030404021	限位开关				
030404022	控制器				
030404023	接触器				
030404024	磁力启动器	1. 名称 2. 型号 3. 规格 4. 接线端子材质、规格	台	按设计图示数量计算	1. 本体安装 2. 焊、压接线端子 3. 接线
030404025	Y—△自耦减压启动器				
030404026	电磁铁（电磁制动器）				
030404027	快速自动开关				
030404028	电阻器		箱		
030404029	油浸频敏变阻器		台		
030404030	分流器	1. 名称 2. 型号 3. 规格 4. 容量（A） 5. 接线端子材质、规格	个		
030404031	小电器	1. 名称 2. 型号 3. 规格 4. 接线端子材质、规格	个 （套、台）		
030404032	端子箱	1. 名称 2. 型号 3. 规格 4. 安装部位	台		1. 本体安装 2. 接线
030404033	风扇	1. 名称 2. 型号 3. 规格 4. 安装方式			1. 本体安装 2. 调速开关安装

续表 6-13

项目编码	项目名称	项目特征	计量单位	工程量计算规则	工程内容
030404034	照明开关	1. 名称 2. 材质	个		1. 本体安装 2. 接线
030404035	插座	3. 规格 4. 安装方式		按设计图示数量计算	
030404036	其他电路	1. 名称 2. 规格 3. 安装方式	个 (套、台)		1. 安装 2. 接线

注:1. 控制开关包括:自动空气开关、刀型开关、铁壳开关、胶盖刀闸开关、组合控制开关、万能转换开关、风机盘管三速开关、漏电保护开关等。

2. 小电器包括:按钮、电笛、电铃、水位电气信号装置、测量表计、继电器、电磁锁、屏上辅助设备、辅助电压互感器、小型安全变压器等。

3. 其他电器安装指:本节未列的电器项目。

4. 其他电器必须根据电器实际名称确定项目名称,明确描述工作内容、项目特征、计量单位、计算规则。

5. 盘、箱、柜的外部进出电线预留长度见表 5-3。

二、清单工程量计算有关问题说明

(1)表 6-13 适用于控制屏、继电信号屏、模拟屏、低压开关柜(屏)、弱电控制返回屏、箱式配电室、硅整流柜、可控硅柜、低压电容器柜、自动调节励磁屏、励磁灭磁屏、蓄电池屏(柜)、直流馈电屏、事故照明切换屏、控制台、控制箱、配电箱、插座箱、控制开关、低压熔断器、限位开关、控制器、接触器、磁力启动器、Y—△自耦减压启动器、电磁铁(电磁制动器)、快速自动开关、电阻器、油浸频敏变阻器、分流器、小电器、端子箱、风扇、照明开关、插座、其他电器等控制设备及低压电器安装工程的工程量清单项目设置与计量。

(2)清单项目的设置与计量:表 6-13 的清单项目的特征均包括名称、型号、规格(容量),而且特征中的名称即实体的名称,所以设备就是项目的名称,只需表述其型号和规格就可以确定其具体编码。因此项目名称的设置很直观、简单。

表 6-13 除电阻器的计量单位按"箱"外,大部分为以"台"计量,个别以"套"、"个"计量。计算规则均按设计图示数量计算。

例如,某工程设计图示工程内容中,安装一台配电箱。设计要求只需做基础型钢。

依据表 6-13 中,030404017 配电箱项目特征为名称,型号,规格,基础形式、材质、规格,接线端子材质、规格,端子板外部接线材质、规格,安装方式,便可列出该清单项目的名称、编码和计量单位。结合设计要求,该项目的工程内容应为①本体安装;②基础型钢制作、安装;③焊、压接线端子;④补刷(喷)油漆;⑤接地。

(3)其他相关说明

1)清单项目描述时,对各种铁构件如需镀锌、镀锡、喷塑等都应予以描述,以便计价。

2)凡导线进出屏、柜、箱及低压电器的,该清单项目描述时均应描述是否要焊、(压)接线端子。而电缆进出屏、柜、箱、低压电器的,可不描述焊、(压)接线端子,因为已综合在电缆敷设的清单项目中。

3)凡需做盘(屏、柜)配线的清单项目必须予以描述。

4)盘、柜、屏、箱等进出线的预留量(按设计要求或施工验收规范规定的长度)均不作为实物量,但必须在综合单价中体现。

三、清单工程量计算实例

【例 6-6】　××工程设计安装 2 台控制屏,该屏为成品,内部配线已做好。设计要求需做基础槽钢和进出的接线。试编制控制屏的工程量清单。

【解】

控制屏的工程量清单见表 6-14。

表 6-14　清单工程量计算表

工程名称:××工程　　　　　　　　　　　　　　　　　　　　　　　　第　页共　页

项目编码	项目名称	项目特征描述	计量单位	工程数量
030404001001	控制屏安装	基础槽钢制作、安装;焊、压接线端子	台	2

【例 6-7】　题干同【例 5-7】,计算管线工程的清单工程量。

【解】

清单工程量的计算见表 6-15。

表 6-15　清单工程量计算表

项目编码	项目名称	项目特征描述	计量单位	工程量
030404017001	配电箱	安装高度 1.8m	台	2
030411004001	电气配线	BV(4×6)SC25－FC	m	84

【例 6-8】　××工程设计动力配电箱三台,其中:一台挂墙安装、型号为 XLX(箱高 0.5m、宽 0.4m、深 0.2m),电源进线为 VV22－1KV4×25(G50),出线为 BV－5×10(G32),共三个回路;另两台落地安装,型号为 XL(F)－15(箱高 1.7m、宽 0.8m、深 0.6m),电源进线为电源进线为 VV22－1KV4×95(G80),出线为 BV－5×16(G32),共四个回路。配电箱基础采用 10 号槽钢制作。列出清单工程量计算表。

【解】

清单工程量的计算见表 6-16。

表 6-16　清单工程量计算表

序号	项目编码	项目名称	项目特征描述	计量单位	工程数量
1	030404017001	动力配电箱	型号:XLX; 规格:高 0.5m,宽 0.4m,深 0.2m; 箱体安装; 压铜接线端子	台	1
2	030404017002	动力配电箱	型号:XL(F)－15; 规格:高 1.7m,宽 0.8m,深 0.6m; 基础槽钢(10 号)制作、安装; 箱体安装; 压铜接线端子	台	2

【例6-9】　某大学宿舍局部电气安装工程的工程量计算如下：砖混结构暗敷焊接钢管 SC15 为 80m，SC20 为 50m，SC25 为 25m；暗装灯头盒 23 个，开关盒、插座盒 38 个；链吊双管荧光灯 YG$_{2-2}$2×40W 为 27 套；F81/1D，10A250V 暗装开关为 23 套；F81/10US，10A250V 暗装插座为 18 套；管内穿照明导线 BV-2.5 为 300m。计算清单工程量。

【解】

清单工程量计算见表 6-17。

表 6-17　清单工程量计算表

项目编码	项目名称	项目特征描述	计量单位	工程量
030404031001	小电器	暗装开关安装 F81/1D，10A250V	套	23
030411001001	电气配管	SC15 砖混结构暗敷	m	80
030411001002	电气配管	SC20 砖混结构暗敷	m	50
030411001003	电气配管	SC25 砖混结构暗敷	m	25
030404031002	小电器	暗装插座安装 F81/10US，10A250V	套	18
030412005001	荧光灯	双管荧光灯链吊安装 YG$_{2-2}$2×40W	套	27
030411004001	电气配线	BV-2.5	m	300

【例6-10】　某卧室照明系统中 1 回路如图 6-3 所示，图例见表 6-18。计算其清单工程量。

说明：(1)照明配电箱 AZM 电源由本层总配电箱引来，配电箱为嵌入式安装。

(2)管路均为镀锌钢管 φ20 沿墙、顶板暗配，顶管敷管标高 4.50m。管内穿阻燃绝缘导线 2RBVV-500　1.5m²。

(3)开关控制装饰灯 FZS-164 为隔一控一。

(4)配管水平长度见图示上的数字，单位为 m。

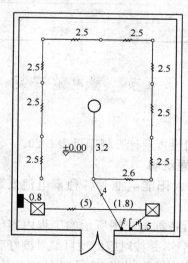

图 6-3　照明系统 1 回路示意图

表 6-18　图例

序　号	图　　例	名称、型号、规格	备　　注
1	○	装饰灯 XDCZ—50 8×100W	吸顶
2	○	装饰灯 FZS—164 1×100W	
3	↗	单联单控开关(暗装) 10A；250V	安装高度
4	↗	三联单控开关(暗装) 10A；250V	1.4m
5	⊠	排风扇 300×300 1×60W	吸顶
6	▬	照明配电箱 AZM 300mm×200mm×120mm (宽×高×厚)	箱底标高 1.6m

【解】

清单工程量计算见表 6-19。

表 6-19　清单工程量计算表

序号	项目编码	项目名称	项目特征描述	计量单位	工程数量
1	030412004001	装饰灯	XDCZ—50 8×100W	套	1
2	030412004002	装饰灯	FZS—164 1×100W	套	10
3	030404017001	配电箱	AZM 300×200×120	台	1
4	030404031001	小电器	单联单控开关 10A；250V	个(套)	1
5	030404031002	小电器	三联单控开关 10A；250V	个(套)	1
6	030404031003	小电器	排风扇 300×300,1×60W	个(套)	2
7	030411004001	电气配线	2RBVV—1.5mm²	m	114.5
8	030411001001	电气配管	镀锌钢管 φ20	m	44

第五节　蓄电池安装

一、清单工程量计算规则

蓄电池安装工程量清单项目设置及计算规则见表 6-20。

二、清单工程量计算有关问题说明

(1)表 6-20 适用于蓄电池、太阳能电池等各种蓄电池安装工程工程量清单项目设置与计量。

(2)清单项目的设置与计量：依据施工图所示的工程内容(指各项工程实体)，对应表 6-20 的项目特征设置具体清单项目名称，并按对应的项目编号编好后三位编码。

表 6-20 中蓄电池的计量单位为"个(组件)"，太阳能电池的计量单位为"组"。计算规则均为按设计图示数量计算。

表 6-20 蓄电池安装(编码:030405)

项目编码	项目名称	项目特征	计量单位	工程量计算规则	工程内容
030405001	蓄电池	1. 名称 2. 型号 3. 容量(A·h) 4. 防震支架形式、材质 5. 充放电要求	个(组件)	按设计图示数量计算	1. 本体安装 2. 防震支架安装 3. 充放电
030405002	太阳能电池	1. 名称 2. 型号 3. 规格 4. 容量 5. 安装方式	组		1. 安装 2. 电池方阵铁架安装 3. 联调

(3)其他相关说明

1)如果设计要求蓄电池抽头连接用电缆及电缆保护管时,应在清单项目中予以描述,以便计价。

2)蓄电池电解液如需承包方提供,也应描述。

3)蓄电池充放电费用综合在安装单价中,按"组"充放电,但需摊到每一个蓄电池的安装综合单价中报价。

三、清单工程量计算实例

【例 6-8】 ××工程设计安装蓄电池 12 个,试编制蓄电池的工程量清单。

【解】

蓄电池的工程量清单见表 6-21。

表 6-21 清单工程量计算表

工程名称:××工程 第 页共 页

项目编码	项目名称	项目特征描述	计量单位	工程数量
030405001001	蓄电池	名称、型号;容量	个	12

第六节 电机检查接线及调试

一、清单工程量计算规则

电机检查接线及调试工程量清单项目设置、项目特征描述的内容、计量单位及工程量计算规则,应按表 6-22 的规定执行。

表 6-22 电机检查接线及调试(编码:030406)

项目编码	项目名称	项目特征	计量单位	工程量计算规则	工程内容
030406001	发电机	1. 名称 2. 型号 3. 容量(kW) 4. 接线端子材质、规格 5. 干燥要求	台	按设计图示数量计算	1. 检查接线 2. 接地 3. 干燥 4. 调试
030406002	调相机				
030406003	普通小型 直流电动机				

续表 6-22

项目编码	项目名称	项目特征	计量单位	工程量计算规则	工程内容
030406004	可控硅调速直流电动机	1. 名称 2. 型号 3. 容量(kW) 4. 类型 5. 接线端子材质、规格 6. 干燥要求			
030406005	普通交流同步电动机	1. 名称 2. 型号 3. 容量(kW) 4. 启动方式 5. 电压等级(kV) 6. 接线端子材质、规格 7. 干燥要求			
030406006	低压交流异步电动机	1. 名称 2. 型号 3. 容量(kW) 4. 控制保护方式 5. 接线端子材质、规格 6. 干燥要求	台	按设计图示数量计算	1. 检查接地 2. 接地 3. 干燥 4. 调试
030406007	高压交流异步电动机	1. 名称 2. 型号 3. 容量(kW) 4. 保护类别 5. 接线端子材质、规格 6. 干燥要求			
030406008	交流变频调速电动机	1. 名称 2. 型号 3. 容量(kW) 4. 类别 5. 接线端子材质、规格 6. 干燥要求			
030406009	微型电机、电加热器	1. 名称 2. 型号 3. 规格 4. 接线端子材质、规格 5. 干燥要求			
030406010	电动机组	1. 名称 2. 型号 3. 电动机台数 4. 联锁台数 5. 接线端子材质、规格 6. 干燥要求	组		

续表 6-22

项目编码	项目名称	项目特征	计量单位	工程量计算规则	工程内容
030406011	备用励磁机组	1. 名称 2. 型号 3. 接线端子材质、规格 4. 干燥要求	组	按设计图示数量计算	1. 检查接线 2. 接地 3. 干燥 4. 调试
030406012	励磁电阻器	1. 名称 2. 型号 3. 规格 4. 接线端子材质、规格 5. 干燥要求	台		1. 本体安装 2. 检查接线 3. 干燥

注:1. 可控硅调速直流电动机类型指一般可控硅调速直流电动机、全数字式控制可控硅调速直流电动机。

2. 交流变频调速电动机类型指交流同步变频电动机、交流异步变频电动机。

3. 电动机按其质量划分为大、中、小型:3t 以下为小型,3t～30t 为中型,30t 以上为大型。

二、清单工程量计算有关问题说明

1. 电机工程工程量计算有关问题说明

(1)表 6-22 适用于发电机、调相机、普通小型直流电动机、可控硅调速直流电动机、普通交流同步电动机、低压交流异步电动机、高压交流异步电动机、交流变频调速电动机、微型电机、电加热器、电动机组、备用励磁机组、励磁电阻器的检查接线及调试的工程量清单项目设置与计量。

(2)清单项目的设置与计量:表 6-22 中的清单项目特征除共同的基本特征(如名称、型号、规格)外,还有表示其调试的特殊个性。这个特性直接影响到其接线调试费用,所以必须在项目名称中表述清楚。

表 6-22 中除电动机组、备用励磁机组清单项目以"组"为单位计量外。其他所有清单项目的计量单位均为"台"。计算规则按设计图示数量计算。

(3)相关说明。

1)电机是否需要干燥应在项目中予以描述。

2)电机接线如需焊压接线端子也应描述。

3)按规范要求,从管口到电机接线盒间要有软管保护,项目应描述软管的材质和长度,报价时考虑在综合单价中。

4)工程内容中应描述"接地"要求,如接地线的材质、防腐处理等。

三、清单工程量计算实例

【例 6-11】　某工程需安装电机检查接线及调试(图 6-2),计算其工程量综合单价、合价及编制相应表格。

【解】

(1)编制分部分项清单工程量(见表 6-23)

电机检查接线　　　3kW,1 台,1.1kW,2 台

电机调试　　　　　　　　3 台

(2)编制分部分项工程量清单综合单价表(见表 6-24)

表 6-23　清单工程量计算表

序号	项目编号	项目名称	项目特征描述	计量单位	工程数量
1	030406006001	低压交流异步电动机	名称、型号、类别; 控制保护方式	台	3
	030406006002	防爆电机 3kW 以下	防爆、3kW 以下	台	3

表 6-24　分部分项工程量清单综合单价计算表

项目编号	030406006002		项目名称	防爆电机 3kW 以下	计量单位	台	工程量	3

清单综合单价组成明细

定额编号	定额项目名称	定额单位	数量	单价/元			合价/元			
				人工费	材料费	机械费	人工费	材料费	机械费	管理费和利润
2-448	防爆电机 3kW 以下	台	3	81.73	34.32	9.45	245.19	102.96	28.35	158.13
人工单价		小　计					245.19	102.96	28.35	158.13
28 元/工日		未计价材料费					—			
清单项目综合单价/元							178.21			

（3）编制分部分项工程量清单单价表（见表 6-25）

表 6-25　分部分项工程量清单合价

序号	项目编号	项目名称	项目特征描述	计量单位	工程数量	金额/元	
						综合单价	合价
1	030406006001	低压交流异步电动机	名称、型号、类别; 控制保护方式	台	3		
	030406006002	防爆电机 3kW 以下	防爆、3kW 以下	台	3	178.21	534.63
		本页小计					534.63
		合计					534.63

【例 6-12】　题干同【例 5-11】,试计算其清单工程量。

【解】

清单工程量见表 6-26。

表 6-26　清单工程量计算表

项目编码	项目名称	项目特征描述	计量单位	工程量
030407001001	滑触线	40×40×4,每米重 2.422kg	m	48

【例 6-13】　某低压交流异步电动机如图 6-4 所示,各设备由 HHK、QZ、QC 控制,计算清单工程量。

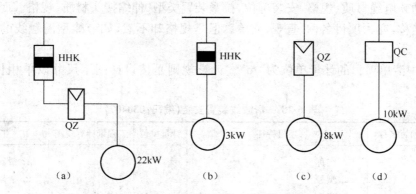

图 6-4　低压交流异步电动机示意图

【解】

（1）电动机磁力起动器控制调试　1台

电动机检查接线 22kW　1台

（2）电动机刀开关控制调试　1台

电动机检查接线 3kW　1台

（3）电动机磁力起动器控制调试　1台

电动机检查接线 8kW　1台

（4）电动机电磁起动器控制调试　1台

电动机检查接线 10kW　1台

清单工程量计算见表 6-27。

表 6-27　清单工程量计算表

序号	项目编码	项目名称	项目特征描述	计量单位	工程量
1	030406006001	低压交流异步电动机	电动机磁力起动器控制调试	台	1
2	030406006002	低压交流异步电动机	电动机刀开关控制调试	台	1
3	030406006003	低压交流异步电动机	电动机磁力起动器控制调试	台	1
4	030406006004	低压交流异步电动机	电动机电磁起动器控制调试	台	1

第七节　滑触线装置安装

一、清单工程量计算规则

滑触线装置安装工程量清单项目设置及计算规则见表 6-28。

二、清单工程量计算有关问题说明

（1）表 6-28 适用于轻型、安全节能型滑触线，扁钢、角钢、圆钢、工字钢滑触线及移动软电缆等各种滑触线安装工程量清单项目的设置与计量。

（2）清单项目的设置与计量：表 6-28 中的清单项目特征为名称，型号，规格，材质，支架形式、材质,移动软电缆材质、规格、安装部位,拉紧装置类型,伸缩接头材质、规格。而特征中的名称既为实体名称,亦为项目名称,直观、简单。但是规格却不然,如节能型滑触线的规格是用电流(A)来表述。

表 6-28 中清单项目的计量单位为"m"。计算规则是按设计图示尺寸以单相长度计算(含预留长度)。

表 6-28　滑触线装置安装(编码:030407)

项目编码	项目名称	项目特征	计量单位	工程量计算规则	工程内容
030407001	滑触线	1. 名称 2. 型号 3. 规格 4. 材质 5. 支架形式、材质 6. 移动软电缆材质、规格、安装部位 7. 拉紧装置类型 8. 伸缩接头材质、规格	m	按设计图示尺寸以单相长度计算(含预留长度)	1. 滑触线安装 2. 滑触线支架制作、安装 3. 拉紧装置及挂式支持器制作、安装 4. 移动软电缆安装 5. 伸缩接头制作、安装

注:1. 支架基础铁件及螺栓是否浇注需说明。
　　2. 滑触线安装预留长度见表 6-54。

(3)其他相关说明。

1)清单项目应描述支架的基础铁件及螺栓是否由承包商浇筑。

2)沿轨道敷设软电缆清单项目,要说明是否包括轨道安装和滑轮制作的内容,以便报价。

3)滑触线安装的预留长度不作为实物量计量,按设计要求或规范规定长度,在综合单价中考虑。

三、清单工程量计算实例

【例 6-14】　某车间电气动力安装如图 6-5 所示:

(1)动力箱、照明箱均为定型配电箱,嵌墙暗装,箱底标高为+1.4m。木制配电板现场制作后挂墙明装,底边标高+1.5m,配电板上仅装置一铁壳开关。

(2)所有电缆、导线均穿钢保护管敷设。保护管除 N6 为沿墙、柱明配外,其他均为暗配,埋地保护管标高为-0.2m。N6 自配电板上部引至滑触线的电源配管,在②柱标高+6.0m 处,接一长度为 0.5m 的弯管。

(3)两设备基础面标高+0.3m,至设备电机处的配管管口高出基础面 0.2m,至排烟装置处的管口标高为+6.0m,均连接一根长 0.8m 同管径的金属软管。

(4)电缆计算预留长度时不计算电缆敷设驰度、波形变度和交叉的附加长度。连接各设备处电缆、导线的预留长度为 1.0m,与滑触线连接处预留长度为 1.5m。电缆头为户内干包式,其附加长度不计。

(5)滑触线支架 150×50×5,每米重 3.77kg,采用螺栓固定;滑触线(40×40×4,每米重 2.422kg)两端设置指示灯。

(6)图中管路旁括号内数字表示该管的平面长度。

试计算各项清单工程量。

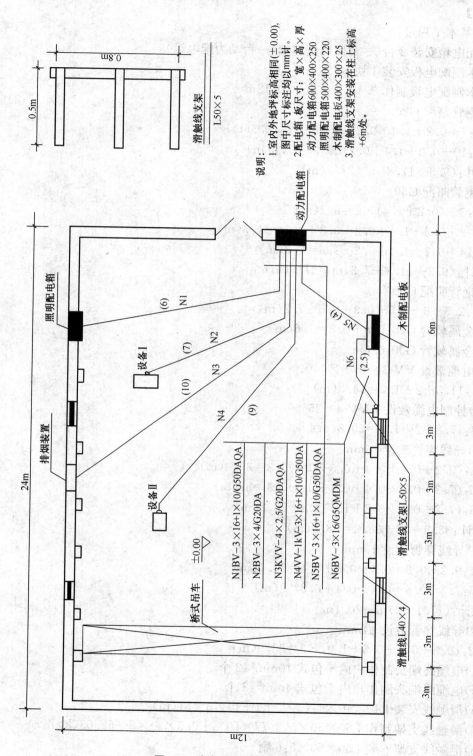

图 6-5　电气动力平面布置图

说明：

1. 室内外地坪标高相同(±0.00),图中尺寸标注均以 mm 计。
2. 配电箱 板×高×厚
动力配电箱 600×400×250
照明配电箱 500×400×220
木制配电板 400×300×25
3. 滑触线支架安装在柱上标高 +6m 处。

滑触线支架 L50×5

0.8m
0.5m

动力配电箱

照明配电箱

排烟装置

N1 (6)
N2 (7)
N3 (10)
N4 (9)

设备 I

N5 (4)
木制配电板
N6 (2.5)

24m

桥式吊车

±0.00

6m
3m
3m
3m
3m
3m

12m

设备 II

N1BV-3×16+1×10/G50DAQA
N2BV-3×4/G20DA
N3KVV-4×2.5/G20DAQA
N4VV-1kV-3×16+1×10/G50DA
N5BV-3×16+1×10/G50DAQA
N6BV-3×16/G5QMDM

滑触线支架 L50×5
滑触线 L40×4

【解】

(1)基本工程量：

1)配电箱安装 2 台(一台照明配电箱、一台动力配电箱)

2)木制配电板安装 1 块

3)木制配电板制作 $0.4m \times 0.3m = 0.12m^2$

4)钢管暗配 G20

N2：$7+0.2+1.4+0.2+0.3+0.2=9.3(m)$

N3：$10+0.2+1.4+0.2+6.0=17.8(m)$

总计：$(9.3+17.8)m=27.1(m)$

5)钢管暗配 G50

N1：$6+(0.2+1.4)\times2=9.2(m)$

N4：$9+0.2+1.4+0.2+0.3+0.2=11.3(m)$

N5：$4+0.2+1.4+0.2+1.5=7.3(m)$

总计：$(9.2+11.3+7.3)m=27.8(m)$

6)钢管明配 G50

N6：$2.5+6-1.5-0.3+0.5=7.2(m)$

7)金属软管 G20：$0.8+0.8=1.6(m)$

8)金属软管 G50：$0.8m$

9)电缆敷设 $VV-3\times16+1\times10$

N4：$11.3+2+1.0=14.3(m)$

10)控制电缆敷设 $KVV-4\times25$

N3：$17.8+2+1.0=20.8(m)$

11)导线穿管敷设 $16mm^2$

N1：$(9.2+0.6+0.4+0.5+0.4)\times3=33.3(m)$

N5：$(7.3+0.6+0.4+0.4+0.3)\times3=27(m)$

N6：$(7.2+0.4+0.3+1.5)\times3=28.2(m)$

总计：$33.3+27+28.2=88.5(m)$

12)导线穿管敷设 $10mm^2$

N1：$9.2+0.6+0.4+0.5+0.4=11.1(m)$

N5：$7.3+0.6+0.4+0.4+0.3=9(m)$

总计：$(11.1+9)m=20.1m$

13)导线穿管敷设 $\phi4mm^2$

N2：$(9.3+0.4+0.6+1.0)\times3=33.9(m)$

14)电缆终端头制作户内干包式 $10mm^2$：2 个

15)电缆终端头制作户内干包式 $4mm^2$：2 个

16)滑触线安装 $L40\times40\times4$：$(3\times5+1+1)\times3=51(m)$

17)滑触线支架制作 $L50\times50\times5$：$3.77\times(0.8+0.5\times3)\times6=52.03(kg)$

18)滑触线支架安装 $L50\times50\times5$：6 副

19)滑触线指示灯安装：2 套

（2）清单工程量：

清单工程量计算见表6-29。

表6-29　清单工程量计算表

序号	项目编码	项目名称	项目特征描述	计量单位	工程数量
1	030404017001	配电箱	定型配电箱	台	2
2	030408002001	控制电缆	穿钢保护管敷设	m	20.8
3	030408001001	电力电缆	穿钢保护管敷设	m	14.3
4	030407001001	滑触线	40×40×4，每米重2.422kg	m	51

第八节　电　缆　安　装

一、清单工程量计算规则

电缆安装工程量清单项目设置及计算规则见表6-30。

表6-30　电缆安装（编码：030408）

项目编码	项目名称	项目特征	计量单位	工程量计算规则	工程内容
030408001	电力电缆	1. 名称 2. 型号 3. 规格 4. 材质 5. 敷设方式、部位 6. 电压等级（kV） 7. 地形	m	按设计图示尺寸以长度计算（含预留长度及附加长度）	1. 电缆敷设 2. 揭（盖）盖板
030408002	控制电缆				
030408003	电缆保护管	1. 名称 2. 材质 3. 规格 4. 敷设方式		按设计图示尺寸以长度计算	保护管敷设
030408004	电缆槽盒	1. 名称 2. 材质 3. 规格 4. 型号	m	按设计图示尺寸以长度计算	槽盒安装
030408005	铺砂、盖保护板（砖）	1. 种类 2. 规格			1. 铺砂 2. 盖板（砖）
030408006	电力电缆头	1. 名称 2. 型号 3. 规格 4. 材质、类型 5. 安装部位 6. 电压等级（kV）	个	按设计图示数量计算	1. 电力电缆头制作 2. 电力电缆头安装 3. 接地
030408007	控制电缆头	1. 名称 2. 型号 3. 规格 4. 材质、类型 5. 安装方式			

续表 6-30

项目编码	项目名称	项目特征	计量单位	工程量计算规则	工程内容
030408008	防火堵洞	1. 名称	处		安装
030408009	防火隔板	2. 材质 3. 方式	m²	按设计图示尺寸以面积计算	
030408010	防火涂料	4. 部位	kg	按设计图示尺寸以质量计算	
030408011	电缆分支箱	1. 名称 2. 型号 3. 规格 4. 基础形式、材质、规格	台	按设计图示数量计算	1. 本体安装 2. 基础制作、安装

注:1. 电缆穿刺线夹按电缆头编码列项。

2. 电缆井、电缆排管、顶管,应按现行国家标准《市政工程工程量计算规范》(GB 50857—2013)相关项目编码列项。

3. 电缆敷设预留长度及附加长度见表 6-51。

二、清单工程量计算有关问题说明

(1)表 6-30 适用于电力电缆,控制电缆,电缆保护管,电缆槽盒,铺砂、盖保护板(砖),电力电缆头,控制电缆头,防火堵洞,防火隔板,防火涂料,电缆分支箱等电缆敷设及相关工程的工程量清单项目的设置和计量。其中电缆保护管敷设项目指埋地暗敷设或非埋地的明敷设两种;不适用于过路或过基础的保护管敷设。

(2)清单项目设置与计量:表 6-30 中的各项目特征均要表述清楚。

清单项目的计量单位 030408001～030408005 均为"m",030408006～030408007 为"个",030408008 为"处",030408009 为"m²",030408010 为"kg",030408011 为"台"。清单项目的计量规则 030408001～030408002 为按设计图示尺寸以长度计算(含预留长度及附加长度),030408003～030408005 为按设计图示尺寸以长度计算,030408006～030408008 为按设计图示数量计算,030408009 为按设计图示尺寸以面积计算,030408010 为按设计图示尺寸以质量计算,030408011 为按设计图示数量计算。

清单项目设置的方法:依据设计图示的工程内容对应表 6-30 的项目特征,列出清单项目名称、编码。

(3)相关说明。

1)电缆沟土方工程量清单按《建设工程工程量清单计价规范》(GB 50500—2013)附录 A 设置编码。项目表述时,要表明沟的平均深度、土质和铺砂盖砖的要求。

2)电缆敷设中所有预留量,应按设计要求或规范规定的长度,考虑在综合单价中,而不作为实物量。

3)电缆敷设需要综合的项目很多,一定要描述清楚。

三、清单工程量计算实例

【例 6-15】　建筑内某低压配电柜与配电箱之间的水平距离为 18m,配电线路采用五芯电力电缆 VV－3×25＋2×16,在电缆沟内敷设,电缆沟的深度为 0.8m、宽度为 0.6m,配电柜为落地式,配电箱为悬挂嵌入式,箱底边距地面为 1.3m,试编制电力电缆的工程量清单。

【解】

清单工程量:18＋0.8＋0.8＋1.3＝20.9(m)

电力电缆的工程量清单见表 6-31。

表 6-31　分部分项工程量清单

工程名称：××工程　　　　　　　　　　　　　　　　　　　　　　　　　　　　第　页共　页

项目编码	项目名称	项目特征描述	计量单位	工程量
030408001001	电力电缆安装	1kV－VV3×25＋2×16；电缆沟盖盖板；干包式电缆终端头制作安装	m	20.9

【例 6-16】　某工厂车间电源配电箱 DLX(1.8m×1m)安装在 10 号基础槽钢上，车间内另设有备用配电箱一台(1m×0.7m)，墙上暗装，其电源由 DLX 以 2R－VV4×50＋1×16 穿电镀管 DN80 沿地面暗敷引来(电缆、电镀管长 25m)。试计算其清单工程量。

【解】

(1)基本工程量：

1)铜芯电力电缆敷设

$$(25＋2×2＋1.5×2)＋(1＋2.5\%)＝33.025(m)$$

注：根据规定：电缆进出配电箱应预留长度 2m/台；

电缆终端头的预留长度为 1.5m/个。

式中 2.5% 为电缆敷设的附加长度系数。

2)干包终端头制作：2 个

(2)清单工程量：

清单工程量的计算见下表：

表 6-32　清单工程量计算表

项目编码	项目名称	项目特征描述	计量单位	工程量
030408001001	电力电缆	采用 2R－VV4×50＋1×16，穿电镀管 DN80，沿地面暗敷引来	m	20

【例 6-17】　如图 6-6 所示，已知低压盘为 BSF-1-21(高 2.3m，宽 0.9m)，动力箱为 XL(F)-15-0042(高 1.9m，宽 0.8m)，电缆由配电室 1 号低压盘通地沟引至室外，入地埋设至 16 号厂房 N_1 动力箱，计算此工程清单工程量。

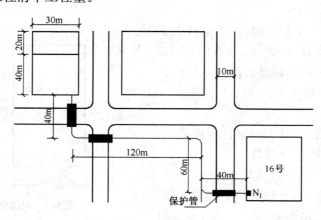

图 6-6　电缆安装图示

注：图中三处过马路为顶管敷设

【解】

依据电力电缆安装工程清单工程量计算规则,此工程清单工程量为

(1)电缆沟挖填土

1)一根电缆沟挖填土方

$(40+120+60+40-10×3+2.28×2)×0.45=234.56×0.45=105.55(m^3)$

2)顶过路营操作坑挖填土方=[1(深)×1.2(宽)×10(长)]×3=36(m^3)

3)每增加1根电缆挖土=234.56×0.153=35.89(m^3)

总工程量=105.55+36+35.89=177.44(m^3)

(2)顶过路管

3×3=9根,每根长10m,共9×10=90(m)

(3)电缆沟铺砂盖砖

1~2根为:2.28+40+120+60+40+2.28-10×3=234.56≈235(m)

(4)每增加1根铺砂盖砖为235m

(5)保护管敷设

(2.5+2.5)×3=15(m)

(6)电缆穿导管敷设

90+15=105(m)

(7)电缆埋设(3根)

[40(由1号盘引入外墙)+0.8(埋深)+2.28(备用长)+40+120+60

+40+2.28+(1.9+0.8)(箱高+宽)-10×3(过马路管)-5(保护管)]

×3=819.18≈819(m)

(8)电缆试验:2×3=6次

(9)电缆头制安:2×3=6个

(10)电缆出入建筑物保护密封:2×3=6处

(11)动力箱基础槽钢制安:5.4m

(12)动力箱安装:1台

【例 6-18】 已知某工程电缆自 M_1 电杆引下埋设至3号厂房 M_2 动力箱,动力箱为 XL(F)-15-0042,高1.8m;宽0.8m,箱距地面高为0.5m,如图 6-7 所示,计算此电缆支架安装清单工程量。

【解】

依据电缆支架安装清单工程量计算规则,上电缆支架工程清单工程量分别为

(1)电缆埋设

[2.28(备用长)+100+80+50+6+2.28+2×0.8(埋深)+0.5(箱距地高)+(1.8+0.8)(箱宽+高)]=245.26(m)

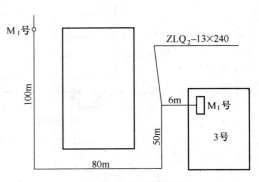

图 6-7　电缆敷设图示

（2）电缆沟挖埋土方量计算：2.28＋100＋80＋50＋6＋2.28＝240.56（m）

根据计算规则，每米沟挖方量为 0.45m³，则 240.56×0.45＝108.25（m³）

（3）电缆沿杆敷设：6＋1（杆上预留）＝7（m）

（4）电缆保护管敷设：1 根

（5）电缆沟铺砂盖砖

2.28＋100＋80＋50＋6＋2.28＝240.56（m）

（6）室外电缆头制安：1 个

（7）室内电缆头制安：1 个

（8）电缆试验：2 次

（9）电缆沿杆上敷设支架制安：3 套（180kg）

（10）电缆进建筑物密封：1 处

（11）动力箱安装：1 台

第九节　防雷及接地装置

一、清单工程量计算规则

防雷及接地装置工程量清单项目设置、项目特征描述的内容、计量单位及工程量计算规则，应按表 6-33 的规定执行。

表 6-33　防雷及接地装置（编码：030409）

项目编码	项目名称	项目特征	计量单位	工程量计算规则	工作内容
030409001	接地极	1. 名称 2. 材质 3. 规格 4. 土质 5. 基础接地形式	根（块）	按设计图示数量计算	1. 接地极（板、桩）制作、安装 2. 基础接地网安装 3. 补刷（喷）油漆
030409002	接地母线	1. 名称 2. 材质 3. 规格 4. 安装部位 5. 安装形式	m	按设计图示尺寸以长度计算（含附加长度）	1. 接地母线制作、安装 2. 补刷（喷）油漆
030409003	避雷引下线	1. 名称 2. 材质 3. 规格 4. 安装部位 5. 安装形式 6. 断接卡子、箱材质、规格			1. 避雷引下线制作、安装 2. 断接卡子、箱制作、安装 3. 利用主钢筋焊接 4. 补刷（喷）油漆
030409004	均压环	1. 名称 2. 材质 3. 规格 4. 安装形式			1. 均压环敷设 2. 钢铝窗接地 3. 柱主筋与圈梁焊接 4. 利用圈梁钢筋焊接 5. 补刷（喷）油漆

续表 6-33

项目编码	项目名称	项目特征	计量单位	工程量计算规则	工作内容
030409005	避雷网	1. 名称 2. 材质 3. 规格 4. 安装形式 5. 混凝土块标号	m	按设计图示尺寸以长度计算(含附加长度)	1. 避雷网制作、安装 2. 跨接 3. 混凝土块制作 4. 补刷(喷)油漆
030409006	避雷针	1. 名称 2. 材质 3. 规格 4. 安装形式、高度	根	按设计图示数量计算	1. 避雷针制作、安装 2. 跨接 3. 补刷(喷)油漆
030409007	半导体少长针消雷装置	1. 型号 2. 高度	套		本体安装
030409008	等电位端子箱、测试板	1. 名称 2. 材质 3. 规格	台(块)		
030409009	绝缘垫		m²	按设计图示尺寸以展开面积计算	1. 制作 2. 安装
030409010	浪涌保护器	1. 名称 2. 规格 3. 安装形式 4. 防雷等级	个	按设计图示数量计算	1. 本体安装 2. 接线 3. 接地
030409011	降阻剂	1. 名称 2. 类型	kg	按设计图示以质量计算	1. 挖土 2. 施放降阻剂 3. 回填土 4. 运输

注:1. 利用桩基础作接地极,应描述桩台下桩的根数,每桩台下需焊接柱筋根数,其工程量按柱引下线计算;利用基础钢筋作接地极按均压环项目编码列项。

　　2. 利用柱筋作引下线的,需描述柱筋焊接根数。

　　3. 利用圈梁筋作均压环的,需描述圈梁筋焊接根数。

　　4. 使用电缆、电线作接地线,应按表 6-30、表 6-45 相关项目编码列项。

　　5. 接地母线、引下线、避雷网附加长度见表 6-52。

二、清单工程量计算有关问题说明

　　(1)表 6-33 适用于接地极、接地母线、避雷引下线、均压环、避雷网、避雷针、半导体少长针消雷装置、等电位端子箱、测试版、绝缘垫、浪涌保护器、降阻剂等防雷及接地装置工程的工程量清单的编制与计量。

　　(2)清单项目的设置于计量:依据设计图关于接地或防雷装置的内容,对应表 6-33 的项目特征,表述其项目名称,并有相对应的编码、计量单位和计算规则。根据"工程内容"一栏的提示,描述该项目的工程内容。

　　(3)相关说明。

　　1)利用桩基础作接地极时,应描述桩台下桩的根数,每桩几根柱筋需焊接。其工程量可计入柱引下线的工程量中一并计算。

　　2)利用桩筋作引下线的,一定要描述是几根柱筋焊接作为引下线。

　　3)"项"的单价要包括特征和"工程内容"中所有的各项费用之和。

三、清单工程量计算实例

【例6-19】 图6-8为GJT—8独立避雷针塔,其中

(1)GJJ—1　标准图重　38kg

(2)GJJ—1　标准图重　38kg

(3)GJJ—1　标准图重　38kg

(4)GJJ—1　标准图重　38kg

(5)GJJ—1　标准图重　38kg

(6)GJJ—1　标准图重　38kg

连接件　7.2kg

(7)投光灯　4个

试计算工程量并套清单。

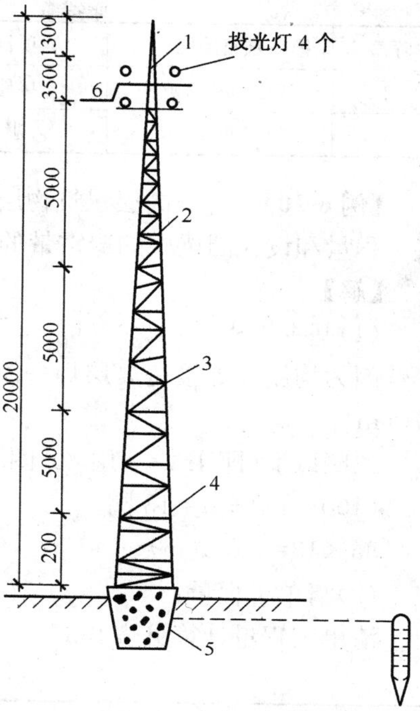

【解】

(1)基本工程量

1)塔基挖土方按J—2基础构造图挖土:$1.4 \times 1.4 \times 2 = 3.92(m^3)$

2)基础混凝土:$1.4 \times 1.4 \times 2.2 = 4.31(m^3)$

3)基础埋设件制作　29kg

4)基础埋设件安装　29kg

图6-8　独立避雷针塔

5)铁塔制作由1、2、3、4等四个部分组成

$1(38kg) + 2(93kg) + 3(132kg) + 4(235kg) = 498(kg)$

6)铁塔安装总重为

$1 + 2 + 3 + 4 + 连接件 = (38 + 93 + 132 + 235 + 34 + 7.2) = 539.2(kg)$

7)避雷针制作GJJ—1　1根

8)避雷针安装　1根

9)照明台制作MT—1(34kg)　2根

10)照明台安装　2根

11)投光灯安装 TG_2—B—1　500　4套

12)接地极挖土方:$(5 + 11) \times 0.34 = 16 \times 0.34 = 5.44(m^3)$

13)接地极制安　钢管2.5　L=2.5m　3根

14)接地母线埋设

$0.8 + 5 + 10 + 0.1 + 0.8 = 16.7(m)$

15)接地电阻测验　1次

(2)清单工程量

清单工程量计算见表6-34:

表6-34　清单工程量计算表

序号	项目编码	项目名称	项目特征描述	计量单位	工程数量
1	030409001001	接地极	接地极制作安装	根	3

续表 6-34

序号	项目编码	项目名称	项目特征描述	计量单位	工程数量
2	030409002001	接地母线	接地母线埋设	m	16.7
3	030409006001	避雷针	避雷针制安	根	1

【例 6-20】　有一高层建筑物层高 4m，檐高 100m，外墙轴线总周长为 85m，计算均压环焊接工程量和设在圈梁中的避雷带的工程量。

【解】

(1)基本工程量：

因为均压环焊接每 3 层焊一圈，即每 12m 焊一圈，因此 30m 以下可以设两圈，即 $2×85=170(m)$

二圈以上(即 $4m×3$ 层 $×2$ 圈 $=24m$ 以上)每两层设避雷带，工程量为：

$(100-24)÷6=13$ 圈

$85×13=1105(m)$

(2)清单工程量：

清单工程量计算见表 6-35。

表 6-35　清单工程量计算表

项目编码	项目名称	项目特征描述	计量单位	工程量
030409004001	均压环	均压环焊接	m	170
030409005001	避雷带	圈梁中的避雷带	m	1105

第十节　10kV 以下架空配电线路

一、清单工程量计算规则

10kV 以下架空配电线路工程量清单项目设置、项目特征描述的内容、计量单位及工程量计算规则，应按表 6-36 的规定执行。

表 6-36　10kV 以下架空配电线路(编码：030410)

项目编码	项目名称	项目特征	计量单位	工程量计算规则	工作内容
030410001	电杆组立	1. 名称 2. 材质 3. 规格 4. 类型 5. 地形 6. 土质 7. 底盘、拉盘、卡盘规格 8. 拉线材质、规格、类型 9. 现浇基础类型、钢筋类型、规格，基础垫层要求 10. 电杆防腐要求	根(基)	按设计图示数量计算	1. 施工定位 2. 电杆组立 3. 土(石)方挖填 4. 底盘、拉盘、卡盘安装 5. 电杆防腐 6. 拉线制作、安装 7. 现浇基础、基础垫层 8. 工地运输

续表 6—36

项目编码	项目名称	项目特征	计量单位	工程量计算规则	工作内容
030410002	横担组装	1. 名称 2. 材质 3. 规格 4. 类型 5. 电压等级(kV) 6. 瓷瓶型号、规格 7. 金具品种规格	组	按设计图示数量计算	1. 横担安装 2. 瓷瓶、金具组装
030410003	导线架设	1. 名称 2. 型号 3. 规格 4. 地形 5. 跨越类型	km	按设计图示尺寸以单线长度计算(含预留长度)	1. 导线架设 2. 导线跨越及进户线架设 3. 工地运输
030410004	杆上设备	1. 名称 2. 型号 3. 规格 4. 电压等级(kV) 5. 支撑架种类、规格 6. 接线端子材质、规格 7. 接地要求	台(组)	按设计图示数量计算	1. 支撑架安装 2. 本体安装 3. 焊压接线端子、接线 4. 补刷(喷)油漆 5. 接地

注:1. 杆上设备调试,应按表6-50相关项目编码列项。

  2. 架空导线预留长度见表6-53。

二、清单工程量计算有关问题说明

(1)表6-36适用于电杆组立、横担组装、导线架设、杆上设备等项目的工程量清单项目的设置与计量。

(2)清单项目的设置与计量:依据设计图示的工程内容,对应表6-36各项目的项目特征,必须对项目表述清楚。

电杆组立的计量单位是"根(基)",按设计图示数量计。横担组装的计量单位是"组",按设计图示数量计。导线架设的计量单位是"km",按设计图示尺寸以单线长度计算(含预留长度)。杆上设备的计量单位是"台(组)",按设计图示数量计。

在设置项目时,一定要按项目特征表述该清单项目名称。对其应综合的辅助项目(工程内容),也要描述到位,如电杆组立要发生的项目:施工定位;电杆组立;土(石)方挖填;底盘、拉盘、卡盘安装;电杆防腐;拉线制作、安装;现浇基础、基础垫层;工地运输。

在设置清单项目时,对同一型号、同一材质,但规格不同的架空线路要分别设置项目,分别编码(最后三位码)。

(3)相关说明。

1)杆坑挖填土清单项目按《建设工程工程量清单计价规范》(GB 50500—2013)附录A的规定设置、编码。

2)杆上变配电设备项目按《建设工程工程量清单计价规范》(GB 50500—2013)附录 C.2.1～C.2.3 相关项目的规定度量与计量。

3)在需要时,对杆坑的土质情况、沿途地形予以描述。

4)架空线路的各种预留长度,按设计要求或施工及验收规范规定的长度计算在综合单价内。

三、清单工程量计算实例

【例 6-21】　如图 6-9 所示一架空线路图,混凝土电杆高 10m,间距 40m,属于丘陵地区架设施工,选用 BLX-(3×70+1×35),室外杆上变压器容量为 320kV·A,变后杆高 18m。试计算清单工程量。

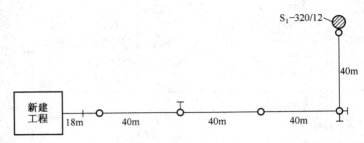

图 6-9　外线工程平面图

【解】

(1)基本工程量:

70mm^2 的导线长度:(40×4+18)×3=534(m)

35mm^2 的导线长度:(40×4+18)×1=178(m)

普通拉线制作:4 组

立混凝土电杆:4 根

杆上变台组织 320kV·A:1 台

进户线铁横担安装:1 组

(2)清单工程量:

表 6-37　清单工程量计算表

序号	项目编码	项目名称	项目特征描述	计量单位	工程量
1	030410001001	电杆组立	混凝土电杆,丘陵山区架设	根	4
2	030410003001	导线架设	选用 BLX-(3×70+1×35)	km	0.712

【例 6-22】　某低压架空线路工程室外线路平面图如图 6-10 所示:

(1)室外线路采用裸铝绞线架空敷设,各种杆塔型号及规格见表 6-38。

(2)拉线杆为 φ150-7-A 电杆(杆高 7m,埋深 1.2m)。

(3)路灯为电杆上安装 JTY16-1 马路弯灯。

(4)房屋引入线横担为 L50×50×5 镀锌角钢两端埋设式,双线式和四线式各一副。

(5)由变电所至 N$_1$ 电杆线路为电缆沿沟敷设后,加保护管上杆,由建设单位自埋。

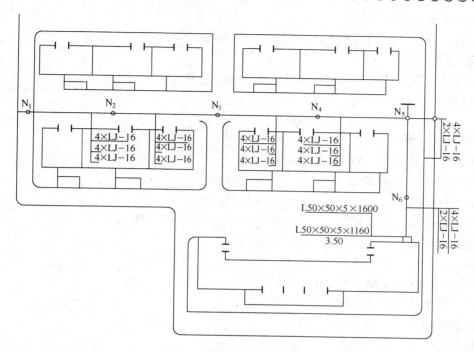

图 6-10 低压架空室外线路平面图 1：500

表 6-38 各种杆塔型号及规格

杆塔编号	N_1	N_2、N_3、N_4	N_5	N_6
杆塔简图	4500 1700 5950 600 600 150 9000	4500 1700 5950 600 600 150 9000	4500 1700 5950 600 600 150 9000	4500 1700 5550 150 600 8000
杆塔型号	442D1	442Z	44NJ2	42D1
电杆	ϕ150-9-A	ϕ150-9-A	ϕ150-9-A	ϕ150-8-A
第一层横担	4D1Ⅳ1/—	4ZⅡ1/—	4J3Ⅳ1/4J3Ⅳ1	4D1Ⅳ/1—
第二层横担	4D1Ⅳ1/—	4ZⅡ1/—	4D2Ⅳ1/—	2J3Ⅱ1/—
第三层横担	2J3Ⅱ1/—	2ZⅡ1/—	2J3Ⅱ1/2J3—Ⅱ1	
路灯	LD1-A-I 2-100W	LD1-A-I 2-100W	LD1-A-1 2-100W	LD1-A-I 1-100W
底盘/卡盘	DP6/KP8		DP6/KP8	DP6/KP8
拉线	GJ-35-4 Ⅰ₁	—	GJ-35-3-Ⅰ	—

（6）拉线采用镀锌钢绞线。

计算各项清单工程量。

【解】

（1）混凝土电杆组立

拉线干 1 根　$\phi150\times7000$

$N_1\sim N_5$　5 根　$\phi150\times9000$；N_6　1 根　$\phi150\times8000$

(2)混凝土底盘

N_1、N_5、N_6：DP6　600mm×600mm×200mm　3 个

(3)混凝土卡盘

N_1、N_5：800mm×400mm×200mm　4 个(含拉线干)

(4)土方开挖及回填

根据图 6-11 中尺寸,查定额土方量表得到：

1)拉线干(杆高 7m,埋深 1.2m)：$1.36\times1=1.36(m^3)$

2)导线杆(杆高 8m,埋深 1.7m)：$1.78\times1=1.78(m^3)$

3)导线杆(杆高 9m,埋深 1.5m)：$1.21\times3+2.02\times2=7.67(m^3)$

4)拉线坑深 1.2m：$0.82\times4m^3=3.28(m^3)$

小计：$1.36+1.78+7.67+3.28=14.09(m^3)$

(5)横担安装(1kV 以下)

双线单横担：L40×4×180　6 组

双线单横担：L40×4×700　1 组

双线单横担：L50×5×700　8 组

四线单横担：L50×5×1500　6 组

四线双横担：L75×8×1500　6 组

双线式进户横担：L50×5×1160

四线式进户横担：L50×5×1600

(6)拉线制作安装

$N_1\rightarrow35mm^2$　1 组

$N_5\rightarrow35mm^2$　3 组

(7)导线架设(LJ-16mm²)

N_1-N_2　20×10=200(km)　N_2-N_3　22×10=220(km)

N_3-N_4　20×10=200(km)　N_4-N_5　23×10=230(km)

N_5-N_6　12×6=72(km)　N_1(尽头)　0.5×10=5(km)

N_5(转角)　1.5×6=9(km)

小计：(200+220+200+230+72+5+9)km=936km

清单工程量计算见表 6-39。

表 6-39　清单工程量计算表

序号	项目编码	项目名称	项目特征描述	计量单位	工程量
1	030410001001	电杆组立	拉线杆,$\phi150\times7000$	根	1
2	030410001002	电杆组立	N_1-N_5,$\phi150\times9000$	根	5
3	030410001003	电杆组立	N_6,$\phi150\times8000$	根	1
4	030410003001	导线架设	LJ-16mm²	km	936.00

第十一节　配管、配线

一、清单工程量计算规则

配管、配线工程量清单项目设置、项目特征描述的内容、计量单位及工程量计算规则,应按表 6-40 的规定执行。

表 6-40　配管、配线(编码:030411)

项目编码	项目名称	项目特征	计量单位	工程量计算规则	工作内容
030411001	配管	1. 名称 2. 材质 3. 规格 4. 配置形式 5. 接地要求 6. 钢索材质、规格	m	按设计图示尺寸以长度计算	1. 电线管路敷设 2. 钢索架设(拉紧装置安装) 3. 预留沟槽 4. 接地
030411002	线槽	1. 名称 2. 材质 3. 规格			1. 本体安装 2. 补刷(喷)油漆
030411003	桥架	1. 名称 2. 型号 3. 规格 4. 材质 5. 类型 6. 接地方式			1. 本体安装 2. 接地
030411004	配线	1. 名称 2. 配线形式 3. 型号 4. 规格 5. 材质 6. 配线部位 7. 配线线制 8. 钢索材质、规格		按设计图示尺寸以单线长度计算(含预留长度)	1. 配线 2. 钢索架设(拉紧装置安装) 3. 支持体(夹板、绝缘子、槽板等)安装
030411005	接线箱	1. 名称 2. 材质 3. 规格 4. 安装形式	个	按设计图示数量计算	本体安装
030411006	接线盒				

注:1. 配管、线槽安装不扣除管路中间的接线箱(盒)、灯头盒、开关盒所占长度。

2. 配管名称指电线管、钢管、防爆管、塑料管、软管、波纹管等。

3. 配管配置形式指明配、暗配、吊顶内、钢结构支架、钢索配管、埋地敷设、水下敷设、砌筑沟内敷设等。

4. 配线名称指管内穿线、瓷夹板配线、塑料夹板配线、绝缘子配线、槽板配线、塑料护套配线、线槽配线、车间带形母线等。

5. 配线形式指照明线路,动力线路,木结构,顶棚内,砖、混凝土结构,沿支架、钢索、屋架、梁、柱、墙,以及跨屋架、梁、柱。

6. 配线保护管遇到下列情况之一时,应增设管路接线盒和拉线盒:(1)管长度每超过 30m,无弯曲;(2)管长度每超过 20m,有 1 个弯曲;(3)管长度每超过 15m,有 2 个弯曲;(4)管长度每超过 8m,有 3 个弯曲。垂直敷设的电线保护管遇到下列情况之一时,应增设固定导线用的拉线盒:(1)管内导线截面为 50mm² 及以下,长度每超过 30m;(2)管内导线截面为 70mm²～95mm²,长度每超过 20m;(3)管内导线截面为 120mm²～240mm²,长度每超过 18m。在配管清单项目计量时,设计无要求时上述规定可以作为计量接线盒、拉线盒的依据。

7. 配管安装中不包括凿槽、刨沟,应按本附录 6-49 相关项目编码列项。

8. 配线进入箱、柜、板的预留长度见表 6-54。

二、清单工程量计算有关问题说明

(1)表 6-40 适用于配管、线槽、桥架、配线、接线箱、接线盒等配管、配线工程量清单项目的设置与计量。

(2)清单项目的设置与计量:依据设计图示工程内容,按照表 6-40 上的项目特征,如配管特征:名称,材质,规格,配置形式,接地要求,钢索材质、规格,和对应的编码,编好后三位码。

1)在配管清单项目中,名称和材质有时是一体的,如钢管敷设,"钢管"即是名称,又代表了材质,它就是项目的名称。而规格指管的直径,如 $\phi25$。配置形式在这里表示明配或暗配(明、暗敷设)。部位表示敷设位置:①吊顶内,②钢结构支架上,③钢索配管,④埋地敷设,⑤水下敷设,⑥砌筑沟内敷设等。

2)在配线工程中,清单项目名称要紧紧与配线形式连在一起,因为配线的方式会决定选用什么样的导线,因此对配线形式的表述更显得重要。

配线形式有①管内穿线,②瓷夹板或塑料夹板配线,③绝缘子配线,④槽板配线,⑤塑料护套配线,⑥线槽配线,⑦车间带形母线等。

电气配线项目特征中的"配线部位和配线线制"也很重要。

配线部位一般指①木结构,②顶棚内,③砖、混凝土结构,④沿支架、钢索、屋架、梁、柱、墙,⑥跨层架、梁、柱。

在不同的部位上,工艺不一样,单价就不一样。

线制主要在夹板和槽板配线中要注明,因为同样长度的线路,由于线制不同所用主材导线的量也不同。辅材也有差别,因此要描述线制。

(3)相关说明

1)金属软管敷设不单设清单项目,在相关设备安装或电机核查接线清单项目的综合单价中考虑。

2)在配线工程中所有的预留量(指与设备连接)均应依据设计要求或施工及验收规范规定的长度考虑在综合单价中,而不作为实物量计算。

3)根据配管工艺的需要和计量的连续性,规范的接线箱(盒)、拉线盒、灯位盒综合在配管工程中,接线盒、拉线盒的设置按施工及验收规范的规定执行。

配电线保护管遇到下列情况之一时,中间应增设管路接线盒和拉线盒,且接线盒或拉线盒的位置应满足:管长度每超过 30m 无弯曲;管长度每超过 20m 有 1 个弯曲;管长度每超过 15m 有 2 个弯曲;管长度每超过 8m 有 3 个弯曲。

垂直敷设的电线保护管遇下列情况之一时,应增设固定导线用的拉线盒:管内导线截面为 50mm² 及以下,长度每超过 30m;管内导线截面为 70~95mm²,长度每超过 20m;管内导线截面为 120~240mm²,长度每超过 18m。

在配管清单项目计量时,设计无要求时则上述规定可以作为计量接线箱(盒)、拉线盒的依据。

三、清单工程量计算实例

【例 6-23】　塑料槽板配线,砖混结构,三线,BVV2.5mm²,长 300m。试计算清单工程量。

【解】

(1)塑料槽板配线(三线),砖混结构,BVV2.5mm²。

1)人工费:4.06×(300÷3)＝406(元)

2)材料费:0.8×(300÷3)＝80(元)

3)机械费:无

(2)主材:

1)绝缘导线 BVV2.5mm²:0.8×2.26×100＝180.8(元)

2)塑料槽板 38－63:21×1.05×100＝2205(元)

(3)综合:

1)直接费合计:2871.8元

2)管理费:2871.8×34%＝976.41(元)

3)利润:2871.8×8%＝229.74(元)

4)总计:2871.8＋976.41＋229.74＝4077.95(元)

5)综合单价:4077.95÷300＝13.59(元)

结果见表 6-41 和表 6-42。

表 6-41 分部分项工程量清单计价表

序号	项目编号	项目名称	项目特征描述	计量单位	工程数量	金额/元		其中
						综合单价	合价	直接费
1	030411002015	塑料槽板配线	砖混结构,三线,BVV2.5mm²	m	300	13.59	4077.95	2871.8

表 6-42 分部分项工程量清单综合单价计算表

项目编号	030411002015		项目名称	塑料槽板配线	计量单位	m	工程量	300
清单综合单价组成明细								
定额编号	定额项目名称	定额单位	数量	单价/元			合价/元		

定额编号	定额项目名称	定额单位	数量	人工费	材料费	机械费	人工费	材料费	机械费	管理费和利润
2-1311	塑料槽板(三线)配线 BVV2.5mm²砖混	100m	3.0	406.12	79.70	—	406.12	79.70	—	1206.15
人工单价			小 计				406.12	79.70	—	1206.15
28元/工日			未计价材料费				—			
清单项目综合单价/元							13.59			

【例 6-24】 如图 6-11 所示层高 3m,配电箱安装高度为 1.5m,计算管线清单工程量。

【解】

SC25 工程量:12＋(3.0－1.5)×3＝16.5(m)

BV6 工程量:16.5×4＝66(m)

注:配电箱 M₁有进出两根管,所以垂直部分共 3 根管。

清单工程量计算见表 6-43。

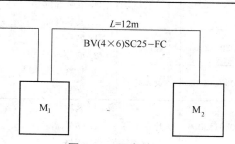

图 6-11 配电箱

表 6-43　清单工程量计算表

序号	项目编码	项目名称	项目特征描述	计量单位	工程量
1	030411001001	电气配管	SC25	m	16.5
2	030411004001	电气配线	BV6	m	66

【例 6-25】　某塔楼 20 层,层高 3m,配电箱高 0.7m,均为暗装且在平面同一位置。立管采用 SC32,计算立管清单工程量。

【解】

SC32 工程量:(20－1)×3＝57(m)

清单工程量计算见表 6-44。

表 6-44　清单工程量计算表

项目编码	项目名称	项目特征描述	计量单位	工程量
030411001001	电气配管	SC32	m	57

第十二节　照明器具安装

一、清单工程量计算规则

照明器具安装工程量清单项目设置、项目特征描述的内容、计量单位及工程量计算规则,应按表 6-45 的规定执行。

表 6-45　照明器具安装(编码:030412)

项目编码	项目名称	项目特征	计量单位	工程量计算规则	工作内容
030412001	普通灯具	1. 名称 2. 型号 3. 规格 4. 类型	套	按设计图示数量计算	本体安装
030412002	工厂灯	1. 名称 2. 型号 3. 规格 4. 安装形式			
030412003	高度标志 (障碍)灯	1. 名称 2. 型号 3. 规格 4. 安装部位 5. 安装高度			
030412004	装饰灯	1. 名称 2. 型号 3. 规格 4. 安装形式			
030412005	荧光灯				
030412006	医疗专用灯	1. 名称 2. 型号 3. 规格			

续表 6-45

项目编码	项目名称	项目特征	计量单位	工程量计算规则	工作内容
030412007	一般路灯	1. 名称 2. 型号 3. 规格 4. 灯杆材质、规格 5. 灯架形式及臂长 6. 附件配置要求 7. 灯杆形式(单、双) 8. 基础形式、砂浆配合比 9. 杆座材质、规格 10. 接线端子材质、规格 11. 编号 12. 接地要求	套	按设计图示数量计算	1. 基础制作、安装 2. 立灯杆 3. 杆座安装 4. 灯架及灯具附件安装 5. 焊、压接线端子 6. 补刷(喷)油漆 7. 灯杆编号 8. 接地
030412008	中杆灯	1. 名称 2. 灯杆的材质及高度 3. 灯架的型号、规格 4. 附件配置 5. 光源数量 6. 基础形式、浇筑材质 7. 杆座材质、规格 8. 接线端子材质、规格 9. 铁构件规格 10. 编号 11. 灌浆配合比 12. 接地要求			1. 基础浇筑 2. 立灯杆 3. 杆座安装 4. 灯架及灯具附件安装 5. 焊、压接线端子 6. 铁构件安装 7. 补刷(喷)油漆 8. 灯杆编号 9. 接地
030412009	高杆灯	1. 名称 2. 灯杆高度 3. 灯架形式(成套或组装、固定或升降) 4. 附件配置 5. 光源数量 6. 基础形式、浇筑材质 7. 杆座材质、规格 8. 接线端子材质、规格 9. 铁构件规格 10. 编号 11. 灌浆配合比 12. 接地要求			1. 基础浇筑 2. 立灯杆 3. 杆座安装 4. 灯架及灯具附件安装 5. 焊、压接线端子 6. 铁构件安装 7. 补刷(喷)油漆 8. 灯杆编号 9. 升降机构接线调试 10. 接地
030412010	桥栏杆灯	1. 名称 2. 型号 3. 规格 4. 安装形式			1. 灯具安装 2. 补刷(喷)油漆
030412011	地道涵洞灯				

注:1. 普通灯具包括圆球吸顶灯、半圆球吸顶灯、方形吸顶灯、软线吊灯、座灯头、吊链灯、防水吊灯、壁灯等。

2. 工厂灯包括工厂罩灯、防水灯、防尘灯、碘钨灯、投光灯、泛光灯、混光灯、密闭灯等。

3. 高度标志(障碍)灯包括烟囱标志灯、高塔标志灯、高层建筑屋顶障碍指示灯等。

4. 装饰灯包括吊式艺术装饰灯、吸顶式艺术装饰灯、荧光艺术装饰灯、几何型组合艺术装饰灯、标志灯、诱导装饰灯、水下(上)艺术装饰灯、点光源艺术灯、歌舞厅灯具、草坪灯具等。

5. 医疗专用灯包括病房指示灯、病房暗脚灯、紫外线杀菌灯、无影灯等。

6. 中杆灯是指安装在高度小于或等于19m的灯杆上的照明器具。

7. 高杆灯是指安装在高度大于19m的灯杆上的照明器具。

二、清单工程量计算有关问题说明

(1)表6-45适用于工业与民用建筑(含公用设施)及市政设施的各种照明灯具、开关、插座、门铃等工程量清单项目的设置与计量。包括普通灯具、工厂灯、高度标志(障碍)灯、装饰灯、荧光灯、医疗专用灯、一般路灯、中杆灯、高杆灯、桥栏杆灯、地道涵洞灯等安装。

下列清单项目适用的灯具如下:

1)030412001普通灯具:圆球吸顶灯、半圆球吸顶灯、方形吸顶灯、软线吊灯、座灯头、吊链灯、防水吊灯、壁灯等。

2)030412002工厂灯:工厂罩灯、防水灯、防尘灯、碘钨灯、投光灯、泛光灯、混光灯、密闭灯等。

3)030412003高度标志(障碍)灯:烟囱标志灯、高塔标志灯、高层建筑屋顶障碍指示灯等。

4)030412004装饰灯:吊式艺术装饰灯、吸顶式艺术装饰灯、荧光艺术装饰灯、几何型组合艺术装饰灯、标志灯、诱导装饰灯、水下(上)艺术装饰灯、点光源艺术灯、歌舞厅灯具、草坪灯具等。

5)030412006医疗专用灯:病房指示灯、病房暗脚灯、紫外线杀菌灯、无影灯等。

(2)清单项目的设置与计量:依据设计图示工程内容(灯具)对应表6-45的项目特征,表述项目名称即可。

三、清单工程量计算实例

【例6-26】 吸顶式荧光灯具,组装型,单管,28套。试计算清单工程量。

【解】

(1)吸顶式荧光灯具安装

1)人工费:5.57×28=155.96(元)

2)材料费:4.27×28=119.56(元)

3)机械费:无

(2)主材:

吸顶式荧光灯:35×1.01×28=989.8(元)

(3)综合:

1)直接费合计:1265.32元

2)管理费:1265.32×34%=430.21(元)

3)利润:1265.32×8%=101.23(元)

4)总计:1265.32+430.21+101.23=1796.76(元)

5)综合单价:1796.76÷28=64.17(元)

结果见表6-46和表6-47。

表6-46 分部分项工程量清单计价表

序号	项目编号	项目名称	项目特征描述	计量单位	工程数量	金额/元		
						综合单价	合价	其中直接费
1	030412005001	吸顶式荧光灯具	组装型、单管	套	28	64.17	1796.76	1265.32

表6-47　分部分项工程量清单综合单价计算表

项目编号	030412005001		项目名称	吸顶式荧光灯灯具	计量单位	套	工程量	28
清单综合单价组成明细								
定额编号	定额项目名称	定额单位	数量	单价/元			合价/元		
				人工费	材料费	机械费	人工费	材料费	机械费	管理费和利润
2-1585	吸顶式荧光灯灯具（组装型）单管	10套	2.8	55.73	42.69	—	155.96	119.56	—	531.44
人工单价			小　计				155.96	119.56	—	531.44
28元/工日			未计价材料费				—			
清单项目综合单价/元							64.17			

【例6-27】　如图6-12、图6-13所示为某工程局部照明系统图及平面图，说明如下：

（1）电源由低压屏引来，钢管为 *DN*20 埋地敷设，管内穿 BV-3×6mm² 线。

（2）照明配电箱为 300mm×270mm×130mm　PZ30 箱，下口距地为 2.5m；墙厚300mm。

（3）全部插座、照明线路采用 BV-2.5mm² 线，穿 PVC-15 管暗敷设。

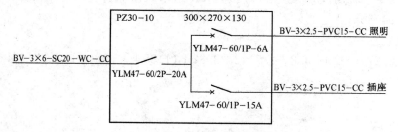

图6-12　某工程局部照明系统图

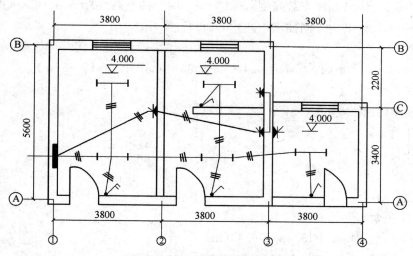

图6-13　某工程局部照明平面图

(4)跷板单、双联开关安装高度距地 1.6m。

(5)单相五孔插座为 86 系列,安装高度距地 0.4m。

(6)YLM47 为空气开关。

计算各项清单工程量。

【解】

(1)PZ30 配电箱　300mm×270mm×130mm　1 台

(2)钢管埋地暗敷设 G20

$$1.50(规则)+0.15(半墙)+2.5(配电箱安装高度)=4.15(m)$$

(3)进户线 BV-6mm²

$$[4.15+(0.3+0.27)(箱宽高)]×3=14.16(m)$$

(4)配电箱——日光灯

BV-2.5mm²线:

4(层高)−2.5(配电箱安装高度)−0.27(箱高)+(0.3+0.27)(规则)+1.9(箱~①②轴日光灯)+3.8(房间宽)+2.7×2(两房间日光灯灯距相同)+3.82(③~④灯距)+1.85(灯到开关处顶部引线长)+4(层高)−1.6(开关安装高度)+[1(②~③轴房间灯到开关处顶部引线)+4(层高)−1.6(②~③轴房间开关安装高度)]×2+[1.45(顶部引线)+4(层高)−1.6(①~②轴开关线)]×3=94.86m

PVC-15 管:

(4−2.5−0.27)+1.9+3.8+2.7×2+3.82+(1.85+4−1.6)+(1+4−1.6)×2+(1.45+4−1.6)=31.05(m)

(5)配电箱——插座

BV-2.5mm²线:

[4(层高)−2.5(配电箱安装高度)−0.27(箱高)+(0.3+0.27)+4.0(②轴插座)+(4−0.4)(插座−顶板)+0.4(插座安装高度)×2(②~③两个插座高度)+3.85(②~③插座平面距离)+0.3(墙厚)+1.6(③内外间插座距离)]×3=47.85(m)

PVC-15 管:

4−2.5−0.27+4.0+(4−0.4)+0.4×2+3.85+0.3+1.6=15.38(m)

(6)单管日光灯　5 套

(7)五孔插座(二孔+三孔)　4 个

(8)单联开关　3 个

(9)双联开关　1 个

(10)插座盒　4 个

(11)开关盒　4 个

(12)灯头定位盒　5 个

小计:PVC-15 管 31.05+15.38=46.43(m)

BV-2.5mm²线 94.86+47.85=142.71(m)

清单工程量计算见表 6-48。

表 6-48　清单工程量计算表

序号	项目编码	项目名称	项目特征描述	计量单位	工程量
1	030411001001	电气配管	钢管埋地暗敷设,G20	m	4.15
2	030411004001	电气配线	进户线 BV-6.0mm^2	m	12.45
3	030411004002	电气配线	照明灯具,插座布线 BV-2.5mm^2	m	139.29
4	030411001002	电气配管	PVC-15 管,暗敷设	m	46.43
5	030412001001	普通吸顶灯及其他灯具	单管日光灯	套	5
6	030414002001	送配电装置系统	低压电系统调试	系统	1
7	030404031001	小电器	五孔插座	个	4
8	030404031002	小电器	单联开关	个	3
9	030404031003	小电器	双联开关	个	1

第十三节　附属工程及电气调整试验

一、清单工程量计算规则

1. 附属工程

　　附属工程工程量清单项目设置、项目特征描述的内容、计量单位及工程量计算规则,应按表 6-49 的规定执行。

表 6-49　附属工程(编码:030413)

项目编码	项目名称	项目特征	计量单位	工程量计算规则	工作内容
030413001	铁构件	1. 名称 2. 材质 3. 规格	kg	按设计图示尺寸以质量计算	1. 制作 2. 安装 3. 补刷(喷)油漆
030413002	凿(压)槽	1. 名称 2. 规格 3. 类型 4. 填充(恢复)方式 5. 混凝土标准	m	按设计图示尺寸以长度计算	1. 开槽 2. 恢复处理
030413003	打洞(孔)	1. 名称 2. 规格 3. 类型 4. 填充(恢复)方式 5. 混凝土标准	个	按设计图示数量计算	1. 开孔、洞 2. 恢复处理
030413004	管道包封	1. 名称 2. 规格 3. 混凝土强度等级	m	按设计图示长度计算	1. 灌注 2. 养护
030413005	人(手)孔砌筑	1. 名称 2. 规格 3. 类型	个	按设计图示数量计算	砌筑

续表 6-49

项目编码	项目名称	项目特征	计量单位	工程量计算规则	工作内容
030413006	人(手)孔防水	1. 名称 2. 类型 3. 规格 4. 防水材质及做法	m²	按设计图示防水面积计算	防水

注:铁构件适用于电气工程的各种支架、铁构件的制作安装。

2. 电气调整试验

电气调整试验工程量清单项目设置、项目特征描述的内容、计量单位及工程量计算规则,应按表 6-50 的规定执行。

表 6-50　电气调整试验(编码:030414)

项目编码	项目名称	项目特征	计量单位	工程量计算规则	工作内容
030414001	电力变压器系统	1. 名称 2. 型号 3. 容量(kV·A)	系统	按设计图示系统计算	系统调试
030414002	送配电装置系统	1. 名称 2. 型号 3. 电压等级(kV) 4. 类型			
030414003	特殊保护装置	1. 名称 2. 类型	台(套)	按设计图示数量计算	调试
030414004	自动投入装置		系统(台、套)		
030414005	中央信号装置	1. 名称 2. 类型	系统(台)		
030414006	事故照明切换装置				
030414007	不间断电源	1. 名称 2. 类型 3. 容量	系统	按设计图示系统计算	
030414008	母线	1. 名称 2. 电压等级(kV)	段	按设计图示数量计算	
030414009	避雷器		组		
030414010	电容器				
030414011	接地装置	1. 名称 2. 类别	1. 系统 2. 组	1. 以系统计量,按设计图示系统计算 2. 以组计量,按设计图示数量计算	接地电阻测试
030414012	电抗器、消弧线圈	1. 名称 2. 型号 3. 规格	台	按设计图示数量计算	调试
030414013	电除尘器		组		

续表 6-50

项目编码	项目名称	项目特征	计量单位	工程量计算规则	工作内容
030414014	硅整流设备、可控硅整流装置	1. 名称 2. 类别 3. 电压(V) 4. 电流(A)	系统	按设计图示系统计算	调试
030414015	电缆试验	1. 名称 2. 电压等级(kV)	次 (根、点)	按设计图示数量计算	试验

注：1. 功率大于 10kW 电动机及发电机的启动调试用的蒸汽、电力和其他动力能源消耗及变压器空载试运转的电力消耗及设备需烘干处理应说明。

2. 配合机械设备及其他工艺的单体试车，应按《通用安装工程工程量计算规范》(GB 50856—2013)附录 N 措施项目相关项目编码列项。

3. 计算机系统调试应按《通用安装工程工程量计算规范》(GB 50856—2013)附录 F 自动化控制仪表安装工程相关项目编码列项。

二、清单工程量计算有关问题说明

(1)表 6-50 适用于电力变压器系统、送配电装置系统、特殊保护装置、自动投入装置、中央信号装置、事故照明切换装置、不间断电源、母线、避雷器、电容器、接地装置、电抗器、消弧线圈、电除尘器、硅整流设备、可控硅整流装置、电缆试验等系统的电气设备的本体试验和主要设备分系统调试的工程量清单项目设置与计量。

(2)清单项目的设置与计量：表 6-50 中的项目特征基本上是以系统名称或保护装置及设备本体名称来设置的。如变压器系统调试就以变压器的名称、型号、容量来设置。

计量单位多为"系统"，也有"台"、"套"、"组"、"段"、"次"、"根"、"点"，计量规则多为"按设计图示数量计算"，也有"按设计图示系统计算"、"以系统计量，按设计图示系统计算"、"以组计量，按设计图示数量计算"。

名称和编码均按表 6-50 的规定设置。

(3)相关说明

1)调整试验项目系指一个系统的调整试验，它是由多台设备、组件(配件)、网络连在一起，经过调整试验才能完成某一特定的生产过程，这个工作(调试)无法综合考虑在某一实体(仪表、设备、组件、网络)上，因此不能用物理计量单位或一般的自然计量单位来计量，只能用"系统"为单位计量。

电气调试系统的划分以设计的电气原理系统图为依据。具体划分可参照《全国统一安装工程预算工程量计算规则》的有关规定。

2)关于电气设备安装工程的相关问题及说明

①电气设备安装工程适用于 10kV 以下变配电设备及线路的安装工程、车间动力电气设备及电气照明、防雷及接地装置安装、配管配线、电气调试等。

②挖土、填土工程应按现行国家标准《房屋建筑与装饰工程工程量计算规范》(GB 50854—2013)相关项目编码列项。

③开挖路面应按现行国家标准《市政工程工程量计算规范》(GB 50857—2013)相关项目编码列项。

④过梁、墙、楼板的钢(塑料)套管应按《通用安装工程工程量计算规范》(GB 50856—2013)附录 K 采暖、给排水、燃气工程相关项目编码列项。

⑤除锈、刷漆(补刷漆除外)、保护层安装,应按《通用安装工程工程量计算规范》(GB 50856—2013)附录 M 刷油、防腐蚀、绝热工程相关项目编码列项。

⑥由国家或地方检测验收部门进行的检测验收应按《通用安装工程工程量计算规范》(GB 50856—2013)附录 N 措施项目编码列项。

⑦预留长度及附加长度见表 6-51～表 6-54。

表 6-51　电缆敷设预留及附加长度

序号	项　目	预留长度	说　明
1	电缆敷设弛度、波形弯度、交叉	2.5%	按电缆全长计算
2	电缆进入建筑物	2.0m	规范规定最小值
3	电缆进入沟内或吊架时引上(下)预留	1.5m	规范规定最小值
4	变电所进线、出线	1.5m	规范规定最小值
5	电力电缆终端头	1.5m	检修余量最小值
6	电缆中间接头盒	两端各留 2.0m	检修余量最小值
7	电缆进控制、保护屏及模拟盘、配电箱等	高+宽	按盘面尺寸
8	高压开关柜及低压配电盘、箱	2.0m	盘下进出线
9	电缆至电动机	0.5m	从电动机接线盒起算
10	厂用变压	3.0m	地坪起算
11	电缆绕过梁柱等增加长度	按实计算	按被绕物的断面情况计算增加长度
12	电梯电缆与电缆架固定点	每处 0.5m	规范规定最小值

表 6-52　接地母线、引下线、避雷网附加长度　　　　(单位:m)

项　目	附加长度	说　明
接地母线、引下线、避雷网附加长度	3.9%	按接地母线、引下线、避雷网全长计算

表 6-53　架空导线预留长度　　　　(单位:m/根)

项　目		预留长度
高压	转角	2.5
	分支、终端	2.0
低压	分支、终端	0.5
	交叉跳线转角	1.5
与设备连线		0.5
进户线		2.5

表 6-54　配线进入箱、柜、板的预留长度　　　　　　　　　（单位：m/根）

序号	项　目	预留长度/m	说　明
1	各种开关箱、柜、板	高＋宽	盘面尺寸
2	单独安装(无箱、盘)的铁壳开关、闸刀开关、启动器、线槽进出线盒	0.3	从安装对象中心起算
3	由地面管子出口引至动力接线箱	1.0	从管口起算
4	电源与管内导线连接(管内穿线与软、硬母线接点)	1.5	从管口起算
5	出户线	1.5	从管口起算

三、清单工程量计算实例

【例 6-28】　已知××电气工程中的电气调整试验，试编制电气调整试验的工程量清单。

【解】

电气调整试验的工程量清单见表 6-55。

表 6-55　分部分项工程量清单

工程名称：××工程　　　　　　　　　　　　　　　　　　　　　　　　　　第　页共　页

项目编码	项目名称	项目特征描述	计量单位	工程内容
030414002	送配电装置系统	型号，电压等级(kV)	系统	系统调试

【例 6-29】　备用电源自动投入装置系统如图 6-14 所示，计算图中应划分的调试系统清单工程量。

【解】

依据自动投入装置清单工程量计算规则，此图中的调试工程量为：

(1)线路电源自动重合闸装置调试为：1 套

(2)备用电源自动投入装置调试为：3 套

【例 6-30】　照明电源切换系统如图 6-15 所示，试计算其清单工程量。

【解】

依据中央信号装置、事故照明切换装置、不间断电源安装清单工程量计算规则，此图示事故照明电源切换系统清单工程量为

(1)中央信号装置调试：1 个系统

(2)事故照明切换装置调试：2 个系统

【例 6-31】　如图 6-16 所示为某配电所主接线图，计算其清单工程量。

【解】

需计算的调试与工程量为：

(1)避雷器调试　1 组

(2)变压器系统调试　1 个系统

(3)1kV 以下母线系统调试　1 段

(4)1kV 以下供电送配电系统调试　3 个系统

(5)特殊保护装置调试　1 套

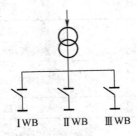

图 6-14　备用电源自动投入装置图示

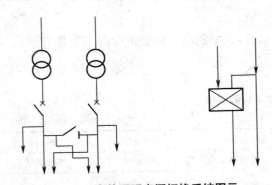

图 6-15　事故照明电源切换系统图示

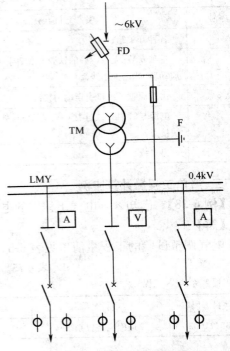

图 6-16　配电所主接线图

清单工程量计算见表 6-56。

表 6-56　清单工程量计算表

序号	项目编码	项目名称	项目特征描述	计量单位	工程量
1	030414009001	避雷器	避雷器调试	组	1
2	030414001001	电力变压器系统	变压器系统调试	系统	1
3	030414008001	母线	1kV 以下母线系统调试	段	1
4	030414002001	送配电装置系统	1kV 以下供电送配电系统调试,断路器	系统	3
5	030414003001	特殊保护装置	熔断器	系统	1

第四部分　涉及电气设备安装工程造价的其他工作

第七章　电气设备安装工程设计概算的编制与审查

内容提要：
1. 了解设计概算文件的组成及常用表格。
2. 了解设计概算的编制依据与编制方法。
3. 掌握设计概算审查的内容、方法及步骤。

第一节　设计概算文件的组成

一、设计概算的概念与内容

设计概算是初步设计概算的简称，是指在初步设计或扩大初步设计阶段，由设计单位根据初步设计图纸、定额、指标、其他工程费用定额等，对工程投资进行的概略计算。设计概算是初步设计文件的重要组成部分，是确定工程设计阶段的投资依据。经过批准的设计概算是控制工程建设投资的最高限额。

设计概算编制内容及相互关系如图 7-1 所示。

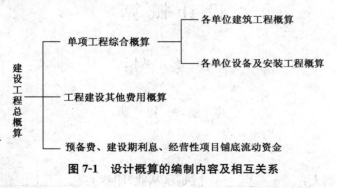

图 7-1　设计概算的编制内容及相互关系

二、设计概算文件的组成

（1）三级编制（总概算、综合概算、单位工程概算）形式设计概算文件的组成。封面、签署页及目录；编制说明；总概算表；其他费用表；综合概算表；单位工程概算表；附件，补充单位估价表。

（2）二级编制（总概算、单位工程概算）形式设计概算文件的组成。封面、签署页及目录；编制说明；总概算表；其他费用表；单位工程概算表；附件，补充单位估价表。

三、设计概算文件常用表格

（1）设计概算封面、签署页、目录、编制说明样式见表 7-1～表 7-4。

表 7-1　设计概算封面式样

（工程名称）

设 计 概 算

档 案 号：

共　册　第　册

（编制单位名称）

（工程造价咨询单位执业章）

年　月　日

表 7-2　设计概算签署页式样

（工程名称）

设 计 概 算

档 案 号：

共　册　第　册

编制人：＿＿＿＿＿＿＿＿＿＿［执业（从业）印章］＿＿＿＿＿＿＿

审核人：＿＿＿＿＿＿＿＿＿＿［执业（从业）印章］＿＿＿＿＿＿＿

审定人：＿＿＿＿＿＿＿＿＿＿［执业（从业）印章］＿＿＿＿＿＿＿

法定负责人：＿＿＿＿＿＿＿＿＿＿＿＿＿＿＿＿＿＿＿

表 7-3 设计概算目录式样

序 号	编 号	名 称	页 次
1		编制说明	
2		总概算表	
3		其他费用表	
4		预备费计算表	
5		专项费用计算表	
6		×××综合概算表	
7		×××综合概算表	
		……	
9		×××单项工程概算表	
10		×××单项工程概算表	
		……	
11		补充单位估价表	
12		主要设备材料数量及价格表	
13		概算相关资料	

表 7-4 设计概算编制说明式样

编制说明

1 工程概况；

2 主要技术经济指标；

3 编制依据；

4 工程费用计算表；

1)建筑工程工程费用计算表；

2)工艺安装工程工程费用计算表；

3)配套工程工程费用计算表；

4)其他工程工程费用计算表。

5 引进设备、材料有关费率取定及依据：国外运输费、国外运输保险费、海关税费、增值税、国内运杂费、其他有关税费；

6 其他有关说明的问题；

7 引进设备、材料从属费用计算表。

(2)概算表格式见表 7-5～表 7-15：

1)总概算表(表 7-5)为采用三级编制形式的总概算的表格。

2)总概算表(表 7-6)为采用二级编制形式的总概算的表格。

表 7-5　总概算表（三级编制形式）

总概算编号：＿＿＿＿＿　工程名称：＿＿＿＿＿＿＿＿＿＿　　　　（单位：万元）　共　页第　页

序号	概算编号	工程项目或费用名称	建筑工程费	设备购置费	安装工程费	其他费用	合计	其中：引进部分		占总投资比例（%）
								美元	折合人民币	
一		工程费用								
1		主要工程								
		×××××								
		×××××								
2		辅助工程								
		×××××								
3		配套工程								
		×××××								
二		其他费用								
1		×××××								
2		×××××								
三		预备费								
四		专项费用								
1		×××××								
2		×××××								
		建设项目概算总投资								

编制人：　　　　　　　　　　　审核人：　　　　　　　　　　　　　　　　　审定人：

表 7-6　总概算表(二级编制形式)

总概算编号：_____　工程名称：_____　　　　　　　　　(单位:万元)　共　页第　页

序号	概算编号	工程项目或费用名称	建筑工程费	设备购置费	安装工程费	其他费用	合计	其中:引进部分		占总投资比例(%)
								美元	折合人民币	
一		工程费用								
1		主要工程								
(1)	×××	××××××								
(2)	×××	××××××								
2		辅助工程								
(1)	×××	××××××								
3		配套工程								
(1)	×××	××××××								
二		其他费用								
1		××××××								
2		××××××								
三		预备费								
四		专项费用								
1		××××××								
2		××××××								
		建设项目概算总投资								

编制人：　　　　　　　　　审核人：　　　　　　　　　　审定人：

3)其他费用表(表7-7)。

4)其他费用计算表(表7-8)。

5)综合概算表(表7-9)为单项工程综合概算的表格。

6)建筑工程概算表(表7-10)为单位工程概算的表格。

7)设备及安装工程概算表(表7-11)为单位工程概算的表格。

8)补充单位估价表(表7-12)。

9)主要设备、材料数量及价格表(表7-13)。

10)进口设备、材料价格及从属费用计算表(表7-14)。

11)工程费用计算程序表(表7-15)。

(3)调整概算对比表。调整概算对比表有以下两种:

1)总概算对比表(表7-16)。

2)综合概算对比表(表7-17)。

表 7-7　其他费用表

工程名称:＿＿＿＿＿＿＿＿＿＿＿＿＿＿　　　　　　　　(单位:万元)　共　页第　页

序号	费用项目编号	费用项目名称	费用计算基数	费率(%)	金额	计算公式	备注
1							
2							

编制人:　　　　　　　　　　　　　　审核人:

表 7-8　其他费用计算表

其他费用编号:＿＿＿＿＿　费用名称:＿＿＿＿＿　　　　(单位:万元)　共　页第　页

序号	费用项目编号	费用项目名称	费用计算基数	费率(%)	金额	计算公式	备注

编制人:　　　　　　　　　　　　　　审核人:

表 7-9 综合概算表

综合概算编号：_____ 工程名称(单项工程)：_____ (单位：万元) 共 页 第 页

序号	概算编号	工程项目或费用名称	设计规模或主要工程量	建筑工程费	设备购置费	安装工程费	其他费用	合计	其中：引进部分	
									美元	折合人民币
一		主要工程								
1	×××	××××××								
2	×××	××××××								
二		辅助工程								
1	×××	××××××								
2	×××	××××××								
三		配套工程								
1	×××	××××××								
2	×××	××××××								
		单项工程概算费用合计								

编制人： 审核人： 审定人：

表 7-10 建筑工程概算表

单位工程概算编号：_____ 工程名称(单项工程)：_____ 共 页 第 页

序号	定额编号	工程项目或费用名称	单位	数量	单价(元)				合价(元)			
					定额基价	人工费	材料费	机械费	金额	人工费	材料费	机械费
一		土石方工程										
1	××	××××××										
2	××	××××××										
二		砌筑工程										
1	××	××××××										
三		楼地面工程										
1	××	××××××										
		小计										
		工程综合取费										
		单位工程概算费用合计										

编制人： 审核人：

表 7-11　设备及安装工程概算表

单位工程概算编号：_____　　工程名称（单项工程）：_____　　　　　　　　共　页　第　页

序号	定额编号	工程项目或费用名称	单位	数量	单价(元)					合价(元)				
					设备费	主材费	定额基价	其中：		设备费	主材费	定额费	其中：	
								人工费	机械费				人工费	机械费
一		设备安装												
1	××	××××××												
2	××	××××××												
二		管道安装												
1	××	××××××												
三		防腐保温												
1	××	××××××												
		小　计												
		工程综合取费												
		合计(单位工程概算费用)												

编制人：　　　　　　　　　　　　　　　　　　　　审核人：

表 7-12　补充单位估价表

子目名称：_____　　　　工作内容：_____　　　　　　　　　　共　页　第　页

补充单位估价表编号				
定额基价				
人工费				
材料费				
机械费				
名　称	单位	单价	数　量	
综合工日				
材料				
其他材料费				
机械				

编制人：　　　　　　　　　　　　　　　　　　　　审核人：

表 7-13　主要设备、材料数量及价格表

序号	设备、材料	规格型号及材质	单位	数量	单价(元)	价格来源	备注

编制人：　　　　　　　　　　　　　　　　　　审核人：

表 7-14　进口设备、材料货价及从属费用计算表

序号	设备、材料规格、名称及费用名称	单位	数量	单价(美元)	外币金额(美元)					折合人民币(元)	关税	增值税	银行财务费	外贸手续费	国内运杂费	合计	合计(元)
					货价	运输费	保险费	其他费用	合计								

编制人：　　　　　　　　　　　　　　　　　　审核人：

表 7-15　工程费用计算程序表

序　号	费用名称	取费基础	费　率	计算公式

表7-16 总概算对比表

总概算编号:_____   工程名称:_____   (单位:万元) 共 页第 页

序号	工程项目或费用名称	原批准概算					调整概算					差额(调整概算—原批准概算)	备注
		建筑工程费	设备购置费	安装工程费	其他费用	合计	建筑工程费	设备购置费	安装工程费	其他费用	合计		
一	工程费用												
1	主要工程												
(1)	×××××												
(2)	×××××												
2	辅助工程												
(1)	×××××												
3	配套工程												
(1)	×××××												
二	其他费用												
1	×××××												
2	×××××												
三	预备费												
四	专项费用												
1	×××××												
2	×××××												
	建设项目概算总投资												

编制人: 审核人:

表 7-17 综合概算对比表

综合概算编号：_____ 工程名称：_____ （单位：万元） 共 页第 页

序号	工程项目或费用名称	原批准概算					调整概算					差额（调整概算—原批准概算）	调整的主要原因
		建筑工程费	设备购置费	安装工程费	其他费用	合计	建筑工程费	设备购置费	安装工程费	其他费用	合计		
一	主要工程												
1	××××××												
2	××××××												
二	辅助工程												
1	××××××												
三	配套工程												
1	××××××												
2	××××××												
	单项工程概算费用合计												

编制人： 审核人：

第二节 设计概算的编制

一、设计概算的编制依据

(1)批准的可行性研究报告。

(2)设计工程量。

(3)项目涉及的概算指标或定额。

(4)国家、行业和地方政府有关法律、法规或规定。

(5)资金筹措方式。

(6)正常的施工组织设计。

(7)项目涉及的设备、材料供应及价格。

(8)项目的管理(含监理)、施工条件。

(9)项目所在地区有关的气候、水文、地质地貌等自然条件。

(10)项目所在地区有关的经济、人文等社会条件。

(11)项目的技术复杂程度，以及新技术、专利使用情况等。

(12)有关文件、合同、协议等。

二、建设项目总概算及单项工程综合概算的编制

(1)概算编制说明应包括以下主要内容。

1)项目概况:简述建设项目的建设地点、设计规模、建设性质(新建、扩建或改建)、工程类别、建设期(年限)、主要工程内容、主要工程量、主要工艺设备及数量等。

2)主要技术经济指标:项目概算总投资(有引进地给出所需外汇额度)及主要分项投资、主要技术经济指标(主要单位工程投资指标)等。

3)资金来源:按资金来源不同分别说明,发生资产租赁的说明租赁方式及租金。

4)编制依据。

5)其他需要说明的问题。

6)总说明附表包括以下内容:建筑、安装工程工程费用计算程序表;引进设备、材料清单及从属费用计算表;具体建设项目概算要求的其他附表及附件。

(2)总概算表。概算总投资由工程费用、其他费用、预备费及应列入项目概算总投资中的建设期利息、固定资产投资方向调节税、铺底流动资金费用组成。

1)第一部分工程费用。按单项工程综合概算组成编制,采用二级编制的按单位工程概算组成编制。

①市政民用建设项目一般排列顺序:主体建(构)筑物、辅助建(构)筑物、配套系统。

②工业建设项目一般排列顺序:主要工艺生产装置、辅助工艺生产装置、公用工程、生产管理服务性工程、生活福利工程及厂外工程。

2)第二部分其他费用。一般按其他费用概算顺序列项,具体参见后文中其他费用、预备费、专项费用概算编制。

3)第三部分预备费。第三部分预备费包括基本预备费和价差预备费,具体参见后文中其他费用、预备费、专项费用概算编制。

4)第四部分应列入项目概算总投资中的几项费用。第四部分应列入项目概算总投资中的几项费用一般包括建设期利息、铺底流动资金、固定资产投资方向调节税(暂停征收)等,具体参见后文中其他费用、预备费、专项费用概算编制。

(3)综合概算以单项工程所属的单位工程概算为基础,采用"综合概算表(表7-9)"进行编制,分别按各单位工程概算汇总成若干个单项工程综合概算。

(4)对单一的、具有独立性的单项工程建设项目,按二级编制形式编制,直接编制总概算。

三、其他费用、预备费、专项费用概算编制

(1)一般建设项目其他费用包括以下 15 项。

1)建设管理费:建设管理费概算编制如下。

①建设管理费计算如下:

$$\text{建设管理费} = \text{工程费用} \times \text{建设管理费费率} \qquad (7\text{-}1)$$

②工程监理是受建设单位委托的工程建设技术服务,属建设管理范畴。如采用监理,建设单位部分管理工作量会转移至监理单位。监理费应根据委托的监理工作范围和监理深度,在监理合同中商定或按当地或所属行业部门有关规定计算。

③若建设管理采用工程总承包方式,其总包管理费由建设单位与总包单位根据总包工作范围在订合同时商定,从建设管理费中支出。

④改、扩建项目的建设管理费费率应比新建项目适当降低。

⑤建设项目建成后,应及时组织验收,移交生产或使用。已超过批准的试运行期并已符合验收条件,但未及时办理竣工验收手续的建设项目,视同项目已交付生产,其费用不得从基建投资中支付,所实现的收入作为生产经营收入,不再作为基建收入。

2)建设用地费:建设用地费概算编制如下。

①建设用地费用是根据征用建设用地面积、临时用地面积,按建设项目所在省、市、自治区人民政府制定颁发的土地征用补偿费、安置补助费标准、耕地占用税和城镇土地使用税标准计算。

②建设用地上的建(构)筑物如需迁建,其迁建补偿费应按迁建补偿协议计列或按新建同类工程造价计算。

③建设项目采用"长租短付"方式租用土地使用权,在建设期间支付的租地费用计入建设用地费,在生产经营期间支付的土地使用费应进入营运成本中核算。

3)可行性研究费:可行性研究费概算编制如下。

①依据前期研究委托合同计列,或参照《国家计委关于印发〈建设项目前期工作咨询收费暂行规定〉的通知》(计投资[1999]1283号)规定计算。

②编制预可行性研究报告参照编制项目建议书收费标准并可适当调增。

4)研究试验费:研究试验费概算编制规则如下。

①按照研究试验内容和要求进行编制。

②研究试验费不包括:应由科技三项费用(即新产品试制费、中间试验费和重要科学研究补助费)开支的项目;应在建筑安装费用中列支的施工企业对建筑材料、构件和建筑物进行一般鉴定、检查所发生的费用及技术革新的研究试验费;应由勘察设计费或工程费用中开支的项目。

5)勘察设计费。依据勘察设计委托合同计列,或参照原国家计委、建设部《关于发布〈工程勘察设计收费管理规定〉的通知》(计价格[2002]10号)规定计算。

6)环境影响评价及验收费、水土保持评价及验收费、劳动安全卫生评价及验收费:环境影响评价及验收费依据委托合同计算,或按照原国家计委、国家环境保护总局《关于规范环境影响咨询收费有关问题的通知》(计价格[2002]125号)中的规定及建设项目所在省、市、自治区环境保护部门有关规定计算;水土保持评价及验收费、劳动安全卫生评价及验收费依据委托合同以及国家和建设项目所在省、市、自治区劳动和国土资源等行政部门规定的标准计算。

7)职业病危害评价费等:依据职业病危害评价、地震安全性评价、地质灾害评价委托合同计列,或按照建设项目所在省、市、自治区有关行政部门规定的标准计算。

8)场地准备及临时设施费:场地准备及临时设施费概算编制如下。

①场地准备及临时设施费应尽量与永久性工程统一考虑。建设场地的大型土石方工程应进入工程费用中的总运输费用中。

②新建项目的场地准备和临时设施费应根据实际工程量估算,或按工程费用的比例计算。改、扩建项目一般只计拆除清理费。

$$场地准备和临时设施费=工程费用×费率+拆除清理费 \qquad (7-2)$$

③发生拆除清理费时可按新建同类工程造价或主材费、设备费的比例计算。凡可回收材料的拆除工程采用以料抵工方式冲抵拆除清理费。

④此项费用中不包括已列入建筑安装工程费用中的施工单位临时设施费用。

9)引进技术和引进设备其他费:引进技术和引进设备其他费概算编制规则如下。

①引进项目图样资料翻译复制费。根据引进项目的具体情况计列或按引进货价(F.O.B)的比例估列;引进项目发生备品备件测绘费时按具体情况估列。

②出国人员费用。依据合同或协议规定的出国人次、期限以及相应的费用标准计算。生活费按照财政部、外交部规定的现行标准计算,旅费按中国民航公布的票价计算。

③来华人员费用。依据引进合同或协议有关条款及来华技术人员派遣计划进行计算。来华人员接待费用可按每人次费用指标计算。引进合同价款中已包括的费用内容不得重复计算。

④银行担保及承诺费。应按担保或承诺协议计取。投资估算和概算编制时可以担保金额或承诺金额为基数乘以费率计算。

⑤引进设备材料的国外运输费、国外运输保险费、关税、增值税、外贸手续费、银行财务费、国内运杂费、引进设备材料国内检验费等,按照引进货价(F.O.B 或 C.I.F)计算后进入相应的设备、材料费中。

⑥单独引进软件,不计关税只计增值税。

10)工程保险费:工程保险费概算编制规则如下。

①不投保的工程不计取此项费用。

②不同的建设项目可根据工程特点选择投保险种,根据投保合同计列保险费用。编制投资估算和概算时可按工程费用的比例估算。

③不包括已列入施工企业管理费中的施工管理用财产、车辆保险费。

11)联合试运转费:联合试运转费概算编制规则如下。

①不发生试运转或试运转收入大于(或等于)费用支出的工程,不列此项费用。

②当联合试运转收入小于试运转支出时:

$$联合试运转费=联合试运转费用支出-联合试运转收入 \tag{7-3}$$

③联合试运转费不包括应由设备安装工程费用开支的调试及试车费用,以及在试运转中暴露出来的因施工原因或设备缺陷等发生的处理费用。

④试运行期按照以下规定确定:引进国外设备项目按建设合同中规定的试运行期执行;国内一般性建设项目试运行期原则上按照批准的设计文件所规定的期限执行。个别行业的建设项目试运行期需要超过规定试运行期的,应报项目设计文件审批机关批准。试运行期一经确定,各建设单位应严格按规定执行,不得擅自缩短或延长。

12)特殊设备安全监督检验费:按照建设项目所在省、市、自治区安全监察部门的规定标准计算。无具体规定的,在编制投资估算和概算时可按受检设备现场安装费的比例估算。

13)市政公用设施费。按工程所在地人民政府规定标准计列;不发生或按规定免征项目不计算。

14)专利及专有技术使用费:专利及专有技术使用费概算编制规则如下。

①按专利使用许可协议和专有技术使用合同的规定计列。

②专有技术的界定应以省、部级鉴定批准为依据。

③项目投资中只计需要在建设期支付的专利及专有技术使用费。协议或合同规定在生产期支付的使用费应在生产成本中核算。

④一次性支付的商标权、商誉及特许经营权费按协议或合同规定计列。协议或合同规定在生产期支付的商标权或特许经营权费应在生产成本中核算。

⑤为项目配套的专用设施投资，包括专用铁路线、专用公路、专用通讯设施、变送电站、地下管道、专用码头等，如由项目建设单位负责投资但产权不归属本单位的，应作为无形资产处理。

15)生产准备及开办费：生产准备及开办费概算编制如下：

①新建项目按设计定员为基数计算，改、扩建项目按新增设计定员为基数计算：

$$生产准备费＝设计定员×生产准备费用指标(元/人) \tag{7-4}$$

②可采用综合的生产准备费用指标进行计算，也可以按费用内容的分类指标计算。

(2)引进工程其他费用中的国外技术人员现场服务费、出国人员旅费和生活费折合人民币列入，用人民币支付的其他几项费用直接列入其他费用中。

(3)其他费用概算表格形式见表 7-7 和表 7-8。

(4)预备费包括基本预备费和价差预备费：基本预备费以总概算第一部分"工程费用"和第二部分"其他费用"之和为基数的百分比计算；价差预备费一般按下式计算：

$$P = \sum_{t=1}^{n} I_t \left[(1+f)^m (1+f)^{0.5} (1+f)^{t-1} - 1 \right] \tag{7-5}$$

式中　　P——价差预备费；

　　　　n——建设期(年)数；

　　　　I_t——建设期第 t 年的投资；

　　　　f——投资价格指数；

　　　　t——建设期第 t 年；

　　　　m——建设前年数(从编制概算到开工建设年数)。

(5)应列入项目概算总投资中的几项费用如下：

1)建设期利息：建设期利息根据不同资金来源及利率分别计算。

$$Q = \sum_{j=1}^{n} (P_{j-1} + A_i/2)i \tag{7-6}$$

式中　　Q——建设期利息；

　　　　n——建设期年数；

　　　P_{j-1}——建设期第 $j-1$ 年末贷款累计金额与利息累计金额之和；

　　　　A_i——建设期第 i 年贷款金额；

　　　　i——贷款年利率。

2)铺底流动资金按国家或行业有关规定计算。

3)固定资产投资方向调节税(暂停征收)。

四、单位工程概算的编制

(1)单位工程概算是编制单项工程综合概算(或项目总概算)的依据，单位工程概算项目根据单项工程中所属的每个单体按专业分别编制。

(2)单位工程概算一般分建筑工程、设备及安装工程两大类，其概算编制规则如下：

1)建筑工程单位工程概算：

①建筑工程单位工程概算费用内容及组成见建设部建标[2003]206 号《建筑安装工程费用

项目组成》。

②建筑工程单位工程概算要采用"建筑工程概算表"(表 7-10)编制,按构成单位工程的主要分部分项工程编制,根据初步设计工程量按工程所在省、市、自治区颁发的概算定额(指标)或行业概算定额(指标),以及工程费用定额计算。

③对于通用结构建筑可采用"造价指标"编制概算;对于特殊或重要的建(构)筑物,必须按构成单位工程的主要分部分项工程编制,必要时结合施工组织设计进行详细计算。

2)设备及安装工程单位工程概算:

①设备及安装工程单位工程概算费用由设备购置费和安装工程费组成。

②定型或成套设备费为:

$$定型或成套设备费＝设备出厂价＋运输费＋采购保管费 \quad (7-7)$$

引进设备费用分外币和人民币两种支付方式,外币部分按美元或其他国际主要流通货币计算。

非标准设备原价有多种不同的计算方法,例如综合单价法、成本计算估价法、系列设备插入估价法、分部组合估价法、定额估价法等。一般采用不同种类设备综合单价法计算,计算公式为

$$设备费＝\Sigma综合单价(元/吨)\times设备单重(t) \quad (7-8)$$

工具、器具及生产家具购置费一般以设备购置费为计算基数,按照部门或行业规定的工具、器具及生产家具费率计算。

③安装工程费。安装工程费用内容组成以及工程费用计算方法见建设部建标[2003]206号《建筑安装工程费用项目组成》。其中,辅助材料费按概算定额(指标)计算,主要材料费以消耗量按工程所在地当年预算价格(或市场价)计算。

④引进材料费用计算方法与引进设备费用计算方法相同。

⑤设备及安装工程概算采用"设备及安装工程概算表"(表 7-11)形式,按构成单位工程的主要分部分项工程编制,要依据初步设计工程量按工程所在省、市、自治区颁发的概算定额(指标)或行业概算定额(指标),以及工程费用定额计算。

⑥概算编制深度可参照《建设工程工程量清单计价规范》(GB 50500—2013)执行。

(3)当概算定额或指标不能满足概算编制要求时,应编制"补充单位估价表"(表 7-12)。

五、调整概算的编制

(1)设计概算批准后一般不得调整。由于特殊原因需要调整概算时,由建设单位调查分析变更原因,报主管部门审批同意后,由原设计单位核实编制,调整概算,并按有关审批程序报批。

(2)调整概算的原因。调整概算的原因如下:

1)超出原设计范围的重大变更。

2)超出基本预备费规定范围内不可抗拒的重大自然灾害引起的工程变动和费用增加。

3)超出工程造价调整预备费的国家重大政策性的调整。

(3)影响工程概算的主要因素已经清楚,工程量完成了一定量后方可进行调整,一个工程只允许调整一次概算。

(4)调整概算编制深度与要求、文件组成及表格形式同原设计概算,调整概算还应对工程概算调整的原因做详尽分析说明,所调整的内容在调整概算总说明中要逐项与原批准概算对比,并编制调整前后概算对比表(表 7-16、表 7-17)。

　　(5)在上报调整概算时,应同时提供有关文件和调整依据。

六、设计概算文件的编制程序和质量控制

　　(1)设计概算文件编制的有关单位应当一起制定编制原则、方法,以及确定合理的概算投资水平,对设计概算的编制质量、投资水平负责。

　　(2)项目设计负责人和概算负责人对全部设计概算的质量负责。概算文件编制人员应参与设计方案的讨论,对投资的合理性负责。设计人员要树立以经济效益为中心的观念,严格按照批准的工程内容及投资额度设计,提供满足概算文件编制深度的技术资料。

　　(3)概算文件需要经编制单位自审,建设单位(项目业主)复审,工程造价主管部门审批。

　　(4)概算文件的编制与审查人员必须具有国家注册造价工程师资格,或者具有省市(行业)颁发的造价员资格证,并根据工程项目大小按持证专业承担相应的编审工作。

　　(5)各造价协会(或者行业)、造价主管部门可根据所主管的工程特点制定概算编制质量的管理办法,并对编制人员采取相应的措施进行考核。

第三节　设计概算的审查

一、设计概算审查的内容

　　(1)审查设计概算的编制依据。包括国家综合部门的文件,国务院主管部门和各省、市、自治区根据国家规定或授权制定的各种规定及办法,以及建设项目的设计文件等。具体审查内容包括如下几项。

　　1)审查编制依据的合法性。采用的各种编制依据必须经过国家或授权机关的批准,符合国家的编制规定,未经批准的不能采用。也不能强调情况特殊,擅自提高概算定额、指标或费用标准。

　　2)审查编制依据的时效性。定额、指标、价格及取费标准等,都应根据国家有关部门的现行规定进行。

　　3)审查编制依据的适用范围。各种编制依据都有规定的适用范围。尤其是地区的材料预算价格区域性更强,例如在该市的矿区建设时,其概算采用的材料预算价格,则应用矿区的价格。

　　(2)审查概算编制深度。审查概算编制深度具体包括如下几项。

　　1)审查概算编制说明。审查概算编制说明可以检查概算的编制方法、深度和编制依据等重大原则问题。

　　2)审查概算编制深度。一般大中型项目的设计概算,应有完整的编制说明和"三级概算"(即总概算表、单项工程综合概算表、单位工程概算表),并按有关规定的深度进行编制。审查是否有符合规定的"三级概算",各级概算的编制、校对、审核是否按规定签署。

　　3)审查概算的编制范围。审查概算编制范围及具体内容是否与主管部门批准的一致;审查分期建设项目的建筑范围及具体工程内容有无重复交叉,是否重复计算或漏算;审查其他费用所列的项目是否都符合规定,静态投资、动态投资和经营性项目铺底流动资金是否分部列出等。

　　(3)审查建设规模、标准。审查概算的投资规模、生产能力、设计标准、建设用地、建筑面积、主要设备、配套工程、设计定员等是否符合原批准可行性研究报告或立项批文的标准。如概算总投资超过原批准投资估算 10％以上,应进一步审查超估算的原因。

(4)审查设备规格、数量和配置。工业建设项目设备投资比重大,一般占总投资的 30％～50％,要认真审查。审查所选用的设备规格、台数是否与生产规模相适应;材质、自动化程度有无提高标准,引进设备是否配套、合理,备用设备台数是否适当,消防、环保设备是否计算等。还要重点审查价格是否合理、是否符合有关规定,如国产设备应按当时询价资料或有关部门发布的出厂价、信息价编制概算,引进设备应依据询价或合同价编制概算。

(5)审查工程费。建筑安装工程投资是随工程量增加而增加的,要认真审查。要根据初步设计图样、概算定额及工程量计算规则、专业设备材料表、建构筑物和总图运输一览表进行审查。

(6)审查计价指标。审查建筑工程采用工程所在地区的计价定额、费用定额、价格指数和有关人工、材料、机械台班单价是否符合现行规定。审查安装工程所采用的专业部门或地区定额是否符合工程所在地区的市场价格水平,审查概算指标调整系数、主材价格、人工、机械台班和辅材调整系数是否按当地最新规定执行。审查引进设备安装费率或计取标准、部分行业专业设备安装费率是否按有关规定计算等。

(7)审查其他费用。工程建设其他费用投资约占项目总投资 25％以上,必须认真逐项审查。审查费用项目是否按国家统一规定计列,具体费率或计取标准、部分行业专业设备安装费率是否按有关规定计算等。

二、设计概算审查的方法

设计概算审查方法主要有以下几种:

(1)全面审查法。全面审查法是指按照全部施工图的要求,结合有关预算定额分项工程中的工程细目,逐一进行审核的方法。其具体计算方法和审核过程与编制预算的计算方法和编制过程基本相同。

全面审查法一般适用于一些工程量较小、工艺比较简单、编制工程预算力量较薄弱的设计单位所承包的工程。

(2)重点审查法。抓住工程预算中的重点进行审查的方法,称重点审查法。一般情况下,重点审查法的内容如下。

1)选择工程量大或造价较高的项目进行重点审查。

2)对补充单价进行重点审查。

3)对计取的各项费用的费用标准和计算方法进行重点审查。

(3)经验审查法。经验审查法是指监理工程师根据以前的实践经验,审查容易发生差错的那些部分工程细目的方法。

(4)分解对比审查法。把一个单位工程,按直接费与间接费进行分解,然后再把直接费按工种工程和分部工程进行分解,分别与审定的标准图预算造价进行对比分析,称为分解对比审查法。

分解对比审查法是把拟审的预算造价与同类型的定型标准施工图或复用施工图的工程预算造价相比较,如果出入不大,就可以认为本工程预算问题不大,不再审查。如果出入较大,再按分部分项工程进行分解,边分解边对比,哪里出入较大,就进一步审查哪一部分工程项目的预算价格。

三、设计概算审查的步骤

设计概算审查一般情况下可按如下步骤进行：

（1）概算审查的准备。概算审查的准备工作包括了解设计概算的内容组成、编制依据和方法；了解建设规模、设计能力和工艺流程；熟悉设计图纸和说明书、掌握概算费用的构成和有关技术经济指标；明确概算各种表格的内涵；收集概算定额、概算指标、取费标准等有关规定的文件资料等。

（2）进行概算审查。根据审查的主要内容，分别对设计概算的编制依据、单位工程设计概算、综合概算及总概算进行逐级审查。

（3）进行技术经济对比分析。利用规定的概算定额或指标以及有关技术经济指标与设计概算进行分析对比，根据设计和概算列明的工程性质、结构类型、建设条件、费用构成、投资比例、占地面积、生产规模、设备数量、造价指标、劳动定员等与国内外同类型工程规模进行对比分析，为审查提供线索。

（4）研究、定案、调整概算。对概算审查中出现的问题要在对比分析、找出差距的基础上深入现场进行实际调查研究。了解设计是否经济合理、概算编制依据是否符合现行规定和施工现场实际、有无扩大规模、多估投资或预留缺口等情况，并及时核实概算投资。若当地没有同类型的项目而不能进行对比分析，可向国内同类型企业进行调查，收集资料，作为审查的参考。经过会审决定的定案问题应及时调整概算，并经原批准单位下发文件。

第八章 电气设备安装工程施工图预算的编制与审查

内容提要：
1. 掌握施工图预算的编制方法。
2. 掌握施工图预算审查的内容、步骤及方法。

第一节 施工图预算的编制

一、施工图预算的概念

施工图预算是在设计的施工图完成以后，以施工图为依据，根据预算定额、费用标准，以及工程所在地区的人工、材料、施工机械设备台班的预算价格编制的，是确定建筑工程及安装工程预算造价的文件。

二、施工图预算的作用

（1）是工程实行招标、投标的重要依据。

（2）是签订建设工程施工合同的重要依据。

（3）是办理工程财务拨款、工程贷款和工程结算的依据。

（4）是施工单位进行人工和材料准备、编制施工进度计划、控制工程成本的依据。

（5）是落实或调整年度进度计划和投资计划的依据。

（6）是施工企业降低工程成本、实行经济核算的依据。

三、施工图预算的编制依据

（1）各专业设计施工图和文字说明、工程地质勘察资料。

（2）当地和主管部门颁布的现行建筑工程和专业安装工程预算定额（基础定额）、单位估价表、地区资料、构配件预算价格（或市场价格）、间接费用定额和有关费用规定等文件。

（3）现行的有关设备原价（出厂价或市场价）及运杂费率。

（4）现行的有关其他费用定额、指标和价格。

（5）建设场地中的自然条件和施工条件，并根据确定的施工方案或施工组织设计。

四、施工图预算的编制方法

1. 工料单价法

工料单价法是以分部分项工程量的单价为直接费，直接费根据人工、材料、机械台班的消耗量及其相应价格与措施费确定。间接费、利润及税金按照有关规定另行计算。

（1）传统施工图预算使用工料单价法，其计算步骤如下。

1）准备资料，熟悉施工图。准备的资料包括施工组织设计、预算定额、工程量计算标准、取费标准及地区材料预算价格等。

2)计算工程量。首先,要根据工程内容和定额项目,列出分项工程目录。其次,根据计算顺序和计算规划列出计算式。再根据图纸上的设计尺寸及有关数据,代入计算式进行计算。最后对计算结果进行整理,使之与定额中要求的计量单位保持一致,并予以核对。

3)套工料单价。核对计算结果后,按照单位工程施工图预算直接费计算公式求得单位工程人工费、材料费和机械台班使用费之和。同时,注意以下几项内容。

①分项工程的名称、规格、计量单位必须与预算定额工料单价或单位计价表中所列内容完全一致。

②局部换算或调整。换算是指因定额中已计价的主要材料品种不同而进行的换价,一般不调量;调整是指因施工工艺条件不同而对人工、机械的数量增减,一般调量不换价。

③若分项工程不能直接套用定额、不能换算和调整时,应当编制补充单位计价表。

④定额说明允许换算与调整以外部分不得任意修改。

4)编制工料分析表。根据各分部分项工程项目实物工程量和预算定额中项目所列的用工及材料数量,计算各分部分项工程所需人工及材料数量,汇总后算出该单位工程所需各类人工及材料的数量。

5)计算并汇总造价。根据规定的税、费率和相应的计取基础,分别计算措施费、间接费、利润及税金等。将上述费用累计后进行汇总,求出单位工程预算造价。

6)复核。对项目填列、工程量计算公式、计算结果、套用的单价、采用的各项取费费率、数字计算及数据精确度等进行全面复核,以便及时发现差错,及时修改,提高预算的准确性。

7)填写封面、编制说明。封面应写明工程编号、工程名称、工程量、预算总造价和单方造价、编制单位名称、负责人和编制日期以及审核单位的名称、负责人和审核日期等。编制说明主要应写明预算所包括的工程内容范围、依据的图纸编号、承包企业的等级和承包方式、有关部门现行的调价文件号、套用单价需要补充说明的问题及其他需说明的问题等。

现在编制施工图预算时特别要注意,所用的工程量和人工、材料量是统一的计算方法和基础定额。所用的单价是地区性的(定额、价格信息、价格指数和调价方法)。由于在市场条件下价格是变动的,要特别重视定额价格的调整。

(2)实物法编制施工图预算的步骤。实物法编制施工图预算是先算工程量、人工、材料量、机械台班(即实物量),然后再计算费用和价格的方法。这种方法适应市场经济条件下编制施工图预算的需要,其编制步骤如下。

1)准备资料,熟悉施工图样。

2)计算工程量。

3)套基础定额,计算人工、材料、机械台班数量。

4)根据当时、当地的人工、材料、机械台班单价,计算并汇总人工费、材料费、机械台班使用费,得出单位工程直接工程费。

5)计算措施费、间接费、利润和税金,并进行汇总,得出单位工程造价(价格)。

6)复核。

7)填写封面、编写说明。

2. 综合单价法

综合单价法指分部分项工程量的单价为全费用单价,既包括直接费、间接费、利润(酬金)及税金,也包括合同约定的所有工料价格变化风险等一切费用。

(1)综合单价法的表达形式

综合单价法是一种国际上通行的计价方式,按其所包含项目工作的内容及工程计量方法的不同,又可分为以下三种表达形式。

1)参照现行预算定额(或基础定额)对应子目所约定的工作内容、计算规则进行报价。

2)按招标文件约定的工程量计算规则,以及按技术规范规定的每一分部分项工程所包括的工作内容进行报价。

3)由投标者依据招标图样、技术规范,按其计价习惯,自主报价,即工程量的计算方法、投标价的确定,均由投标者根据自身情况决定。

(2)综合单价法的计价顺序。综合单价法的计价顺序如下:

1)准备资料,熟悉施工图样。

2)划分项目,按统一规定计算工程量。

3)计算人工、材料和机械台班数量。

4)套综合单价,计算各分项工程造价。

5)汇总得分部工程造价。

6)各分部工程造价汇总得单位工程造价。

7)复核。

8)填写封面、编写说明。

"综合单价"的产生是使用该方法的关键。显然编制全国统一的综合单价是不现实的,而由地区编制较为可行。理想的是由企业编制"企业定额"产生综合单价。由于在每个分项工程上确定利润和税金比较困难,因此可以编制含有直接费和间接费的综合单价,待求出单位工程总的直接费和间接费后,再统一计算单位工程的利润和税金,汇总得出单位工程的造价。《建设工程工程量清单计价规范》(GB 50500—2013)中规定的造价计算方法,就是根据实物计算法原理编制的。

第二节　施工图预算的审查

一、施工图预算审查的作用

(1)对降低工程造价具有现实意义。

(2)有利于节约工程建设资金。

(3)有利于发挥领导层、银行的监督作用。

(4)有利于积累和分析各项技术经济指标。

二、施工图预算审查的内容

(1)审查定额或单价的套用。审查定额或单价的套用包括如下几项:

1)审查预算中所列各分项工程单价是否与预算定额的预算单价相符,其名称、规格、计量单位和所包括的工程内容是否与预算定额一致。

2)有单价换算时,应审查换算的分项工程是否符合定额规定以及换算是否正确。

3)对补充定额和单位计价表的使用,应审查补充定额是否符合编制原则,单位计价表计算是否正确。

（2）审查其他有关费用

其他有关费用包括的内容各地不同，具体审查时应注意是否符合当地规定和定额的要求。

1）审查是否按本项目的工程性质计取费用，有无高套取费标准。

2）审查间接费的计取基础是否符合规定。

3）审查预算外调增的材料差价是否计取间接费。直接费或人工费增减后，有关费用是否做了相应调整。

4）审查有无将无需安装的设备计取在安装工程的间接费中。

5）审查有无巧立名目、乱摊费用的情况。

三、施工图预算审查的步骤

（1）做好审查前的准备工作。审查前的准备工作如下：

1）熟悉施工图样。核对所有的图样，清点无误后，依次识读；参加技术交底，解决图样中的疑难问题，直至完全掌握图样。

2）了解预算包括的范围。根据预算编制说明，了解预算包括的工程内容。例如，配套设施，室外管线，道路以及会审图样后的设计变更等。

3）弄清编制预算采用的单位工程估价表。任何单位估价表或预算定额都有一定的适用范围。根据工程性质，搜集和熟悉相应的单价、定额资料。特别是市场材料单价和取费标准等。

（2）选择合适的审查方法，按相应内容审查。由于工程规模、繁简程度不同，施工企业情况也不同，所编工程预算繁简和质量也不同，因此需针对情况选择相应的审查方法进行审核。

（3）综合整理审查资料，编制调整预算。经过审查，若发现有差错，需要进行增加或核减的，经与编制单位逐项核实，统一意见后，修正原施工图预算，汇总核减量。

四、施工图预算审查的方法

（1）逐项审查法。逐项审查法又称全面审查法，是指按定额顺序或施工顺序对各分项工程中的工程细目逐项、全面、详细审查的一种方法。逐项审查法的优点是全面、细致，审查质量高、效果好。缺点是工作量大，时间较长。这种方法适合于一些工程量较小、工艺比较简单的工程。

（2）标准预算审查法。标准预算审查法是对利用标准图样或通用图样施工的工程，先集中力量编制标准预算，以此为准来审查工程预算的一种方法。按标准设计图样或通用图样施工的工程，一般上部结构和做法相同，只是根据现场施工条件或地质情况不同，对基础部分做局部改变。凡这样的工程，以标准预算为准，对局部修改部分单独审查即可，不需逐一详细审查。标准预算审查法的优点是时间短、效果好、易定案。缺点是适用范围小，仅适用于采用标准图样的工程。

（3）分组计算审查法。分组计算审查法是把预算中有关项目按类别划分若干组，利用同组中的一组数据审查分项工程量的一种方法。分组计算审查法将若干分部分项工程按照相邻且有一定内在联系的项目进行编组，利用同组分项工程间具有相同或相近计算基数的关系，审查一个分项工程数量，由此判断同组中其他几个分项工程的准确程度。分组计算审查法的特点是审查速度快、工作量小。

（4）对比审查法。对比审查法是当工程条件相同时，用已完工程的预算或未完但已经过审查修正的工程预算对比，审查拟建的同类工程的预算的一种方法。

(5)筛选审查法。建筑工程虽面积和高度不同,但其各分部分项工程的单位建筑面积指标变化却不大。将分部分项工程加以汇集、优选,找出其单位建筑面积工程量、单价、用工的基本数值,归纳为工程量、价格、用工三个单方基本指标,并注明基本指标的适用范围。这些基本指标用来筛分各分部分项工程,对不符合条件的应进行详细审查,若审查对象的预算标准与基本指标的标准不符,就应对其进行调整。筛选审查法的优点是简单易懂,便于掌握,审查速度快,便于发现问题。但问题出现的原因尚需继续审查。筛选审查法适用于审查住宅工程或不具备全面审查条件的工程。

(6)重点审查法。重点审查法是抓住工程预算中的重点进行审核的方法。审查的重点一般是工程量大或者造价较高的各种工程、补充定额、计取的各项费用(计取基础、取费标准)等。重点审查法的优点是突出重点、审查时间短、效果好。

第九章 电气设备安装工程竣工结算与竣工决算

内容提要：
1. 了解工程竣工验收的内容、条件和依据以及工程竣工验收的形式与程序。
2. 掌握工程竣工结算的编制内容、步骤与方法。
3. 掌握工程竣工决算的编制步骤。

第一节 工程竣工验收

一、工程竣工验收的概念

工程竣工验收是指由建设单位、施工单位和项目验收委员会，以项目批准的设计任务书和设计文件，以及国家或部门颁发的施工验收规范和质量检验标准为依据，按照一定的程序和手续，在项目建成并试生产合格后（工业生产性项目），对工程项目的总体进行检验、认证、综合评价和鉴定。一个单位工程或一个建设项目在全部竣工后进行检查验收及交工，是建设、施工、生产准备工作进行检查评定的重要环节，也是对建设成果和投资效果的总检验。

二、工程竣工验收的内容

1. 工程技术资料验收内容

(1)工程地质、水文、气象、地形、地貌、建筑物、构筑物及重要设备安装位置勘察报告、记录。

(2)初步设计、技术设计或扩大初步设计、关键的技术试验及总体规划设计。

(3)土质试验报告及基础处理。

(4)建筑工程施工记录、单位工程质量检验记录、管线强度、密封性试验报告、设备及管线安装施工记录、质量检查及仪表安装施工记录。

(5)设备试运转、验收运转及维修记录。

(6)产品的技术参数、性能、图样、工艺说明、工艺规程、技术总结、产品检验、包装及工艺图。

(7)设备的图样及说明书。

(8)涉外合同、谈判协议及意向书。

(9)各单项工程及全部管网竣工图等资料。

2. 工程综合资料验收内容

项目建议书及其批件，可行性研究报告及其批件，项目评估报告，环境影响评估报告书，设计任务书。土地征用申报及其批准的文件，承包合同，招标投标文件，施工执照，项目竣工验收报告，验收鉴定书。

3. 工程财务资料验收内容

(1)历年建设资金供应(拨、贷)情况和应用情况。

(2)历年批准的年度财务决算。

(3)历年年度投资计划及财务收支计划。

(4)建设成本资料。

(5)支付使用的财务资料。

(6)设计概算、预算资料。

(7)施工决算资料。

4. 工程内容验收

工程内容验收包括建筑工程验收和安装工程验收。对于设备安装工程(这里指民用建筑物中的上下水管道、暖气、煤气、通风、电气照明等安装工程),主要验收内容包括检查设备的规格、型号、数量、质量是否符合设计要求,检查安装时的材料、材质、材种,检查试压、闭水试验及照明工程等。

三、工程竣工验收的条件、标准、范围和依据

1. 工程竣工验收的条件

(1)完成建设工程设计和合同约定的各项内容。

(2)有完整的技术档案和施工管理资料。

(3)有工程使用的主要建筑材料、建筑构配件和设备的进场试验报告。

(4)有勘察、设计、施工、工程监理等单位分别签署的质量合格文件。

(5)有施工单位签署的工程保修书。

2. 工程竣工验收的标准

(1)生产性项目和辅助性公用设施,已按设计要求完成,能满足生产使用。

(2)主要工艺设备配套经联动负荷试车合格,形成生产能力,能够生产出设计文件所规定的产品。

(3)必要的生产设施,已按设计要求建成。

(4)生产准备工作能适应投产的需要。

(5)环境保护设施、劳动安全卫生设施、消防设施已按设计要求与主体工程同时建成使用。

(6)生产性投资项目如工业项目的土建工程、安装工程、人防工程、管道工程和通信工程等的施工和竣工验收,必须按照国家和行业施工及验收规范执行。

3. 工程竣工验收的范围

(1)国家颁布的建设法规规定,凡新建、扩建、改建的基本工程项目和技术改造项目(所有列入固定资产投资计划的工程项目或单项工程),已按国家批准的设计文件所规定的内容建成,符合验收标准,即工业投资项目经负荷试运转考核,试生产期间能够正常生产出合格产品并形成生产能力的;非工业投资项目符合设计要求并能够正常使用的,不论是属于哪种建设性质,都应及时组织验收,办理固定资产移交手续。有的工期较长、建设设备装置较多的大型工程,为了及时发挥其经济效益,对其能够独立生产的单项工程,也可以根据建成时间的先后顺序,分期分批地组织竣工验收;对能生产中间产品的一些单项工程,不能提前投料试车,可按生产要求与生产最终产品的工程同步建成竣工后,再进行全部验收。此外,对于某些特殊情况,工程施工虽未全部按设计要求完成,也应进行验收。这些特殊情况主要是因少数非主要设备或某些特殊材料短期内不能解决,虽然工程内容尚未全部完成,但已可以投产或使用的工程项目。

（2）规定要求的内容已完成，但因外部条件的制约，如流动资金不足、生产所需原材料不能满足等，而使已建工程不能投入使用的项目。

（3）有些工程项目或单项工程，已形成部分生产能力，但近期内不能按原设计规模续建，应从实际情况出发，经主管部门批准后，可缩小规模，对已完成的工程和设备组织竣工验收，移交固定资产。

4．工程竣工验收的依据

（1）上级主管部门对该项目批准的各种文件。

（2）可行性研究报告。

（3）施工图设计文件及设计变更洽商记录。

（4）国家颁布的各种标准和现行的施工验收规范。

（5）工程承包合同文件。

（6）技术设备说明书。

（7）建筑安装工程统一规定及主管部门关于工程竣工的规定。

（8）从国外引进的新技术和成套设备的项目，以及中外合资工程项目，要按照签订的合同和进口国提供的设计文件等进行验收。

（9）利用世界银行等国际金融机构贷款的工程项目，应按世界银行规定，按时编制《项目完成报告》。

四、工程竣工验收的质量核定

工程项目竣工验收的质量核定是政府对竣工工程进行质量监督的法律性手段，是竣工验收交付使用必须办理的手续。质量核定的范围包括新建、扩建、改建的工业与民用建筑，设备安装工程，市政工程等。

1．申报竣工验收质量核定的工程条件

（1）必须符合国家或地区规定的竣工条件和合同规定的内容。委托工程监理的工程，必须提供监理单位对工程质量进行监理的有关资料。

（2）必须具备各方签认的验收记录。对验收各方提出的质量问题，施工单位进行返修的，应具备建设单位和监理单位的复验记录。

（3）提供按照规定齐全有效的施工技术资料。

（4）保证竣工质量核定所需的水、电供应及其他必备的条件。

2．竣工验收质量核定的方法和步骤

（1）单位工程完成之后，施工单位应按照国家检验评定标准的规定进行自验符合有关规范、设计文件和合同要求的质量标准后，提交给建设单位。

（2）建设单位组织设计、监理、施工等单位，对工程质量评出等级，并向有关的监督机构提出申报竣工工程质量核定。

（3）监督机构在受理了竣工工程质量核定后，按照国家的《工程质量检验评定标准》进行核定，经核定合格或优良的工程，发给《合格证书》，并说明其质量等级。工程交付使用后，若工程质量出现永久缺陷等严重问题，监督机构将收回《合格证书》，并予以公布。

（4）经监督机构核定不合格的单位工程，不发给《合格证书》，不准投入使用，责任单位在规定期限返修后，再重新进行申报、核定。

（5）在核定中，若施工单位资料不能说明结构安全或不能保证使用功能的，由施工单位委托法定监测单位进行监测，并由监督机构对隐瞒事故者进行依法处理。

五、工程竣工验收的形式与程序

1. 工程竣工验收的形式

（1）事后报告验收形式，对一些小型项目或单纯的设备安装项目适用。

（2）委托验收形式，对一般工程项目，委托某个有资格的机构为建设单位验收。

（3）成立竣工验收委员会验收。

2. 工程竣工验收的程序

工程项目全部建成，经过各单项工程的验收，符合设计的要求，并具备竣工图表、竣工决算、工程总结等必要文件资料，由工程项目主管部门或建设单位向负责验收的单位提出竣工验收申请报告，按以下程序验收。

（1）承包商申请交工验收

承包商在完成了合同工程或按合同约定可分步移交工程的，可申请交工验收。竣工验收一般为单项工程，但在某些特殊情况下也可以是单位工程的施工内容，诸如特殊基础处理工程、发电站单机机组完成后的移交等。承包商施工的工程达到竣工条件后，应先进行预检验，对不符合要求的部位和项目，确定修补措施和标准，修补有缺陷的工程部位；对于设备安装工程，要与甲方和监理工程师共同进行无负荷的单机和联动试运转。承包商在完成了上述工作和准备好竣工资料后，即可向甲方提交竣工验收申请报告。一般由基层施工单位先进行自验、项目经理自验及公司级预验三个层次进行竣工验收预验收，也称竣工预验，为正式验收做好准备。

（2）监理工程师现场初验

施工单位通过竣工预验收，对发现的问题进行处理后，决定正式提请验收，应向监理工程师提交验收申请报告，监理工程师审查验收申请报告，若认为可以验收，则由监理工程师组成验收组，对竣工的工程项目进行初验。在初验中发现的质量问题，要及时书面通知施工单位，令其修理甚至返工。

3. 正式验收

正式验收是指由业主或监理工程师组织，由业主、监理单位、设计单位、施工单位及工程质量监督站等参加的验收。其工作程序如下：

（1）参加工程项目竣工验收的各方对已竣工的工程进行目测检查，逐一核对工程资料所列内容是否齐备和完整。

（2）举行各方参加的现场验收会议，由项目经理对工程施工情况、自验情况和竣工情况进行介绍，并出示竣工资料，包括竣工图和各种原始资料及记录。由项目总监理工程师通报工程监理中的主要内容，发表竣工验收的监理意见。业主根据在竣工项目目测中发现的问题，按照合同规定对施工单位提出限期处理的意见。然后，暂时休会，由质检部门会同业主及监理工程师讨论正式验收是否合格。最后复会，由业主或总监理工程师宣布验收结果，质检站人员宣布工程质量等级。

（3）办理竣工验收签证书，三方签字盖章。

4. 单项工程验收

单项工程验收又称交工验收，即验收合格后业主方可投入使用。由业主组织的交工验收，主要依据国家颁布的有关技术规范和施工承包合同，对以下几方面进行检查或检验。

（1）检查、核实竣工项目，准备移交给业主的所有技术资料的完整性、准确性。

（2）按照设计文件和合同，检查已完工程是否有漏项。

（3）检查工程质量、隐蔽工程验收资料、关键部位的施工记录等，考察施工质量是否达到合同要求。

（4）检查试运转记录及试运转中所发现的问题是否得到改正。

（5）在交工验收中发现需要返工、修补的工程，明确规定完成期限。

（6）其他涉及的有关问题。

经验收合格后，业主和承包商共同签署"交工验收证书"。然后由业主将有关技术资料和试运转记录、试运转报告及交工验收报告一并上报主管部门，经批准后该部分工程即可投入使用。验收合格的单项工程，在全部工程验收时，原则上不再办理验收手续。

5. 全部工程的竣工验收

全部施工完成后由国家主管部门组织的竣工验收，又称动用验收。业主参与全部工程竣工验收分为验收准备、预验收和正式验收三个阶段。正式验收在自验的基础上，确认工程全部符合验收标准，具备了交付使用的条件后，即可开始正式竣工验收工作。

（1）发出《竣工验收通知书》。施工单位应于正式竣工验收之日的前 10 天，向建设单位发送《竣工验收通知书》。

（2）组织验收工作。工程竣工验收工作由建设单位邀请设计单位及有关方面参加，同施工单位一起进行检查验收。国家重点工程的大型工程项目，由国家有关部门邀请有关方面参加，组成工程验收委员会，进行验收。

（3）签发《竣工验收证明书》并办理移交。在建设单位验收完毕并确认工程符合竣工标准和合同条款规定要求以后，向施工单位签发《竣工验收证明书》。

（4）进行工程质量评定。建筑工程按设计要求和建筑安装工程施工的验收规范和质量标准进行质量评定验收。验收委员会或验收组，在确认工程符合竣工标准和合同条款规定后，签发竣工验收合格证书。

（5）整理各种技术文件材料，办理工程档案资料移交。工程项目竣工验收前，各有关单位应将所有技术文件进行系统整理，由建设单位分类立卷；在竣工验收时，交生产单位统一保管，同时将与所在地区有关的文件交当地档案管理部门，以适应生产、维修的需要。

（6）办理固定资产移交手续。在对工程检查验收完毕后，施工单位要向建设单位逐项办理工程移交和其他固定资产移交手续，加强固定资产的管理，并应签认交接验收证书，办理工程结算手续。工程结算由施工单位提出，送建设单位审查无误后，由双方共同办理结算签认手续。工程结算手续办理完毕，除施工单位承担保修工作（一般保修期为一年）以外，甲乙双方的经济关系和法律责任予以解除。

（7）办理工程决算。整个项目完工验收后，并且办理了工程结算手续，要由建设单位编制工程决算，上报有关部门。

（8）签署竣工验收鉴定书。竣工验收鉴定书是表示工程项目已经竣工，并交付使用的重要文件，是全部固定资产交付使用和工程项目正式动用的依据。也是承包商对工程项目解除法律责任的证件。

整个工程项目进行竣工验收后,业主应及时办理固定资产交付使用手续。在进行竣工验收时,已验收过的单项工程可以不再办理验收手续,但应将单项工程交工验收证书作为最终验收的附件而加以说明。

第二节　工程竣工结算

一、工程竣工结算的概念

竣工结算是指施工企业按照合同的规定,对竣工点交后的工程向建设单位办理最后工程价款清算的经济技术文件。

二、工程竣工结算的编制依据

(1)经审批的原施工图预算。

(2)工程承包合同或甲乙双方协议书。

(3)设计单位修改或变更设计的通知单。

(4)建设单位有关工程的变更、追加、削减和修改的通知单。

(5)图样会审记录。

(6)现场经济签证。

(7)全套竣工图样。

(8)现行预算定额单价表、地区预算定额单价表、地区材料预算价格表、取费标准及调整材料价差等有关规定。

三、工程竣工结算的编制内容

竣工结算的编制内容与施工图预算的编制内容相同。竣工结算就是在原施工图预算的基础上进行调整、修改,调整修改后的施工图预算,即为竣工结算,又称为竣工结算书。其调整、修改的内容一般有如下几项:

1. 工程量增减

工程量增减是编制竣工结算的主要部分,称为量差。量差是指施工图预算工程量与实际完成工程量不符而发生的量差,主要有以下几个方面。

(1)设计修改和漏项。设计修改和漏项是由于设计修改和漏项而需增减的工程量,这一部分应根据设计修改通知单进行调整。

(2)现场工程更改。在施工中预见不到的工程和施工方法不符的,都应根据建设单位和施工单位双方签证的现场记录,按合同和协议的规定进行调整。

(3)施工图预算错误。在编制竣工结算前,应结合工程的验收点交核对实际完成工程量。施工图预算有错误的应作相应调整。

2. 材料价差

工程结算应按预算定额(或地区价目表)的单价编制。所以一般不会发生价差因素。由于客观原因发生的材料代用和材料预算价格与实际材料价格发生差异时,可在工程结算中进行调整。

(1)材料代用。材料代用是指材料供应缺口或其他原因而发生的以大代小,以优代劣等情况。这部分应根据工程材料代用通知单计算材料的价差进行调整。

(2)材料价差。材料价差是指定额内计价材料和未计价材料两种,定额内计价材料的材料价差的调整范围严格按照当地规定办理。未计价材料由建设单位供应材料按预算价格转给施工单位的,在工程结算时不调整材料价差;由施工单位购置的材料根据实际供应价格,对照材料的预算价格计算价差,进行调整。

由于材料管理不善造成的异差,应通过加强管理解决,一般在工程结算时不予调整。

3. 费用

属于工程数量的增减变化,要相应调整安装工程费用。属于价差的因素,一般不调整安装工程费用。属于其他费用,例如窝工费用、机械进出场费用等,应一次结清,分摊到结算的工程项目中去。

四、工程竣工结算的编制步骤

1. 仔细了解有关竣工结算的原始资料

结算的原始资料是编制竣工结算的依据,必须收集齐全,在了解时要深入细致,并进行必要的归纳整理,一般按分部分项工程的顺序进行。

2. 对竣工工程进行观察和对照

根据原有施工图样,结算的原始资料,对竣工工程进行观察和对照,必要时应进行实际测量和计算,并做好记录。当工程的做法与原设计施工要求有出入时,也应做好记录。以便在竣工结算时调整。

3. 计算工程量

根据原始资料和对竣工工程进行观察的结果,计算增加和减少的工程量。这些增加或减少的工程量是由设计变更和设计修改所造成的必要计算,对其他原因造成的现场签证项目,也应逐项计算出工程量。当设计变更及设计修改的工程量较多且影响又大时,可将所有的工程量按变更或修改后的设计重新计算工程量。计算方法同前。

4. 套预算定额单价,计算定额直接费

其具体要求与施工图预算编制套定额相同,要求准确合理。

5. 计算工程费用

工程费用计算方法同施工图预算。

五、工程竣工结算的编制方法

根据设计变化大小,竣工结算的编制方法一般有如下两种。

(1)若设计变化不大,只是局部修改,竣工结算一般采用以原施工图预算为基础,加减设计变更引起工程量变化所发生的费用。其工程结算表见表9-1。

表 9-1　工程结算表

序　　号	工程名称	原预算价值	调增预算价值	调减预算价值	结算价值

计算竣工结算直接费价值的方法为:

$$竣工结算直接费＝原预算直接费＋调增预算费小计－调减预算费小计 \qquad (9-1)$$

　　计算时应注意:计算调增部分的直接费,按调增部分的工程量分别套定额,求出调增部分的直接费,以"调增预算费小计"表示;计算调减部分的直接费,按调减部分的工程量分别套定额,求出调减部分的直接费,以"调减预算费小计"表示。

　　根据竣工结算直接费,按取费标准就可以计算出竣工结算工程造价。

　　(2)若设计变更较大,导致整个工程量的全部或大部分变更,采用局部调整增减费用的办法比较繁琐,容易搞错,则竣工结算应按照施工图预算的编制方法重新进行编制。

第三节　工程竣工决算

一、工程竣工决算的概念

　　建设工程竣工决算是指在竣工验收交付使用阶段,由建设单位编制的工程项目从筹建到竣工投产使用全过程的全部实际支出费用的经济文件。建设工程竣工决算是建设单位反映工程项目实际造价、投资效果和正确核定新增资产价值的文件,是竣工验收报告的重要组成部分。工程竣工决算的内容包括竣工决算表、竣工决算报告说明书、工程竣工图和工程造价比较分析四个部分。大中型工程项目的竣工决算报表一般包括工程项目竣工财务决算审批表、竣工工程概况表、竣工财务决算表、工程项目交付使用财产总表及明细表、工程项目建成交付使用后的投资效益表等;小型工程项目竣工决算报表一般包括工程项目竣工财务决算审批表、竣工财务决算总表和交付使用财产明细表等。

二、工程竣工决算的作用

　　(1)工程竣工决算是综合、全面地反映竣工项目建设成果及财务情况的总结性文件,它采用货币指标、实物数量、建设工期和各种技术经济指标综合、全面地反映工程项目自开始到竣工为止的全部建设成果和财务状况。

　　(2)工程竣工决算是办理交付使用资产的依据,也是竣工验收报告的重要组成部分。

　　(3)工程竣工决算是分析和检查设计概算的执行情况,考核投资效果的依据。

三、工程竣工决算的编制依据

　　(1)可行性研究报告、投资估算书、初步设计或扩大初步设计、修正总概算及其批复文件。

　　(2)设计变更记录、施工记录或施工签证单及其他施工发生的费用记录。

　　(3)经批准的施工图预算或标底造价、承包合同、工程结算等有关资料。

　　(4)历年基建计划、历年财务决算及批复文件。

　　(5)设备、材料调价文件和调价记录。

　　(6)其他有关资料。

四、工程竣工决算的编制要求

　　为了严格执行工程项目竣工验收制度,正确核定新增固定资产价值,考核分析投资效果,建立健全经济责任制,所有新建、扩建和改建等工程项目竣工后,都应及时、完整、正确地编制好竣工决算。建设单位要做好以下工作。

　　(1)按照规定组织竣工验收,保证竣工决算的及时性。及时组织竣工验收,是对建设工程的全面考核,所有的工程项目(或单项工程)按照批准的设计文件所规定的内容建成后,具备了投产和使用条件的,都要及时组织验收。对于竣工验收中发现的问题,应及时查明原因,采取措施加以解决，以保证工程项目按时交付使用和及时编制竣工决算。

（2）积累、整理竣工项目资料，保证竣工决算的完整性。积累、整理竣工项目资料是编制竣工决算的基础工作，它关系到竣工决算的完整性和质量的好坏。因此，在建设过程中，建设单位必须随时收集项目建设的各种资料，并在竣工验收前，对各种资料进行系统整理，分类立卷，为编制竣工决算提供完整的数据资料，为投产后加强固定资产管理提供依据。在工程竣工时，建设单位应将各种基础资料与竣工决算一起移交给生产单位或使用单位。

（3）清理、核对各项账目，保证竣工决算的正确性。工程竣工后，建设单位要认真核实各项交付使用资产的建设成本；做好各项账务、物资以及债权的清理结余工作，应偿还的及时偿还，该收回的应及时收回，对各种结余的材料、设备、施工机械工具等，要逐项清点核实，妥善保管，按照国家有关规定进行处理，不得任意侵占；对竣工后的结余资金，要按规定上交财政部门或上级主管部门。在做完上述工作，核实了各项数据的基础上，正确编制从年初起到竣工月份止的竣工年度财务决算，以便根据历年的财务决算和竣工年度财务决算进行整理汇总，编制工程项目决算。

按照规定，竣工决算应在竣工项目办理验收交付手续后一个月内编好，并上报主管部门，有关财务成本部分还应送经办行审查签证。主管部门和财政部门对报送的竣工决算审批后，建设单位即可办理决算调整和结束有关工作。

五、工程竣工决算的编制步骤

（1）收集、整理和分析有关依据资料。在编制竣工决算文件之前，系统地整理所有的技术资料、工料结算的经济文件、施工图样和各种变更与签证资料，并分析它们的准确性。

（2）清理各项财务、债务和结余物资。在收集、整理和分析有关资料时，要特别注意建设工程从筹建到竣工投产或使用的全部费用的各项账务、债权和债务的清理，做到工程完毕账目清晰，既要核对账目，又要查点库有实物的数量，做到账与物相等，账与账相符；对结余的各种材料、工具、器具和设备，要逐项清点核实，妥善管理，并按规定及时处理，收回资金；对各种往来款项要及时进行全面清理，为编制竣工决算提供准确的数据和结果。

（3）填写竣工决算报表。安装建设工程决算表格中的内容，根据编制依据中的有关资料进行统计或计算各个项目和数量，并将其结果填到相应表格的栏目内，完成所有报表的填写。

（4）编制建设工程竣工决算说明。按照建设工程竣工决算说明的内容要求，根据编制依据材料填写在报表中，编写文字说明。

（5）做好工程造价对比分析。

（6）清理、装订好竣工图。

（7）报主管部门审查。上述编写的文字说明和填写的表格经核对无误后装订成册，即为建设工程竣工决算文件。将其上报主管部门审查，并把其中财务成本部分送交开户银行签证。竣工决算在上报主管部门的同时，抄送有关设计单位。大、中型工程项目的竣工决算还应抄送财政部、建设银行总行以及省、市、自治区的财政局和建设银行分行各一份。

附　　录

附录 1　工程量清单计价常用表格格式

（1）工程计价表宜采用统一格式。各省、自治区、直辖市建设行政主管部门和行业建设主管部门可根据本地区、本行业的实际情况，在《建设工程工程量清单计价规范》(GB 50500—2013)附录 B 至附录 L 计价表格的基础上补充完善。

（2）工程计价表格的设置应满足工程计价的需要，方面使用。

（3）工程量清单的编制应符合下列规定：

1)工程量清单编制使用表格包括：封-1、扉-1、表-01、表-08、表-11、表-12(不含表-12-6～表-12-8)、表-13、表-20、表-21 或表-22。

2)扉页应按规定的内容填写、签字、盖章，由造价员编制的工程量清单应有负责审核的造价工程师签字、盖章。受委托编制的工程量清单，应有造价工程师签字、盖章以及工程造价咨询人盖章。

3)总说明应按下列内容填写：

①工程概况：建设规模、工程特征、计划工期、施工现场实际情况、自然地理条件、环境保护要求等。

②工程招标和专业工程发包范围。

③工程量清单编制依据。

④工程质量、材料、施工等的特殊要求。

⑤其他需要说明的问题。

（4）招标控制价、投标报价、竣工结算的编制应符合下列规定：

1)使用表格：

①招标控制价使用表格包括：封-2、扉-2、表-01、表-02、表-03、表-04、表-08、表-09、表-11、表-12(不含表-12-6～表-12-8)、表-13、表-20、表-21 或表-22。

②投标报价使用的表格包括：封-3、扉-3、表-01、表-02、表-03、表-04、表-08、表-09、表-11、表-12(不含表-12-6～表-12-8)、表-13、表-16、招标文件提供的表-20、表-21 或表-22。

③竣工结算使用的表格包括：封-4、扉-4、表-01、表-05、表-06、表-07、表-08、表-09、表-10、表-11、表-12、表-13、表-14、表-15、表-16、表-17、表-18、表-19、表-20、表-21 或表-22。

2)扉页应按规定的内容填写、签字、盖章，除承包人自行编制的投标报价和竣工结算外，受委托编制的招标控制价、投标报价、竣工结算，由造价员编制的应有负责审核的造价工程师签字、盖章以及工程造价咨询人盖章。

3)总说明应按下列内容填写：

①工程概况：建设规模、工程特征、计划工期、合同工期、实际工期、施工现场及变化情况、施

工组织设计的特点、自然地理条件、环境保护要求等。

②编制依据等。

(5)工程造价鉴定应符合下列规定：

1)工程造价鉴定使用表格包括：封-5、扉-5、表-01、表-05～表-20、表-21 或表-22。

2)扉页应按规定内容填写、签字、盖章，应有承担鉴定和负责审核的注册造价工程师签字、盖执业专用章。

3)说明应按《建设工程工程量清单计价规范》(GB 50500—2013)的规定填写。

①鉴定项目委托人名称、委托鉴定的内容。

②委托鉴定的证据材料。

③鉴定的依据及使用的专业技术手段。

④对鉴定过程的说明。

⑤明确的鉴定结论。

⑥其他需说明的事宜。

(6)投标人应按招标文件的要求，附工程量清单综合单价分析表。

封-1

招标工程量清单封面

_____工程

招标工程量清单

招　标　人：_____

（单位盖章）

造价咨询人：_____

（单位盖章）

年　　月　　日

封-2

招标控制价封面

_____工程

招标控制价

招　标　人：_____

（单位盖章）

造价咨询人：_____

（单位盖章）

年　　月　　日

封-3
投标总价封面

_____工程

投标总价

招标人：_____
（单位盖章）

年　　月　　日

封-4
竣工结算书封面

_____工程

竣工结算书

发 包 人：_____
（单位盖章）

承 包 人：_____
（单位盖章）

造价咨询人：_____
（单位盖章）

年　　月　　日

封-5
工程造价鉴定意见书封面

_____工程

编号:×××[2×××]××号

工程造价鉴定意见书

造价咨询人:_____
（单位盖章）

年　　月　　日

扉-1
招标工程量清单扉页

_____工程

招标工程量清单

招　标　人:_____
（单位盖章）

造价咨询人:_____
（单位盖章）

法定代表人
或其授权人:_____
（签字或盖章）

法定代表人
或其授权人:_____
（签字或盖章）

编　制　人:_____
（造价人员签字盖专用章）

复　核　人:_____
（造价工程师签字盖专用章）

编制时间:　年　月　日

复核时间:　年　月　日

扉-2
招标控制价扉页

_____工程

招标控制价

招标控制价(小写)：_____
　　　　　(大写)：_____

招　标　人：_____　　　　　　造价咨询人：_____
　　　　(单位盖章)　　　　　　　　　　　　　　　　　　(单位资质专用章)

法定代表人　　　　　　　　　　　　　　　　　　法定代表人
或其授权人：_____　　　　　　或其授权人：_____
　　　　(签字或盖章)　　　　　　　　　　　　　　　　　(签字或盖章)

编　制　人：_____　　　　　　复　核　人：_____
　　(造价人员签字盖专用章)　　　　　　　　　　　(造价工程师签字盖专用章)

编制时间：　年　月　日　　　　　　　　　复核时间：　年　月　日

扉-3

投标总价扉页

投标总价

招 标 人：_____

工程名称：_____

投标总价(小写)：_____

　　　　(大写)：_____

投 标 人：_____

（单位盖章）

法定代表人

或其授权人：_____

（签字或盖章）

编 制 人：_____

（造价人员签字盖专用章）

时　间：　年　月　日

扉-4
竣工结算总价扉页

_____工程

竣工结算总价

签约合同价(小写)：_____(大写)：_____

竣工结算价(小写)：_____(大写)：_____

发包人：_____　　承包人：_____　　造价咨询人：_____

　　　　（单位盖章）　　　　　　　（单位盖章）　　　　　　　（单位资质专用章）

法定代表人　　　　　　　　　法定代表人　　　　　　　　　法定代表人

或其授权人：_____　　或其授权人：_____　　或其授权人：_____

　　　　（签字或盖章）　　　　　　　（签字或盖章）　　　　　　　（签字或盖章）

编　制　人：_____　　核　对　人：_____

　　　（造价人员签字盖专用章）　　　　　　　（造价工程师签字盖专用章）

编制时间：　年　月　日　　　　　　核对时间：　年　月　日

_____工程

工程造价鉴定意见书

鉴定结论：

造价咨询人：_____

（盖单位章及资质专用章）

法定代表人：_____

（签字或盖章）

造价工程师：_____

（签字盖专用章）

年　　　月　　　日

表-01
总说明

工程名称：　　　　　　　　　　　　　　　　　　　　　　第　页　共　页

表-02
建设项目招标控制价/投标报价汇总表

工程名称：　　　　　　　　　　　　　　　　　　　　　　　第 页共 页

序号	单项工程名称	金额/元	其中/元		
			暂估价	安全文明施工费	规费
合计					

注：本表适用于建设项目招标控制价或投标报价的汇总。

表-03
单项工程招标控制价/投标报价汇总表

工程名称：　　　　　　　　　　　　　　　　　　　　　　　第 页共 页

序号	单项工程名称	金额/元	其中/元		
			暂估价	安全文明施工费	规费
合计					

注：本表适用于单项工程招标控制价或投标报价的汇总。暂估价包括分部分项工程中的暂估价和专业工程暂估价。

表-04

单位工程招标控制价/投标报价汇总表

工程名称：　　　　　　　　　　标段：　　　　　　　　　　　第　页共　页

序号	汇总内容	金额/元	其中：暂估价/元
1	分部分项工程		
1.1			
1.2			
1.3			
1.4			
1.5			
2	措施项目		—
2.1	其中:安全文明施工费		—
3	其他项目		—
3.1	其中:暂列金额		—
3.2	其中:专业工程暂估价		—
3.3	其中:计日工		—
3.4	其中:总承包服务费		—
4	规费		—
5	税金		—
招标控制价合计＝1＋2＋3＋4＋5			

注:本表适用于单位工程招标控制价或投标报价的汇总,如无单位工程划分,单项工程也使用本表汇总。

表-05

建设项目竣工结算汇总表

工程名称：　　　　　　　　　　　　　　　　　　　　　　　第　页共　页

序号	单项工程名称	金额/元	其中/元	
			安全文明施工费	规费
	合计			

表-06

单项工程竣工结算汇总表

工程名称：　　　　　　　　　　　　　　　　　　　　　　　　　第　页共　页

序号	单项工程名称	金额/元	其中/元	
			安全文明施工费	规费
合计				

表-07

单位工程竣工结算汇总表

工程名称：　　　　　　　　　标段：　　　　　　　　　　　　第　页共　页

序号	汇总内容	金额/元
1	分部分项工程	
1.1		
1.2		
1.3		
1.4		
1.5		
2	措施项目	
2.1	其中:安全文明施工费	
3	其他项目	
3.1	其中:专业工程结算价	
3.2	其中:计日工	
3.3	其中:总承包服务费	
3.4	其中:索赔与现场签证	
4	规费	
5	税金	
竣工结算总价合计＝1＋2＋3＋4＋5		

注:如无单位工程划分,单项工程也使用本表汇总。

表-08

分部分项工程和单价措施项目清单与计价表

工程名称：　　　　　　　　　　　　标段：　　　　　　　　　　　　　　　　第　页共　页

序号	项目编码	项目名称	项目特征描述	计量单位	工程量	金　额（元）		
						综合单价	合价	其中
								暂估价
			本页小计					
			合计					

注：为记取规费等的使用，可在表中增设其中："定额人工费"。

表-09

综合单价分析表

工程名称：　　　　　　　　　　　　标段：　　　　　　　　　　　　　　　　第　页共　页

项目编码		项目名称		计量单位		工程量	

综合单价组成明细

定额编号	定额名称	定额单位	数量	单价				合价			
				人工费	材料费	机械费	管理费和利润	人工费	材料费	机械费	管理费和利润
人工单价			小计								
元/工日			未计价材料费								
清单项目综合单价											

	主要材料名称、规格、型号	单位	数量	单价/元	合价/元	暂估单价/元	暂估合价/元
材料费明细							
	其他材料费			—		—	
	材料费小计			—		—	

注：1. 如不使用省级或行业建设主管部门发布的计价依据，可不填定额编号、名称等。

　　2. 招标文件提供了暂估单价的材料，按暂估的单价填入表内"暂估单价"栏及"暂估合价"栏。

表-10

综合单价调整表

工程名称：　　　　　　　　　　　　标段：　　　　　　　　　　　　　第　页共　页

序号	项目编码	项目名称	已标价清单综合单价/元					调整后综合单价/元				
			综合单价	其中				综合单价	其中			
				人工费	材料费	机械费	管理费和利润		人工费	材料费	机械费	管理费和利润

造价工程师(签章)：发包人代表(签章)：　　　　　　　造价人员(签章)：发包人代表(签章)：

日期：　　　　　　　　　　　　　　　　　　　　日期：

注：综合单价调整应附调整依据。

表-11

总价措施项目清单与计价表

工程名称：　　　　　　　　　　　　标段：　　　　　　　　　　　　　第　页共　页

序号	项目编码	项目名称	计算基础	费率(%)	金额/元	调整费率(%)	调整后金额/元	备注
		安全文明施工费						
		夜间施工增加费						
		二次搬运费						
		冬雨季施工增加费						
		已完工程及设备保护费						
		合计						

编制人(造价人员)：　　　　　　　　　　复核人(造价工程师)：

注：1. "计算基础"中安全文明施工费可为"定额基价"、"定额人工费"或"定额人工费＋定额机械费"，其他项目可为"定额人工费"或"定额人工费＋定额机械费"。

　　2. 按施工方案计算的措施费，若无"计算基础"和"费率"的数值，也可只填"金额"数值，但应在备注栏说明施工方案出处或计算方法。

表-12

其他项目清单与计价汇总表

工程名称：　　　　　　　　　　　标段：　　　　　　　　　　　第　页共　页

序号	项目名称	金额/元	结算金额/元	备注
1	暂列金额			明细详见表-12-1
2	暂估价			
2.1	材料(工程设备)暂估价/结算价			明细详见表-12-2
2.2	专业工程暂估价/结算价			明细详见表-12-3
3	计日工			明细详见表-12-4
4	总承包服务费			明细详见表-12-5
5	索赔与现场签证			明细详见表-12-6
	合计			—

注:材料(工程设备)暂估单价进入清单项目综合单价,此处不汇总。

表-12-1

暂列金额明细表

工程名称：　　　　　　　　　　　标段：　　　　　　　　　　　第　页共　页

序号	项目名称	计量单位	暂定金额/元	备注
1				
2				
3				
4				
5				
6				
	合计			—

注:此表由招标人填写,如不能详列,也可只列暂定金额总额,投标人应将上述暂列金额计入投标总价中。

表-12-2

材料(工程设备)暂估单价及调整表

工程名称：　　　　　　　　　　　标段：　　　　　　　　　　　第　页共　页

序号	材料(工程设备)名称、规格、型号	计量单位	数量		暂估/元		确认/元		差额±/元		备注
			暂估	确认	单价	合价	单价	合价	单价	合价	
	合计										

注:此表由招标人填写"暂估单价",并在备注栏说明暂估价的材料、工程设备拟用在那些清单项目上,投标人应将上述材料,工程设备暂估单价计入工程量清单综合单价报价中。

表-12-3
专业工程暂估价及结算价表

工程名称：　　　　　　　　　　　　　标段：　　　　　　　　　　　　　　　第　页　共　页

序号	工程名称	工程内容	暂估金额/元	结算金额/元	差额±/元	备注
	合计					

注：此表"暂估金额"由招标人填写，投标人应将"暂估金额"计入投标总价中。结算时按合同约定结算金额填写。

表-12-4
计日工表

工程名称：　　　　　　　　　　　　　标段：　　　　　　　　　　　　　　　第　页　共　页

编号	项目名称	单位	暂定数量	实际数量	综合单价/元	合价/元	
						暂定	实际
一	人工						
1							
2							
3							
	人工小计						
二	材料						
1							
2							
3							
	材料小计						
三	施工机械						
1							
2							
3							
	施工机械小计						
	四、企业管理费和利润						
总计							

注：此表项目名称、暂定数量由招标人填写，编制招标控制价时，单价由招标人按有关计价规定确定；投标时，单价由投标人自主报价，按暂定数量计算合价计入投标总价中。结算时，按承包双方确认的实际数量计算合价。

表-12-5
总承包服务费计价表

工程名称：　　　　　　　　　　标段：　　　　　　　　　　　第　页共　页

序号	工程名称	项目价值/元	服务内容	计算基础	费率(%)	金额/元
1	发包人发包专业工程					
2	发包人提供材料					
	合计	—		—		—

注：此表项目名称，服务内容由招标人填写，编制招标控制价时，费率及金额由招标人按有关计价规定确定；投标时，费率及金额由投标人自主报价，计入投标总价。

表-12-6
索赔与现场签证计价汇总表

工程名称：　　　　　　　　　　标段：　　　　　　　　　　　第　页共　页

序号	签证及索赔项目名称	计量单位	数量	单价/元	合价/元	索赔及签证依据
—	本页小计	—	—	—	—	
—	合计	—	—	—	—	

注：签证及索赔依据是指经双方认可的签证单和索赔依据的编号。

表-12-7
费用索赔申请(核准)表

工程名称:　　　　　　　　　　标段:　　　　　　　　　　　　　　　编号:

致:＿＿＿＿＿＿＿＿＿＿＿＿＿＿＿＿＿＿＿＿＿＿＿＿＿＿＿＿＿＿＿＿＿＿(发包人全称)

　　根据施工合同条款第＿＿＿＿＿条的约定,由于＿＿＿＿＿＿原因,我方要求索赔金额(大写)＿＿＿＿＿元,(小写)＿＿＿＿＿元,请予核准。

附:1. 费用索赔的详细理由和依据:

　　2. 索赔金额的计算:

　　3. 证明材料:

承包人(章)

造价人员＿＿＿＿＿＿＿＿＿　承包人代表＿＿＿＿＿＿＿＿＿　日　期＿＿＿＿＿＿＿＿＿

复核意见:

　　根据施工合同条款第＿＿＿＿＿条的约定,你方提出的费用索赔申请经复核:

　□不同意此项索赔,具体意见见附件。

　□同意此项索赔,索赔金额的计算,由造价工程师复核。

监理工程师＿＿＿＿＿＿＿＿＿
日　期＿＿＿＿＿＿＿＿＿

复核意见:

　　根据施工合同条款第＿＿＿＿＿条的约定,你方提出的费用索赔申请经复核,索赔金额为(大写)＿＿＿＿＿元,(小写)＿＿＿＿＿元。

造价工程师＿＿＿＿＿＿＿＿＿
日　期＿＿＿＿＿＿＿＿＿

审核意见:

　□不同意此项索赔。

　□同意此项索赔,与本期进度款同期支付。

发包人(章)
发包人代表＿＿＿＿＿＿＿＿＿
日　期＿＿＿＿＿＿＿＿＿

注:1. 在选择栏中的"□"内做标识"√"。

　　2. 本表一式四份,由承包人填写,发包人、监理人、造价咨询人、承包人各存一份。

表-12-8

现场签证表

工程名称:　　　　　　　　　　标段:　　　　　　　　　　　　　　编号:

施工单位		日期	

致:＿＿＿＿＿＿＿＿＿＿＿＿＿＿＿＿＿＿＿＿＿＿＿＿＿＿＿＿＿＿＿＿＿＿(发包人全称)

　　根据＿＿＿＿＿(指令人姓名) 年 月 日的口头指令或你方＿＿＿＿＿(或监理人) 年 月 日的书面通知,我方要求完成此项工作应支付价款金额为(大写)＿＿＿＿＿元,(小写)＿＿＿＿＿元,请予核准。

　　附:1. 签证事由及原因:

　　　　2. 附图及计算式:

承包人(章)

造价人员＿＿＿＿＿＿＿＿＿　承包人代表＿＿＿＿＿＿＿＿＿　日　期＿＿＿＿＿＿＿＿＿

复核意见:	复核意见:
你方提出的此项签证申请经复核:	□此项签证按承包人中标的计日工单价计算,金额为
□不同意此项签证,具体意见见附件。	(大写)＿＿＿＿＿元,(小写)＿＿＿＿＿元。
□同意此项签证,签证金额的计算,由造价工程师复核。	□此项签证因无计日工单价,金额为(大写)＿＿＿＿＿
	元,(小写)＿＿＿＿＿元。
监理工程师＿＿＿＿＿＿＿＿＿	造价工程师＿＿＿＿＿＿＿＿＿
日　期＿＿＿＿＿＿＿＿＿	日　期＿＿＿＿＿＿＿＿＿

审核意见:

　□不同意此项签证。

　□同意此项签证,价款与本期进度款同期支付。

发包人(章)

发包人代表＿＿＿＿＿＿＿＿＿

日　期＿＿＿＿＿＿＿＿＿

注:1. 在选择栏中的"□"内做标识"√"。

　　2. 本表一式四份,由承包人在收到发包人(监理人)的口头或书面通知后填写,发包人、监理人、造价咨询人、承包人各存一份。

表-13

规费、税金项目计价表

工程名称：　　　　　　　　标段：　　　　　　　　　　　　　　　第　页共　页

序号	项目名称	计算基础	计算基数	计算费率（%）	金额/元
1	规费	定额人工费			
1.1	社会保险费	定额人工费			
（1）	养老保险费	定额人工费			
（2）	失业保险费	定额人工费			
（3）	医疗保险费	定额人工费			
（4）	工伤保险费	定额人工费			
（5）	生育保险费	定额人工费			
1.2	住房公积金	定额人工费			
1.3	工程排污费	按工程所在地环境保护部门收取标准，按实计入			
2	税金	分部分项工程费＋措施项目费＋其他项目费＋规费－按规定不计税的工程设备金额			
合计					

编制人（造价人员）：　　　　　　　　　　　　　复核人（造价工程师）：

表-14

工程计量申请(核准)表

工程名称： 标段： 第 页共 页

序号	项目编码	项目名称	计量单位	承包人申报数量	发包人核实数量	发承包人确认数量	备注

承包人代表：	监理工程师：	造价工程师：	发包代表人：
日期：	日期：	日期：	日期：

表-15

预付款支付申请(核准)表

工程名称：　　　　　　　　标段：　　　　　　　　　　　　编号：

致：_____（发包人全称）

我方根据施工合同的约定,现申请支付工程预付款额为(大写_____)(小写_____),请予核准。

序号	名　称	申请金额/元	复核金额/元	备注
1	已签约合同价款金额			
2	其中:安全文明施工费			
3	应支付的预付款			
4	应支付的安全文明施工费			
5	合计应支付的预付款			

承包人(章)

造价人员_____　承包人代表_____　日　期_____

复核意见：
□与合同约定不相符,修改意见见附件。
□与合约约定相符,具体金额由造价工程师复核。

监理工程师_____
日　期_____

复核意见：
　你方提出的支付申请经复核,应支付预付款金额为(大写_____)(小写____)。

造价工程师_____
日　期_____

审核意见：
□不同意。
□同意,支付时间为本表签发后的15天内。

发包人(章)
发包人代表_____
日　期_____

注:1. 在选择栏中的"□"内作标识"√"。
2. 本表一式四份,由承包人填报,发包人、监理人、造价咨询人、承包人各存一份。

表-16
总价项目进度款支付分解表

工程名称：　　　　　　　　　　　标段：　　　　　　　　　　　　　单位:元

序号	项目名称	总价金额	首次支付	二次支付	三次支付	四次支付	五次支付	
	安全文明施工费							
	夜间施工增加费							
	二次搬运费							
	社会保险费							
	住房公积金							
	合计							

编制人(造价人员)：　　　　　　　　　　　　　　　复核人(造价工程师)：

注:1. 本表应由承包人在投标报价时根据发包人在招标文件明确的进度款支付周期与报价填写,签订合同时,发承包双方可就支付分解协商调整后作为合同附件。

　　2. 单价合同使用本表,"支付"栏时间应与单价项目进度款支付周期相同。

　　3. 总价合同使用本表,"支付"栏时间应与约定的工程计量周期相同。

表-17
进度款支付申请(核准)表

工程名称：　　　　　　　　　　标段：　　　　　　　　　　　　编号：

致：＿＿＿＿＿＿＿＿＿＿＿＿＿＿＿＿＿＿＿＿＿＿＿＿＿＿＿　　　　（发包人全称）

　　我方于＿＿＿＿＿＿至＿＿＿＿＿＿期间已完成了＿＿＿＿＿＿＿＿工作,根据施工合同的约定,现申请支付本周期的合同价

款为(大写)＿＿＿＿＿＿＿＿＿＿,(小写＿＿＿＿＿＿＿＿),请予核准。

序号	名称	实际金额/元	申请金额/元	复核金额/元	备注
1	累计已完成的合同价款				
2	累计已实际支付的合同价款				
3	本周期合计完成的合同价款				
3.1	本周期已完成单价项目的金额				
3.2	本周期应支付的总价项目的金额				
3.3	本周期已完成的计日工价款				
3.4	本周期应支付的安全文明施工费				
3.5	本周期应增加的合同价款				
4	本周期合计应扣减的金额				
4.1	本周期应抵扣的预付款				
4.2	本周期应扣减的金额				
5	本周期应支付的合同价款				

附：上述3、4详见附件清单。

承包人(章)

造价人员＿＿＿＿＿＿＿＿＿　　承包人代表＿＿＿＿＿＿＿＿　日　期＿＿＿＿＿＿＿＿

复核意见：
　□与实际施工情况不相符,修改意见见附件。
　□与实际施工情况相符,具体金额由造价工程师复核。

　　　　　　　　　监理工程师 ＿＿＿＿＿＿＿＿
　　　　　　　　　日　　　期 ＿＿＿＿＿＿＿＿

复核意见：
　　你方提供的支付申请经复核,本周期已完成合同价款(大写＿＿＿＿)(小写＿＿＿＿),本期间应支付金额为(大写＿＿＿＿)(小写＿＿＿＿)。

　　　　　　　　　造价工程师＿＿＿＿＿＿＿＿
　　　　　　　　　日　　　期＿＿＿＿＿＿＿＿

审核意见：
　□不同意。
　□同意,支付时间为本表签发后的15天内。

　　　　　　　　　　　　　　　发包人(章)
　　　　　　　　　　　　　　　发包人代表＿＿＿＿＿＿＿＿
　　　　　　　　　　　　　　　日　　　期＿＿＿＿＿＿＿＿

注：1. 在选择栏中的"□"内作标识"√"。

　　2. 本表一式四份,由承包人填报,发包人、监理人、造价咨询人、承包人各存一份。

表-18
竣工结算款支付申请(核准)表

工程名称：　　　　　　　　　　标段：　　　　　　　　　　　　　　　　编号：

致：_____（发包人全称）

我方于_____至_____期间已完成合同约定的工作，工程已经完工，根据施工合同的约定，现申请支付竣工结算合同款额为(大写_____)(小写_____)，请予核准。

序号	名　　称	申请金额/元	复核金额/元/	备注
1	竣工结算合同价款总额			
2	累计已实际支付的合同价款			
3	应预留的质量保证金			
4	应支付的竣工结算款金额			

　　　　　　　　　　　　　　　　　　　　　　　　　　承包人(章)

造价人员_____　承包人代表_____　日　期_____

复核意见：
　□与实际施工情况不相符，修改意见见附件。
　□与实际施工情况相符，具体金额由造价工程师复核。

　　　　　　　　　　监理工程师_____
　　　　　　　　　　日　　期_____

复核意见：
　　你方提出的竣工结算款支付申请经复核，竣工结算款总额为(大写_____)(小写_____)，扣除前期支付以及质量保证金后应支付金额为(大写_____)(小写_____)。

　　　　　　　　　　造价工程师_____
　　　　　　　　　　日　　期_____

审核意见：
　□不同意。
　□同意，支付时间为本表签发后的 15 天内。

　　　　　　　　　　　　　　　　　　　发包人(章)
　　　　　　　　　　　　　　　　　　　发包人代表_____
　　　　　　　　　　　　　　　　　　　日　　期_____

注：1. 在选择栏中的"□"内做标识"√"。
　　2. 本表一式四份，由承包人填报，发包人、监理人、造价咨询人、承包人各存一份。

表-19

最终结清支付申请(核准)表

工程名称：　　　　　　　标段：　　　　　　　　　　编号：

致：_____（发包人全称）

　　我方于_____至_____已完成了缺陷修复工作,根据施工合同的约定,现申请支付最终结清合同款额为（大写_____）（小写_____）,请予核准。

序号	名　称	申请金额/元	复核金额/元	备注
1	已预留的质量保证金			
2	应增加因发包人原因造成缺陷的修复金额			
3	应扣减承包人不修复缺陷、发包人组织修复的金额			
4	最终应支付的合同价款			

上述3、4详见附件清单

　　　　　　　　　　　　　　　　　　　　　承包人（章）

造价人员_____　承包人代表_____　日　期_____

复核意见： □与实际施工情况不相符,修改意见见附件。 □与实际施工情况相符,具体金额由造价工程师复核。 　　监理工程师_____ 　　日　期_____	复核意见： 　你方提出的支付申请经复核,最终应支付金额为（大写_____）（小写_____）。 　　造价工程师_____ 　　日　期_____

审核意见：
□不同意。
□同意,支付时间为本表签发后的15天内。

　　　　　　　　　　　　　　　　　　　　发包人（章）
　　　　　　　　　　　　　　　　　　　　发包人代表_____
　　　　　　　　　　　　　　　　　　　　日　期_____

注:1. 在选择栏中的"□"内做标识"√"。如监理人已退场,监理工程师栏可空缺。
　　2. 本表一式四份,由承包人填报,发包人、监理人、造价咨询人、承包人各存一份。

表-20

发包人提供材料和工程设备一览表

工程名称：　　　　　　　标段：　　　　　　　　第　页共　页

序号	材料(工程设备)名称、规格、型号	单位	数量	单价/元	交货方式	送达地点	备注

注:此表由招标人填写,供投标人在投标报价、确定总承包服务费时参考。

表-21

承包人提供主要材料和工程设备一览表

（适用于造价信息差额调整法）

工程名称：　　　　　　　　　　　标段：　　　　　　　　　　　　　　第　页共　页

序号	名称、规格、型号	单位	数量	风险系数（%）	基准单价/元	投标单价/元	发承包人确认单价/元	备注

注：1. 此表由招标人填写除"投标单价"栏的内容，投标人在投标时自主确定投标单价。

　　2. 招标人应优先采用工程造价管理机构发布的单价作为基准单价，未发布的，通过市场调查确定其基准单价。

表-22

承包人提供主要材料和工程设备一览表

（适用于价格指数差额调整法）

工程名称：　　　　　　　　　　　标段：　　　　　　　　　　　　　　第　页共　页

序号	名称、规格、型号	变值权重 B	基本价格指数 F_0	现行价格指数 F_t	备注
	定值权重 A		—	—	
	合计	1			

注：1. "名称、规格、型号"、"基本价格指数"栏由招标人填写，基本价格指数应首先采用工程造价管理机构发布的价格指数，没有时，可采用发布的价格代替。如人工、机械费也采用本法调整，由招标人在"名称"栏填写。

　　2. "变值权重"栏由投标人根据该项人工、机械费和材料、工程设备价值在投标总报价中所占的比例填写，1减去其比例为定值权重。

　　3. "现行价格指数"按约定的付款证书相关周期最后一天的前42天的各项价格指数填写，该指数应首先采用工程造价管理机构发布的价格指数，没有时，可采用发布的价格代替。

附录 2 ××写字楼电气安装工程

封-1

××写字楼电气安装工程

招标工程量清单

招 标 人：＿＿＿＿××× ＿＿＿＿
（单位盖章）

造价咨询人：＿＿＿＿××× ＿＿＿＿
（单位盖章）

2013 年 7 月 20 日

扉-1

××写字楼电气安装工程

招标工程量清单

招 标 人：＿＿×××＿＿　　　　　　　　造价咨询人：＿＿×××＿＿
　　（单位盖章）　　　　　　　　　　　　　　　　　（单位盖章）

法定代表人　　　　　　　　　　　　　　　法定代表人
或其授权人：＿＿×××＿＿　　　　　　　或其授权人：＿＿×××＿＿
　　（签字或盖章）　　　　　　　　　　　　　　　（签字或盖章）

编 制 人：＿＿×××＿＿　　　　　　　复 核 人：＿＿×××＿＿
　（造价人员签字盖专用章）　　　　　　　　（造价工程师签字盖专用章）

编制时间：2013 年 7 月 20 日　　　　　　　复核时间：2013 年 8 月 15 日

封-3

××写字楼电气安装工程

投标总价

招 标 人：＿＿×××＿＿
（单位盖章）

2013 年 7 月 20 日

扉-2

××写字楼建筑工程

招标控制价

招标控制价（小写）416677.42 元＿＿＿＿＿＿＿＿＿＿＿＿＿＿＿＿＿＿
（大写）肆拾壹万陆仟陆佰柒拾柒元肆角贰分＿＿＿＿＿＿＿

招 标 人：＿＿×××＿＿　　　　　　　　造价咨询人：＿＿×××＿＿
（单位盖章）　　　　　　　　　　　　　　　　（单位盖章）

法定代表人　　　　　　　　　　　　　　　法定代表人
或其授权人：＿＿×××＿＿　　　　　　　或其授权人：＿＿×××＿＿
（签字或盖章）　　　　　　　　　　　　　　　（签字或盖章）

编 制 人：＿＿×××＿＿　　　　　　　　复 核 人：＿＿×××＿＿
（造价人员签字盖专用章）　　　　　　　　　（造价工程师签字盖专用章）

编制时间：2013 年 7 月 20 日　　　　　　　复核时间：2013 年 8 月 15 日

表 1　单位工程费汇总表

工程名称：××写字楼电气安装工程

序号	单项工程名称	金额/元
1	分部分项工程量清单计价合计	320825.92
2	措施项目清单计价合计	5827.80
3	其他项目清单计价合计	60576.67
4	规费	15706.87
5	税金	13740.16
	合计	416667.42

表 2　单位工程费汇总分析表

工程名称：××写字楼电气安装工程

序号	费用名称	取费说明	费率(%)	金额/元
1	分部分项工程费	分部分项工程量清单计价合计		320825.92
2	措施项目费	措施项目清单计价合计		5827.80
3	其他项目费	措施项目清单计价合计		60576.67
4	规费	4.1+4.2+……+4.5		15706.87
4.1	社会保险费	规费清单计价表	27.81	11897.21
4.2	住房公积金	规费清单计价表	8.00	3422.43
4.3	工程定额测量费	1+2+3	0.10	387.23
4.4	工程排污费	（略）		
4.5	施工噪声排污费	（略）		
5	税金	1+2+3+4	3.41	13740.16
	合计			416667.42

表3　分部分项工程量清单与计价表

工程名称：××写字楼电气安装工程

序号	项目编码	项目名称	项目特征描述	计量单位	工程量	金额/元		其中
						综合单价	合价	暂估价
1	030404017001	OZM悬挂嵌入式配电箱	OZM悬挂嵌入式	台	1	1408.46	1408.46	
2	030404017002	IZZM悬挂嵌入式配电箱	IZZM悬挂嵌入式	台	1	1076.06	1076.06	
3	030404017003	IZM悬挂嵌入式配电箱	IZM悬挂嵌入式	台	1	2326.17	2326.17	
4	030404017004	K1悬挂嵌入式配电箱	K1悬挂嵌入式	台	1	861.17	861.17	
5	030404017005	G1悬挂嵌入式配电箱	G1悬挂嵌入式	台	1	1216.17	1216.17	
6	030404017006	NZM悬挂嵌入式配电箱	NZM悬挂嵌入式	台	4	1108.17	4432.68	
7	030404017007	G悬挂嵌入式配电箱	G悬挂嵌入式	台	4	3564.17	14256.68	
8	030411001001	暗配镀锌电线钢管$DN15$（包含接线盒安装）	暗配镀锌电线钢管$DN15$	m	8457.90	5.63	47617.98	
9	030411001002	暗配镀锌电线钢管$DN25$（包含接线盒安装）	暗配镀锌电线钢管$DN25$	m	36.80	10.22	376.10	
10	030411001003	暗配镀锌电线钢管$DN32$（包含接线盒安装）	暗配镀锌电线钢管$DN32$	m	25.60	6.48	165.89	
11	030411001004	暗配镀锌电线钢管$DN40$（包含接线盒安装）	暗配镀锌电线钢管$DN40$	m	40.80	18.51	755.21	
12	030411004001	管内穿线铜芯ZR-BVV-2.5mm²	铜芯ZR-BVV-2.5mm²	m	28789.70	1.85	53260.95	
13	030411004002	管内穿线铜芯ZR-BVV-16mm²	铜芯ZR-BVV-16mm²	m	221.00	6.40	1414.40	
14	030408001001	铜芯电力电缆敷设ZR-VV-1kV-3×6+2×4	铜芯ZR-VV-1kV-3×6+2×4	m	34.40	24.59	845.90	
15	030412005001	吊链式单管荧光灯1×40W	吊链式单管1×40W	套	104	77.01	8009.04	
16	030412001001	裸头灯1×40W	1×40W	套	4	26.78	107.12	
17	030412001003	应急灯8W	8W	套	56	473.71	26527.76	

续表 3

序号	项目编码	项目名称	项目特征描述	计量单位	工程量	综合单价	合价	其中 暂估价
18	030412004001	诱导灯 2×8W	2×8W	套	20	243.42	4868.40	
19	030412004002	墙壁式出口指示灯 2×8W	2×8W	套	8	223.22	1785.76	
20	030412005002	嵌入式格栅荧光灯 2×40W	2×40W	套	321	250.61	80445.81	
21	030412005003	嵌入式格栅荧光灯 3×40W	3×40W	套	4	407.03	1628.12	
22	030412001008	吸顶灯 1×40W	1×40W	套	5	69.71	348.55	
23	030412001009	吸顶灯 1×32W	1×32W	套	35	66.68	2333.80	
24	030412004003	筒灯		套	484	88.05	42616.20	
25	030404031001	一位板式开关暗箱		个	12	11.32	135.84	
26	030404031002	二位板式开关暗装		个	4	12.11	48.44	
27	030404031003	三位板式开关暗箱		个	62	12.75	790.50	
28	030404031004	四位板式开关暗箱		个	35	13.38	468.30	
29	030404031005	五位板式开关暗箱		个	14	14.73	206.22	
30	030404031006	声控开关		个	10	23.44	234.40	
31	030404031007	单相暗插座 10A3孔		个	68	15.43	1049.24	
32	030404031008	暗装二、三插座（带保护门）10A		个	260	16.39	4261.40	
33	030409006002	避雷装置 1. 避雷针制作安装:φ10×500 2. 避雷针 φ10 圆钢 3. 电气接地 4. 电气测量 5. 避雷针支架制作安装 6. 接地极（板）制作、安装		项	1	11652.67	11652.67	
		合计						320825.92

表 4　工程量清单综合单价分析表

工程名称:××写字楼电气安装工程

项目编号	030404017001		项目名称	OZM 配电箱	计量单位	台	工程量	1

清单综合单价组成明细

定额编号	定额项目名称	定额单位	数量	单价/元			合价/元			
				人工费	材料费	机械费	人工费	材料费	机械费	管理费和利润
一	OZM 悬挂嵌入式配电安装	台	1	43.20	28.71	—	43.20	28.71	—	23.39
一	配电箱	台	1	—	1230.00	—	—	1230.00	—	
一	压铜接线端子	10 个	1	10.56	65.80	—	10.56	65.80	—	5.71
人工单价			小　计				53.76	1324.51		29.1
元/工日			未计价材料费				1.08			
		清单项目综合单价/元					1408.46			

表 5　工程量清单综合单价分析表

工程名称:××写字楼电气安装工程

项目编号	030411001001		项目名称	DN15 电气配管	计量单位	m	工程量	8457.90

清单综合单价组成明细

定额编号	定额项目名称	定额单位	数量	单价/元			合价/元			
				人工费	材料费	机械费	人工费	材料费	机械费	管理费和利润
一	砖、混凝土结构暗配电线管公称口径 DN15	100m	84.58	116.88	25.09	44.7	9885.71	2122.11	3780.73	5317.077
一	电线管配管 DN15	m	8711.64		2.20	—		19165.60		
一	接线盒暗装	10 个	110.20	10.32	6.64	—	1137.26	731.73	—	616.20
一	接线盒	个	1124.04		2.41			2708.94		
一	开关盒暗装	10 个	43.00	11.04	3.07	—	474.72	132.01	—	257.15
一	开关盒	个	438.60	—	2.41		—	1057.03	—	
人工单价			小　计				11497.69	25917.42	3780.73	6191.12
元/工日			未计价材料费				231.02			
		清单项目综合单价/元					5.63			

表6　工程量清单综合单价分析表

工程名称：××写字楼电气安装工程

项目编号	030411004001		项目名称	电气配线	计量单位	m	工程量	28789.70

清单综合单价组成明细

定额编号	定额项目名称	定额单位	数量	单价/元			合价/元			
				人工费	材料费	机械费	人工费	材料费	机械费	管理费和利润
—	管内穿线 照明线路 ZR-BVV-2.5mm²	100m单线	290.84	22.80	14.97	—	6631.15	4353.87	—	3682.41
—	电线 ZR-BVV-2.5mm²	m	33737.09	—	1.14	—	—	38460.28	—	—
人工单价		小　计					6631.15	42814.15		3682.41
元/工日		未计价材料费					133.24			
		清单项目综合单价/元					1.85			

表7　工程量清单综合单价分析表

工程名称：××写字楼电气安装工程

项目编号	030408001001		项目名称	电缆敷设	计量单位	m	工程量	34.40

清单综合单价组成明细

定额编号	定额项目名称	定额单位	数量	单价/元			合价/元			
				人工费	材料费	机械费	人工费	材料费	机械费	管理费和利润
—	铜芯电力电缆敷设（ZR-VV-1kV 3×6+2×4）	100m	0.38	221.66	115.26	7	84.23	43.80	2.66	45.74
—	电缆	m	40.32	—	12.26	—	—	494.32	—	—
—	干包终端头	个	2.00	12.96	66.49	—	25.92	132.98	—	14.04
人工单价		小计					110.15	671.1	2.66	59.78
元/工日		未计价材料费					2.21			
		清单项目综合单价/元					24.59			

表8 工程量清单综合单价分析表

工程名称:××写字楼电气安装工程

| 项目编号 | 030412004001 | 项目名称 | 诱导灯 | 计量单位 | 套 | 工程量 | 20 |

清单综合单价组成明细

定额编号	定额项目名称	定额单位	数量	单价/元			合价/元			
				人工费	材料费	机械费	人工费	材料费	机械费	管理费和利润
—	标志、诱导灯具 墙壁式 2×8W	10套	2.00	58.32	20.09	—	116.64	40.18	—	63.17
—	诱导灯具	套	20.00	—	232.3	—	—	4646.00	—	
人工单价		小计					116.64	4686.18	—	63.17
元/工日		未计价材料费					2.34			
		清单项目综合单价/元					243.42			

表9 工程量清单综合单价分析表

工程名称:××写字楼电气安装工程

| 项目编号 | 030404031001 | 项目名称 | 一位开关暗装 | 计量单位 | 个 | 工程量 | 12 |

清单综合单价组成明细

定额编号	定额项目名称	定额单位	数量	单价/元			合价/元			
				人工费	材料费	机械费	人工费	材料费	机械费	管理费和利润
—	扳式暗开关(单控)单联	10套	1.20	19.44	3.29	—	23.33	3.95	—	12.62
—	照明开关单联	只	12.24	—	7.80	—	—	95.47	—	
人工单价		小计					23.33	99.42	—	12.62
元/工日		未计价材料费					0.47			
		清单项目综合单价/元					11.32			

表 10　工程量清单综合单价分析表

工程名称：××写字楼电气安装工程

项目编号	030409006002	项目名称	避雷装置	计量单位	项	工程量	1

清单综合单价组成明细

定额编号	定额项目名称	定额单位	数量	单价/元			合价/元			
				人工费	材料费	机械费	人工费	材料费	机械费	管理费和利润
—	避雷网沿混凝土块敷设避雷针制作安装	10m	42.25	17.98	7.66	9.46	759.66	323.64	399.69	413.22
—	避雷网、避雷针φ10圆钢	m	42.25	—	2.8	—	—	118.86	—	—
—	避雷引下线φ10圆钢 利用建筑物主筋引下	10m	50.80	19.8	4.35	56.33	1005.84	220.98	2861.56	544.78
—	避雷引下线	m	51.82	—	2.80	—	—	145.10	—	—
—	避雷网柱主筋、圈梁钢筋焊接	10处	3.70	60	19.62	80.47	222.00	72.59	297.74	120.77
—	电气接地点	处	21.00	55.44	31.26	6.26	1164.24	656.46	131.46	637.52
—	电气测量点	处	1.00	55.50	30.66	5.45	55.50	30.66	5.45	31.7
—	避雷针支架制作安装	100kg	1.20	168.48	165.65	394.66	202.18	198.78	473.59	107.57
—	型钢	kg	127.20	—	2.93	—	—	372.11	—	—
人工单价		小计					3409.42	2139.18	4169.49	1855.56
元/工日		未计价材料费					79.02			
		清单项目综合单价/元					11652.67			

表 11　措施项目清单与计价表（一）

工程名称：××写字楼电气安装工程

序号	项目名称	金额/元
1	临时设施	4491.93
2	安全施工费	—
3	文明施工费	—
4	脚手架搭拆费	1335.87
	合计	5827.80

表 12　措施项目清单与计价表(二)

工程名称:××写字楼电气安装工程

序号	措施项目名称	单位	数量	计算方法		金额/元
				计算基础	费率(%)	
1	临时设施	项	1	人工费	10.50%	4491.93
2	安全施工费	项	1			0
3	文明施工费	项	1			0
4	脚手架搭拆费	项	1	人工费		1335.87
	合计					5827.80

表 13　措施项目费分析表

工程名称:××写字楼电气安装工程

序号	措施项目名称	单位	数量	金额/元				
				人工费	材料费	机械使用费	管理费和利润	小计
1	临时设施	项	1	4491.93				4491.93
	小计			4491.93				4491.93
2	安全措施费	项	1					0
	小计							0
3	文明施工费							0
	小计							0
4	脚手架搭拆费	项	1	1335.87	—		—	1335.87
	小计			1335.87	—		—	1335.87
	合计			5827.00	—		—	5827.80

表 14　其他项目清单计价表

工程名称：××写字楼电气安装工程

序号	项目名称	金额/元
1	招标人部分	
1.1	暂列金额	25666.07
1.2	材料暂估单价	32082.59
	小计	57748.67
2	投标人部分	
2.1	总承包服务费	—
2.2	计日工	2828.00
	小计	2828.00
	合计	60576.66

表 15　计日工表

工程名称：××写字楼电气安装工程

序号	名称	计量单位	数量	金额/元	
				综合单价	合价
1	人工				
1.1	电工	工日	15	32.00	480.00
1.2	油工	工日	8	30.00	240.00
1.3	铆工	工日	4	32.00	128.00
1.4	起重工	工日	4	32.00	128.00
1.5	电焊工	工日	4	32.00	128.00
	小计				1104.00
2	材料				
2.1	无缝钢管 $\phi25$	m	20	15.30	306.00
2.2	金属软管	m	100	2.48	248.00
	小计				554.00
3	机械				
3.1	交流焊接机 21kV·A	台班	10	85.00	850.00
3.2	台式钻床　钻孔直径 16mm	台班	10	32.00	320.00
	小计				1170.00
4	其他				
	小计				
	合计				2828.00

表16　规费清单计价表

工程名称:××写字楼电气安装工程

序号	项目名称	金额/元
1	社会保险费	11897.21
2	住房公积金	3422.43
3	工程定额测定费	387.23
4	工程排污费	—
5	施工噪声排污费	—
合计		15706.87

表17　主要材料价格表

工程名称:××写字楼电气安装工程

序号	材料编码	材料名称	规格、型号等特殊要求	单位	单价/元
1	—	电线	ZR-BVV-2.5mm²	m	1.14
2	—	电缆	ZR-VV-1kV-3×6+2×4	m	12.26
3	—	应急灯		套	460.00
4	—	吸顶灯	1×60W	套	60.00
5	—	吸顶灯	1×32W	套	57.00
6	—	配电柜	OZM	台	1230.00
7	—	配电柜	NZM	台	1012.00
8	—	配电柜	IZZM	台	980.00
9	—	配电柜	K1	台	765.00
10	—	配电柜	G1	台	1120.00
11	—	配电柜	G 型	台	3468.00
12	—	型钢	(综合)	kg	2.93
13	—	电线管	DN40	m	6.88
14	—	电线管配管	DN15	m	2.20
15	—	电线管配管	DN25	m	3.90
16	—	铜芯绝缘导线	ZR-BVV-16mm²	m	5.20
17	—	接线盒		个	2.41
18	—	开关盒		个	2.41
19	—	照明开关 单联		只	7.80

续表 17

序号	材料编码	材料名称	规格、型号等特殊要求	单位	单价/元
20	—	照明开关 双联		只	8.30
21	—	照明开关 三联		只	8.80
22	—	照明开关 四联		只	9.30
23	—	照明开关 五联		只	9.80
24	—	声控开关		只	18.00
25	—	15A3 孔暗插座		套	11.20
26	—	筒灯		套	38.00
27	—	裸灯具	$1 \times 40W$	套	18.00
28	—	荧光格栅吸顶灯	$3 \times 40W$	套	380.00
29	—	诱导灯具	$2 \times 8W$	套	230.00
30	—	指示灯具	$2 \times 8W$	套	210.00

参 考 文 献

[1] 中华人民共和国住房和城乡建设部. 建设工程工程量清单计价规范 GB 50500—2013 [S]. 北京:中国计划出版社,2013.

[2] 中华人民共和国住房和城乡建设部. 通用安装工程工程量计算规范 GB 50856—2013 [S]. 北京:中国计划出版社,2013.

[3] 规范编制组. 2013建设工程计价计量规范辅导[M]. 北京:中国计划出版社,2013.

[4] 中华人民共和国住房和城乡建设部. 建筑电气制图标准 GB/T 50786—2012 [S]. 北京:中国建筑工业出版社,2012.

[5] 原电力工业部,黑龙江省建设委员会. 全国统一安装工程预算定额. 第二册,电气设备安装工程. GYD—202—2000 [S]. 北京:中国计划出版社,2001.

[6] 赵宏家. 电气工程识图与施工工艺[M]. 2版. 重庆:重庆大学出版社,2006.

[7] 汤万龙,刘玲. 建筑设备安装识图与施工工艺[M]. 北京:中国建筑工业出版社,2004.

[8] 张卫兵. 电气安装工程识图与预算入门[M]. 北京:人民邮电出版社,2005.

[9] 刘佳力. 电气工程招投标与预决算[M]. 北京:化学工业出版社,2010.